U0129769

本书获湖南省社科基金项目“工程技术伦理应用研究”（10YB77）资助

本书获长沙理工大学出版资助

马克思主义与当代中国

工程技术伦理研究

Research on Engineering Ethics

陈万求 / 著

社会科学文献出版社
SOCIAL SCIENCES ACADEMIC PRESS (CHINA)

目录

Contents

·前　言·

从伽利略开始，以实验为代表的现代科技文明取得了极为辉煌的成就，人们普遍地享用着现代科技的伟大成果。工程活动是人类改造自然的活动，这种活动自诞生之日起便将人、自然和人类社会紧密地联系起来。20世纪以来，不用说中国的三峡工程、美国的“阿波罗”登月等巨大的工程项目，就是人们的衣食住行等日常生活中时时处处离不开的东西（纺织衣物、反季节蔬菜、高楼大厦、电视、电话、电脑、电冰箱、洗衣机、汽车、飞机等人工制品），都属于工程技术的范围。我们已经生活在由工程产品组成的“第二自然”之中。

但是，20世纪中期以来，以核武器、核电站为代表的核能技术，以计算机为代表的人工智能和电子信息技术，以基因重组、克隆技术为标志的生命技术等新兴工程技术的发展，直接关系到人的安全、隐私和人性本身，对传统的道德观念产生了巨大的冲击和影响。当今世界许多工程活动已经引起了严重的负面影响，频频发生的工程事故以及高耗能、高排放的工程项目给自然界和人类社会带来了无法挽回的损失。在国内，改革开放30多年来，随着一些大型工程建设项目（如长江三峡工程、南水北调工程、西气东送工程、城际高速铁路、高速公路网建设工程）相继开工，可以说我国已经迈入名副其实的世界工程大国行列。在未来若干年，我国经济将继续快速增长，工业化和城市化将逐步完成，人口规模、资源需求和环境压力有可能达到最大值。如果我们对工程中出现的种种问题置之不顾，就是对工程技术不负责任，也是对人类文明不负责任。马克思说过：“文明若是自发地发展，而不是在自觉地发展，则留给自己的是荒漠。”① 正因为如此，现时代的我们应当对工程活动的社会意义、工程人员的伦理素质进行深刻的反思。以循环经济、低碳经济为动力，以绿色新政为政策保障的绿色发展理论必将推动工程伦理文化的重塑。

工程建设需要文明，工程发展呼唤伦理文明！

① 《马克思恩格斯全集》第12卷，人民出版社，1972，第4页。

·第一章·

绪论

工程伦理学，或工程技术伦理学，是关于工程建设与伦理道德关系研究的一门学问。工程伦理学如今已成为伦理学领域的一支劲旅，相关问题的争论却愈演愈烈，极难达成伦理共识。至关重要的几个基本问题是：工程伦理学是否可能？工程伦理学为何种伦理学？工程伦理学的关涉范围如何？实际上，工程伦理学不但可能，而且是具有鲜明的现实价值和实践意义的应用伦理学。只有首先解决了这几个重要问题，工程伦理学才可能在此基础上不断深化和发展成为具有强劲的生命力的伦理学。

第一节　工程伦理学何以可能

在英文中，ethics 既可译成“伦理学”，又可译成“伦理”。工程伦理（学）可以有两种表述：engineering ethics 和 ethics in engineering。例如，在美国最为流行的两本教科书书名分别用的就是这两个术语。从使用的频率看，前一种表述略多一些。自 20 世纪 70 年代起，工程伦理学在美国等一些发达国家开始兴起。任丑的研究表明，对工程伦理学是否可能存在三种质疑：法律可否取代工程伦理学？传统可否取代工程伦理学？价值中立说可否否定工程伦理学？尤其是第三种类型的质疑具有哲学依据，且根深蒂固，影响甚大①。

其一，法律可否取代工程伦理学？

① 任丑：《工程伦理学的两个基本问题》，《道德与文明》2010 年第 6 期。

即强调工程法律的重要性，怀疑工程伦理的必要性，认为工程伦理标准或许会扰乱法律标准的持续发展和实施。这种担忧源自对法律和伦理关系的误解。这种误解是法律万能论、道德无用论的混合产物。道德是法律的基础和目的，法律应当接受道德的批判和审视，基于此，法律得以修正和完善；法律是道德坚强的底线保障，运用法律的力量可以实现最低限度的道德目的。实际上，强调工程伦理标准不但不会扰乱法律标准的持续发展和实施，反而会不断地促进和提升法律标准的持续发展和实施。

其二，传统可否取代工程伦理学？

在西方，法国是以传统否定工程伦理学的典型国家。在法国，正规教育课程认为工程伦理学纯属多余，讨论工程伦理学的发展几乎是一件不可能的事。在任何一个法国的国家大学的哲学系和工程系的理论课程中都对工程伦理学完全不予设置。在工程学课程中几乎没有伦理教育，几乎没有研究工程伦理学的理论计划。尽管如此，这种传统并不能否定工程伦理学自身的存在。从法国之外的工程伦理学状况来看，德、美、日等国的工程伦理思想以及当今工程伦理学的迅速发展都证明了工程伦理学的重要价值。传统本身包含着伦理的要素，但也不可避免地存在着违背伦理的要素，而和人密切相关的工程中的伦理问题却是充满生命力的活生生的伦理实践。传统自身的滞后和不足不但不能否定工程伦理学的存在，反而要求工程伦理学获得发展。

其三，价值中立说可否否定工程伦理学？

价值中立说则是从哲学理论的高度对工程伦理学可否成立构成的内在挑战。价值中立说认为，真理事实与伦理价值缺乏内在联系，科学家、工程师只需尊重真理事实，对伦理价值可以不屑一顾。休谟和马克斯·韦伯对此作了逻辑区分。价值中立的工程学和价值科学的伦理学就不可能有任何关联，工程伦理学也就失去了存在的根据。而且即使工程伦理学存在，它也是没有价值的。事实上，价值中立说也不能否定工程伦理学，这是基于以下两个方面的原因。一是从工程发展的历史和现实来看，并不存在任何“价值中立”的工程。工程自诞生之日起，就与社会环境、社会事务联系紧密，就与现实中的价值密切相关。当代现实中的工程与价值的关系，无论从深度还是从广度上都比以往更加密切。所谓“价值中立”的工程绝不可能存在。二是从工程的内在特质来看，它自身是具有其内在价值的存在。价值中立说的实质是认为对于包括工程在内的一切客观的考察都是在外部进行的考察。不过，这种考察只能把握外在性、客观性的东西。实际上，对于包括工程在内的任何对象的彻底考察，是考察主体对于自己本身在外部表现出来的主观性的系统的纯粹内在的考察。人的存在及其意识生活和其最深刻的世界问题，最终就是有关生动的内在存在和外在表现的一切问题都得到解决的场所。人的存在是目的论的应当存在，即人是价值和事实的综合存在，这种目的论在自我的所有一切行为与意图中都起着支配作用，在缜密严谨的工程活动中尤其起着支配作用。因此，工程并非纯粹客观的、实证的、独立的，它们建立在承载着价值的人的主观性的基础之上。可见，工程伦理学不但可以成立，而且具有鲜明的现实的价值和意义。

第二节　工程伦理学是何种伦理学

在工程伦理学应当是何种伦理学这个关乎其学科性质的基础问题上，依然争论激烈、分歧甚大。这种论争可主要归结为如下几个方面：工程伦理学是微观伦理学、中观伦理学还是宏观伦理学？经验伦理学还是理论伦理学？实践伦理学还是应用伦理学？

一　微观伦理学、中观伦理学还是宏观伦理学

国内一些学者把工程伦理学分为宏观、中观和微观三个层面。例如，李伯聪指出，工程伦理学涉及三个层面：一是微观伦理，涉及工程活动中工程共同体的个体和团队的伦理问题；二是中观伦理，即企业伦理、行业伦理、协会伦理、区域伦理；三是宏观伦理，是国家层面上与工程相关的政策伦理、制度伦理、政府行为伦理，以及国际工程中的关系伦理[①]。

国外部分学者把工程伦理学分为微观伦理学和宏观伦理学。约翰·赖德(John Ladd）等学者比较关注微观伦理学，胡斯皮斯（R. C. Hudspith）等人

① 李伯聪：《微观、中观和宏观工程伦理问题——五谈工程伦理学》，《伦理学研究》2010年第4期。

比较关注宏观伦理学。

一般而言，微观伦理学（microethics）主要研究工程师个体的职业伦理；一般面向工程伦理教学，围绕工程师个人的责任和义务，采用案例研究的方法，重点研究工程师在工程实践中可能碰到的伦理难题和责任冲突，解决工程伦理准则如何适用于具体的现实环境，以使工程师的决定和行为符合伦理准则、规范的要求，在工程技术的研究和实践中，保证工程设计和建设的质量等。例如，余谋昌认为："工程伦理，又称工程师伦理，是工程技术人员（包括技术员、助理工程师、工程师、高级工程师）在工程活动中，包括工程设计和建设，以及工程运转和维护中的道德原则和行为规范的研究。"① 目前，国外工程伦理学侧重于微观研究。李世新说："当前，美国的工程伦理学，主要从职业伦理学（professional ethics）的学科范式入手，结合案例研究，围绕工程师在工作实践中面临的道德问题和选择，开展了比较深入的研究。""按美国学者胡斯皮斯的观点，现在，美国的工程伦理学，主要还是集中在微观的层次上：从工程学会的伦理准则出发，主要面向工程伦理教学，围绕工程师个人的责任和义务，采用案例研究的方法，重点研究工程师在工程实践中可能碰到的伦理难题和责任冲突，解决工程伦理准则如何适用于具体的现实环境，以使工程师的决定和行为符合伦理准则的要求。"② 李伯聪认为，在工程伦理学的微观伦理研究中，不但工程师职业伦理的研究是不可缺少的，而且对"工人伦理"、"管理者伦理"、"企业家伦理"、"投资者伦理"和"其他利益相关者伦理"的研究也是不可缺少的，否则，工程伦理学的微观研究就会成为"残缺不全"的微观伦理研究。工程伦理学必须在继续重视研究工程师职业伦理的同时，大力加强对工程共同体其他成员的个体伦理问题的研究③。

"中观伦理学"（mesoethics）主要包括对企业伦理、行业伦理、工程政策伦理、制度伦理、工程管理伦理、工程安全伦理、"工程项目伦理"等问题的分析、评论和研究。虽然这些伦理问题的分析和研究离不开对个

---

① 余谋昌：《关于工程伦理的几个问题》，《武汉科技大学学报》（社会科学版）2002 年第 1 期。

② 李世新：《工程伦理学概论》，中国社会科学出版社，2008，第 72 ~ 73 页。

③ 李伯聪：《微观、中观和宏观工程伦理问题——五谈工程伦理学》，《伦理学研究》2010 年第 4 期。

人伦理问题的分析和研究，但它们的“性质”却不能简化或还原为“个人伦理”问题。换言之，在工程伦理学中，“中观伦理”与“微观伦理”是两种不同性质和不同类型的问题。提出和强调“中观伦理学”这个概念，将有助于人们在面对复杂的工程伦理问题时，避免出现把一切问题都归结为“个体伦理”和“微观伦理”的倾向，有助于使一系列“中观伦理”问题凸显出来，有助于强化人们的“中观问题意识”和“中观研究自觉”。李伯聪认为，在中观伦理的研究对象中，“企业伦理”是最重要的主题之一。工程伦理学在研究企业伦理问题时，一方面应该注意借鉴经济伦理学的有关成果，另一方面又必须努力作出自己的新分析和新贡献。工程伦理学一向关注研究工程师责任伦理问题，今后，如果能够把对工程共同体成员个人伦理责任的研究和企业责任伦理责任的研究结合起来，那么，对有关问题的研究是有可能取得许多新进展的。除企业伦理外，行业伦理、工程安全伦理、地区关系伦理（例如水利和其他工程开发中受益地区和受损地区关系协调中的伦理关系）等，也都是可以和应该“归属于”“中观伦理”研究的重要研究课题。目前，在行业伦理研究方面，虽然已经取得了一些引人瞩目的成果，但似乎可以说仍然存在着对“行业伦理研究”这个“整体概念”重视不够和在具体行业伦理研究方面力量分布“严重不平衡”的现象。对某些行业（例如“计算机伦理”、“通信伦理”、“金融伦理”等）的伦理学研究已经颇有成就，而对另外许多行业“专题”的伦理研究则非常薄弱。对于所谓“行业伦理问题”的某些带有“一般性的问题”，例如行业不正之风、行业垄断、串谋、不正当竞争问题等，已经引起了伦理学家的关注，但也还有另外一些问题没有引起足够的关注。在我国当前的经济社会生活中，矿难屡发成为了政府、舆论、传媒、公众关注的焦点之一，如何从行业伦理和安全伦理的角度对有关问题进行深度分析、深度解读、深度研究，显然也应该成为伦理学界必须从事的重要工作之一。

宏观伦理学（macroethics）着眼于工程整体与社会的关系，主要研究和社会领域相关的责任问题，思考关于工程技术的性质和结构等问题，例如，特定工程技术所固有的特性是什么？这些特性是如何影响或决定工程技术的使用方式的？工程技术的固有特点是如何反映社会和文化的价值观的？工程设计的性质，如设计过程在历史上是如何变化的？设计过程可以解决所有的问题吗？设计者在社会中的角色是如何变化的？做一名工程师的含义是什么？工程师有什么长处和局限性？一般公众对工程的担心是由于误解还是由于他们以不同于专家的方式看问题所致？关于采用新技术的决定应如何作出？

随着研究的深入，多数学者倾向于对微观伦理学与宏观伦理学两个层面的综合研究。威廉姆·里奇（William Lynch）等人认为，工程外的知识、制度、历史、文化等对工程伦理学都具有重要作用。就飞行事故而言，制度因素和工程技术因素对于旅客的安全同等重要[①]。政治学家 E. J. 伍德豪斯认为，工程师不仅应当承担工作中的职业责任，而且应当承担其作为普通公民和消费者的责任[②]。这种工程伦理学的综合研究视角，实际上是超越宏观伦理学和微观伦理学的理论诉求的体现。北卡罗来纳州州立大学约瑟夫·R. 赫克特（Joseph R. Herkert）教授在此基础上，提出了超越微观伦理学和宏观伦理学的综合伦理学——协作（合作）伦理学（collaborative ethics）。他把协作工程伦理学的基本观点概括为四个方面：工程师、伦理学家和科学技术社会的学者以及老师之间的协作，工程和计算机领域的伦理学家的协作，伦理学家、工程教育者和职业工程界的协作，同一系统领域内的协作。他重视工程职业界的共同作业和共同社会责任[③]。另外，中国学者李伯聪在《绝对命令伦理学和协调伦理学——四谈工程伦理学》中也谈到了协调伦理学（即协作工程伦理学）[④]。

任丑先生认为，微观、中观、宏观的分类是从量的角度的模糊划分，如果愿意，甚至可以从微观、中观、宏观等量的角度无穷地分割下去。所以，这种划分只是停留在工程伦理学的外在因素，并没有深入其内在本质。应当肯定的是，协作伦理学中贯穿各领域的“协作”精神已经触及了工程伦理学本质问题的边沿。问题是，协作的根据是什么？对此，可从两个层面深入讨论：经验还是理论？实践还是应用？

---

① Lynch, W. T. R. Kline, “Engineering Practice and Engineering Ethics”, *Science*, *Technology and Human Values*, 2000, (25), pp. 195 – 225.

② E. J. Woodhouse, “Overconsumption as a Challenge for Ethically Responsible Engineering”, *IEEE Technology and Society*, 2001, 20 (3), pp. 23 – 30.

③ Joseph R. Herkert, “Ways of Thinking about and Teaching Ethical Problem Solving: Microethics and Macroethics in Engineering”, *Science and Engineering Ethics*, 2005, (11), pp. 373 – 385.

④ 李伯聪：《绝对命令伦理学和协调伦理学——四谈工程伦理学》，《伦理学研究》2008 年第 3 期。

二　经验伦理学还是理论伦理学

任丑的研究表明：协作伦理学虽然触及了工程伦理学的本质问题的思考，但它还是表面的，并没有从根本上摆脱量的思路，而关于“经验伦理学还是理论伦理学”的论争已经明确地从协作伦理的根据的角度深化到了工程伦理的学科性质。

对于伦理学的分类，传统的有影响的观点认为：伦理学可以分为理论伦理学和实践伦理学，前者发现规律，后者应用规律；前者告诉我们已做的是什么，后者告诉我们应该做什么。那么，工程伦理学依此种划分方法，究竟是属于理论伦理学还是应用伦理学或者说是经验伦理学？

就多数工程伦理学学者而言，工程伦理学应当是以理论研究为主的伦理学。斯坦福大学的罗伯特·E. 迈克格因（Robert E. McGinn）特别提醒我们，理论伦理和实际伦理存在着巨大的差距。他对斯坦福大学工程学学生和正在工作的工程师进行了为期五年的关于工程伦理问题的调查。“分析结果强烈地表明：一方面是正在接受教育的工程专业的学生面对的工程伦理问题，另一方面是当代工程实践中的伦理现实问题，两者之间存在着严重的分离。这种鸿沟导致了两种值得重视的后果：工程专业的学生对什么使一个问题成为伦理问题的观点存在着巨大的争议，而工作的工程师们对于在当代社会中什么是能够成为有责任心的工程师的最重要的非技术方面的因素存在着重大分歧。这些分歧阻止（妨碍）了对具体职业实践中的工程师的明确的道德责任和伦理问题达成共识。这证明对工程专业的学生和工作工程师关于工程伦理问题进行适宜精确的研究调查非常重要，尽管工程伦理研究忽视了经验的方法途径。这种途径可以提升占主流地位的个案研究方法，并对极其有条不紊的理论分析的方法途径构成挑战。”①

显然，工程伦理学绝不可忽视其经验性的研究路径，强烈的实践和应用精神是其应有之义。同样，忽视其理论研究，停留在零碎的经验思维水平上，就不会对工程经验有深刻的思考和指导作用，也不会有工程伦理

---

① Robert E. McGinn, “Mind the Gaps: An Empirical Approach to Engineering Ethics, 1997 - 2001”, *Science and Engineering Ethics*, 2003, (9), pp. 517 - 542.

学。工程伦理学应当把工程经验和理论融为一体，而不是两者取其一。

三　实践伦理学还是应用伦理学

马克思说，一个种的全部特性，种的类特性，就在于其生命活动的性质。实践是人的存在方式，工程活动则是实践的主要表现形式，因此，工程实践就成为现代人的存在方式。

那么，融经验和理论为一体的工程伦理学应当是何种伦理学呢？基于这种思路，就有了工程伦理学是实践伦理学还是应用伦理学的争论。当前，工程伦理学的主流思想家们主张它应当是实践伦理学而不是应用伦理学。

R. L. 皮克斯（R. L. Pinkus）等人明确主张，工程伦理学是实践伦理学（Practical Ethics），而不是应用伦理学（Applied Ethics）[①]。曹玉涛认为："工程是人类实践的主要表现形式，工程哲学是一种实践哲学，因此，工程伦理学是一种实践伦理学。"[②] 李伯聪也说："工程伦理学应该定性和命名为'实践伦理学'而不是'应用伦理学'。"[③] "工程伦理学是实践伦理学，而不是所谓'理论伦理学'的单纯'应用'。"[④] 支撑此论的主要论据在于以下两个方面。①工程伦理学要批判地反思工程师的道德观念和行为，揭示其背后的道德依据，这种推理过程所参考的一般道德原则明显或不明显地与伦理理论直接有关。但是如同工程不是科学的简单应用，工程伦理学也并非将一般伦理理论简单、机械地应用于实际问题。②为了避免对"应用"的误解。诚如朱葆伟所说："我们宁愿把工程伦理学称为一门'实践伦理学'，以区别流行的'应用伦理学'。因为在这里，'应用'是一个容易引起误解的说法。"[⑤] 这种看法从总体上讲，是深入了伦理学自身

---

① Pinkus, Rosa Lynn etc., *Engineering Ethics*: *Balancing Cost*, *Schedule*, *and Risk*, Cambridge: Cambridge University Press, 1997, p. 20.

② 曹玉涛：《从主体性到主体间性——工程的伦理之维》，《自然辩证法研究》2009年第9期。

③ 李伯聪：《绝对命令伦理学和协调伦理学——四谈工程伦理学》，《伦理学研究》2008年第3期。

④ 李伯聪：《微观、中观和宏观工程伦理问题——五谈工程伦理学》，《伦理学研究》2010年第4期。

⑤ 朱葆伟：《工程活动的伦理问题》，《哲学动态》2006年第9期。

的逻辑，较之量的区分（微观、中观、宏观），更贴近工程伦理学的本质。

把工程伦理学界定为实践伦理学，排除在应用伦理学之外，这是值得商榷的。任丑提出了三点理由①，笔者十分赞同：

（1）伦理学的实质就是实践伦理学，而不是简单地把伦理理论运用于实际问题。实际上，伦理理论的应用需要明智的道德判断力和坚强的道德意志，绝不是理论和实际的简单的结合运用。严格说来，这种运用并不存在，那种（把伦理原理应用于现实问题的）“应用”伦理学是不可能的。这是因为应用和实践本质上是一致的。

（2）应用和实践本质上是一致的。对“应用伦理学”而言，“应用的”（applied）的首要含义就是“实践的”，这种强烈的“实践”指向是批判性道德思维的根本功能。伽达默尔在《真理与方法》中对“应用”概念进行了实践的解释。他认为理解就是解释，解释是深层次的理解，而“理解在这里总已经是一种应用”②。“应用”绝不是对某一意义理解之后的移植性运用，即把先有的一个基本原理应用于实践。“应用”就是特定目的和意图在特定范围和时机中的实践性“行为”。实践性“行为”是基于某个特定事物的“内在目的”，而“内在目的”又必然包含其现实化的根据，这样的实践性行为就是“事物”成其自身的自我实现活动。因此，“应用”就是事物朝向自身目的（内在的“好”——善）的生成活动或者说是一种自在到自在自为的活动。就是说，“应用”是善本身的实践—实现—生成活动（自在—自为—自在自为的过程）。这直接体现为应用是一个不断自我否定的实践过程。

（3）如果把应用伦理学和实践伦理学分开，那么，两者的区别和联系是什么？两者和理论伦理学的关系分别是什么？伦理学的实践特质在理论伦理学、实践伦理学、应用伦理学中如何体现？它们有何内在联系和区别，诸如此类的基础伦理问题就会随之出现。然而，由于当今（实践意义上的）“应用伦理学”术语业已得到公认，这些问题实际上已经没有任何意义。

综合考虑这些要素，尽管实践伦理学的提法并没有学理上的重大问题，我们主张工程伦理学是应用伦理学。

---

① 任丑：《工程伦理学的两个基本问题》，《道德与文明》2010 年第 6 期。

② 〔德〕伽达默尔：《真理与方法》（上卷），洪汉鼎译，上海译文出版社，2004，第400 页。

如前所述，如果说微观伦理学、宏观伦理学、综合（协作）伦理学的讨论主要是从外延的视角对其学科地位的研究，后两者则主要从工程伦理的内在性质来讨论其学科地位。这样一来，工程伦理学可从三个层面来把握：①从其外延来看，它可以相对地归结为微观伦理学、宏观伦理学、协作工程伦理学三种基本形态。②从其内涵来看，它是以工程师为道德主体的融经验、理论于实践之中的应用伦理学。③从逻辑上讲，内涵是外延之根基，是不依赖于后者的自在存在；外延则是派生于、依赖于内涵的存在。据此，工程伦理学的第二个层面可以容纳第一个层面，反之则不然。所以，简言之，工程伦理学是应用伦理学。

综上所述，工程伦理学是具有鲜明的现实价值和实践意义的应用伦理学。这就为工程伦理学的深入研究奠定了理论基础和实践基础。

事实上，工程伦理学与一般伦理学（或哲学伦理理论）有着密切的关系。工程活动是众多人类活动形式中的一种，普遍的伦理范围、规范和原则当然也适用于工程活动。工程伦理学要批判地反思工程师的道德观念和行为，揭示其背后的道德依据。但是，如同工程不是技术的简单应用，工程伦理学也不是将一般伦理理论简单、机械地应用于实际问题。工程伦理学涉及众多相关学科领域的知识信息，伦理理论只是其中的一个重要部分而已。实际上，工程师大都知道一般的伦理原则，但是单单知道这些并不能帮助工程师正确处理现实生活中的伦理难题。他们还需要更多的知识，如关于各种选择方案的知识、需要运用这些知识的技巧。更重要的是，工程师所特有的品质特征、工程活动的组织环境、工程的特点以及工程给个人、社会和自然造成的巨大而严重的后果，都迫使人们对原有的伦理学进行反思、调整，使得工程伦理学常常能够形成自己的视角，作出独特的理论贡献。例如，工程伦理学的研究和发展，能够为思考个人、集体责任的性质，正当权威和个人自身的限度，市场经济制度的价值等长期争论不休的哲学、伦理学问题，提供富有成果的新认识。

第三节　工程伦理学的关涉范围

工程伦理学关涉的伦理问题遵循伦理学的基本问题，即道德和利益的关系问题，表现为经济利益和道德的关系问题以及个人利益与社会整体利益的关系问题，从而形成工程伦理学的道德原则、道德规范、道德评价、伦理功能、伦理品质、道德修养等专业解读和应用。

建构工程伦理学的完整的逻辑体系尚有一定的困难。工程伦理学涉及工程学、医学、生物学、化学、物理学等自然科学和伦理学、哲学、社会学、政治学、法律学、自然辩证法等哲学社会科学，学科跨度大，研究难度大。

一　关涉范围的讨论

肖平认为，工程伦理学研究的内容主要分为五个部分：①通过对工程决策和实施过程中各阶段面临的价值冲突和道德问题的初步扫描，引起对工程活动中伦理课题的关注与思索。②工程伦理与一般伦理原则及传统伦理原则的关系，工程实践中的价值选择具有约束力和共通性的指导原则。这是建立工程伦理体系的核心和基础。③典型工程领域的道德课题探讨，以某些应用范围较广、社会影响面大的具体工程科学为切入点，通过案例分析，深入探讨特定的工程领域正在面临的道德课题及其解决的前景，以期引起科技工作者的警惕。④对工程过程的伦理审视，重点探讨在一般工程环节的运作中进行道德审视与约束的内容。⑤工程师职业道德素质与规范，在充分总结工程活动的道德要求和科技工作者实践的基础上，提出工程师及其他技术工作者应具备的伦理素养和道德规范，并指出人道主义是工程伦理的首要原则。

余谋昌认为，一般工程伦理是指工程技术活动中的人际道德，包括：①工程技术人员之间、工程技术人员与工人之间的道德原则和规范，如平等公正、相互信任、互相尊重、以诚相待、团结友爱。实施这些道德规范，可提高工程技术队伍的生产力。②在工程技术的研究和实践中，追求真理，勇于探索，敢于攻坚，不畏艰险，尊重事实，坚持真理，修正错误，以保证工程设计和建设的质量。③工程技术人员在处理与企业和社会之间的关系时，既要忠诚于雇主，努力工作，对企业负责，又要忠诚于人民和社会，不能以损害他人和社会利益的形式追求企业的利益；当两者的利益发生矛盾时，以人民和社会的利益为重；等等①。

张恒力、胡新和提出，工程伦理学主要探讨六个问题：第一是关于工程过程的伦理问题；第二是关于工程主体的伦理问题；第三是关于工程伦理的理论问题；第四是关于工程伦理的教育问题；第五是关于工程伦理的建制化问题；第六是关于工程伦理的方法问题。

程光旭、刘飞清提出，工程伦理学的主要研究任务主要有以下几个方面：①重视对工程的价值审视。②探讨工程伦理的基本原则。③探讨典型工程领域的道德课题。④加强对工程过程的伦理审视。⑤工程师职业道德素质与规范②。这些应该基本涵盖了工程伦理学的研究范围。

二　工程伦理学的研究目标

工程伦理学的研究目的直接规定工程伦理学的关涉范围或研究视阈。工程伦理学研究目标是帮助那些将要面对工程决策、工程设计施工和工程项目管理的人建立起明确的社会责任意识、社会价值眼光和对工程综合效应的道德敏感，以使他们在其职业活动中能够清醒地面对各种利益与价值的矛盾，作出符合人类共同利益和长远发展要求的判断和抉择，并以严谨的科学态度与踏实的敬业精神为社会创造优质的产品和服务。

同时，工程伦理学是以工程活动为对象、以伦理现象为视角进行的系统研究和学术建构，是一个新兴的研究领域。它从总体上对各种工程活动的过程进行伦理审视，必然涉及一些典型工程领域的道德问题。而工程技术发展中的伦理建设，主要是针对工程技术发展的正负效应问题，探讨如何最大限度地发挥工程技术的正效应，减少或避免其负效应，为决策部门制定规划和措施提供一定的理论和实践的参考。因此，工程伦理学的目标

① 余谋昌：《关于工程伦理的几个问题》，《武汉科技大学学报》（社会科学版）2002 年第 1 期。

② 程光旭、刘飞清：《现代工程与工程伦理观》，《西安交通大学学报》（社会科学版）2004 年第 3 期。

就是立足于工程伦理的理论建设、制度建设和主体建设，发展工程技术，完善人类伦理道德，以充分开发科学技术的价值，为人类服务。

三　工程伦理学的研究范围

为了实现上述目标，工程伦理学必须对自己的研究领域、探讨的主要问题有准确的定位。从研究对象和内容来看，虽然伦理道德与工程技术从属于完全不同性质、不同门类的学科，但工程活动并非纯技术的活动，它本身具有越来越突出的社会性、综合性和价值性特征，工程从业人员的职业素质要求包括伦理道德素养。这些事实充分表明，工程活动内含丰富的伦理道德因素，工程活动与伦理活动之间是完全能够找到一种结合点的，这种结合点正是工程伦理学的研究对象和基本问题，也是工程伦理学的理论出发点。

简言之，这种结合点就是：工程技术伦理的历史发展、工程的哲学审思、工程的伦理基础、工程活动的伦理审视及控制、工程从业人员的职业良心和责任、工程的伦理规范与伦理教育等。工程伦理学的基本任务就是具体地探讨和解决工程活动中提出的道德问题，并通过对工程实践活动中所发生的许多特殊的伦理道德关系的研究，为工程技术人员提供应该遵循的行为规范和道德准则，以保证和促进工程技术工作的顺利进行。

笔者认为，工程伦理学的关涉范围具体包括以下几个方面。

第一，工程活动的伦理内涵问题，或者说是从伦理学的维度审视工程活动。对工程活动的伦理审视及控制的研究，是将工程活动置于更广阔的社会背景中，考察其与人、与社会、与环境的相互关联。例如，从人类的长远发展和全面的社会影响的角度探讨由工程活动所引发的可能对人们生活方式、生存环境等方面带来负效应的问题，对工程技术进行道德价值评估等。显然，这些问题有迫切的现实意义，也是工程伦理学研究的一个重要课题。

第二，制定工程活动的伦理道德规范体系，包括工程活动的伦理道德原则、道德规范和道德范畴等。这是工程伦理学最基本的组成部分。这一规范体系既有最基本的伦理原则，也有具体的层次性规范；既有较抽象的伦理价值导向，也有可操作性的实践准则。其中主要包括工程从业人员职业活动中的伦理行为和伦理选择、职业道德教育及修养等问题。比如，应当以什么样的原则为立足点对工程活动进行道德审视？在工程活动中已经面临的道德问题有哪些，应当如何解决，等等。

第三，研究工程活动中的行为关系状况。这种行为关系包括在具体的工程活动中人与自身职业、人与企业、人与人、人与社会、人与自然环境之间的相互关系等。例如，如何考察工程项目可能对社会产生的不良后果或文化价值的影响？如何考察工程项目可能对社会和自然环境产生的不良后果或文化价值？用什么样的道德标准处理人与动植物的关系？人类对森林草原的破坏、土地沙漠化、大量的动物灭绝应是否应负道德责任？由此引出了大量的伦理道德问题。

第四，研究对工程活动的伦理审视和道德约束，主要是建筑工程决策和实施过程中各阶段面临的利益冲突、价值选择与道德约束。

·第二章·
工程技术伦理思想的发展历史

第一节　中国古代工程技术伦理思想的发展历史

一　中国古代工程技术伦理思想的萌发

人类的生产活动是一部永无休止的史诗，这部史诗流传下来已有五千年的历程。五千年的文明史充满了战争与和平，王朝兴盛与危机，也充满了物质生活的欣欣向荣和人类精神生活的奇异历险。科学、技术和工程在文明史上始终占有一个非常重要的位置，它仿佛承载急流的河床，流水消逝了，河床留存下来。昔日的城堡、宫殿化为灰烬，昔日的赫赫战功已随岁月烟消云散，但是支撑着每一时代人类物质生活方式的技艺却一代代传了下来，显示了人类对自然界知识增进的科学理论传了下来。正如乔治·萨顿所说，科技的历史虽然是人类历史的一小部分，却是本质的部分，是唯一能够解释人类社会进步的那一部分。

中国古代工程技术伦理思想从原始社会开始萌芽，一直到19世纪汇入近代科技伦理思想的洪流，其间经历了一个相当漫长的发展过程。

由于远古时期没有文字记载，考察人类科技伦理思想的萌芽离不开各种神话传说。这一方法在波普那里得到了证实："一切（或者几乎一切）科学理论都发端于神话。"[①] 远古时期人类的科技伦理思想集中表现在反映了习惯、意识和意愿的各种神话传说中。从神话中折射出来的科技伦理思

① 〔英〕波普：《猜想与反驳》，傅季重等译，上海译文出版社，1986，第54页。

想主要包括以下几个方面。

一是崇拜技术高超的神和英雄。制造和使用生产工具是人和动物的根本区别。为了在恶劣的自然环境中求得生存与发展，原始人类创造出各种石、木工具，并用来解决衣食住行等基本生活需求问题。当时，由于对付大自然成为原始人类的生死存亡的头等大事，所以，他们高度赞扬技术的创造发明者，崇拜这些发明者为善良的、道德高尚的圣人、神仙或神、英雄。在古希腊神话传说中，智慧女神雅典娜是知识的保护者和技术的发明者，她教会人们造车、纺织等生活本领，发明了犁耙，驯服牛羊，被称为“工技之神”。太阳神阿波罗有高超的射箭技术，曾用箭射杀蟒蛇，被尊称为“银弓之神”。同样，在中国古代的神话传说中，发明钻木取火技术、教人熟食的“燧人氏”就成为原始人心目中崇拜的对象。火是人类最早掌握的能源技术，显示了人类支配自然的能力，用技术造福于氏族部落的人们受到普遍的赞扬。在我国远古时代，最早发明巢居技术，教人构木为巢，以免遭野兽侵害的“有巢氏”，最早发明结网技术，善于渔猎、畜牧的“伏羲氏”，最早发明耕作技术，用“耒耜之利，以教天下”① 的“神农氏”等，都是为人们世代传颂的道德品质高尚的圣贤。特别是有多项发明的“神农氏”，因为“尝百草水土甘苦”②，曾“一日而遇七十毒”③，而成为牺牲自己、造福天下的道德榜样。《周礼·考工记》把科学技术的发明创造称为“圣人”所作：“知者创物，巧者述之守之，世谓之工。百工之事，皆圣人之作也。烁金以为刃，凝土以为器，作车以行陆，作舟以行水，此皆圣人之所作也。”这些零散的神话反映了人们的主观愿望和需要，透过古代劳动人民对掌握生产劳动和生活技术的神的尊重和热爱，我们看到科学技术在人类伦理视野中的价值定位。

二是宣扬造福人类的科技伦理原则。“造福人类”是科技伦理的基本原则。这一原则在原始社会的神话传说中已显端倪。在古希腊，被缚的普罗米修斯成为西方造福人类的代名词。传说他用泥土和水按照神的形象创造了人，并赋予人以生命。为了帮助人类，他违反宙斯的禁令，盗取天火送给人类并教会人们用火的方法。火的使用和动物的饲养是人类文明发展

---

① 《周易·系辞》。
② 《越绝书》。
③ 《淮南子·务修训》。

史上“两种具有决定意义的进步，”“直接成为人的新的解放手段”[①]。然而，触怒宙斯的普罗米修斯最终被钉在岩石上遭受神鹰啄食肝脏之苦。无疑，普罗米修斯是西方造福人类科技伦理原则的最早的实践者，被马克思称为“哲学日历中最高尚的圣者和殉道者”。而中国神话传说中的黄帝，则是中华民族实践造福人类科技伦理原则的化身。上古时期，传说黄帝的妻子嫘祖发明养蚕制衣，使人们告别了树叶和兽皮做成的衣服。古人受饮水的限制，居者靠河流，牧者逐水草，黄帝发明了井，人们才能够向远离河流的地方开发。当时人们穴居野处，构木为巢，不会建造房屋，又是黄帝“伐木构材，筑作宫室，上栋下宇，以避风雨”。据说车船、文字和乐律也都是黄帝的功劳。当然，任何创造发明不可能是一人一时之功，而是劳动人民集体智慧的结晶。把这些创造发明、造福人类的大功大德集中到中华民族始祖身上，恰恰突出了中华民族对造福人类的科技伦理原则的情感认同。

三是颂扬相互协作的科技伦理规范。相互协作是十分重要的科技伦理规范。在原始社会，由于生产力十分低下，人们要同自然界作斗争，获取物质生活资料，保障安全，必须要在共同劳动中互相关心、团结协作。《礼记·礼运篇》是后世儒家在想象中国古代原始社会时所描述的景象。其文云：“大道之行也，天下为公，选贤与能，讲信修睦。故人不独亲其亲，不独子其子。使老有所终，壮有所用，幼有所长，鳏寡孤独废疾者，皆有所养。男有分，女有归。”另据记载，大禹是一位善于与大家搞好协作关系的水利工程师。“当尧之时，天下犹未平，洪水横流，泛滥于天下。”[②]“禹娶涂山氏女，不以私害公，自辛至甲四日，复往治水。”[③]他与大家“疏九河”[④]，“尽力乎沟洫”[⑤]。他“劳身焦思，居外十三年，过家门不敢入”。当代许多科学家身上所表现出来的长于协作、团结攻关的优秀品质，都可以不同程度地从神话中找到思想渊源。

总之，原始社会是中国古代工程技术伦理思想的萌芽时期，为后来工

---

① 〔德〕恩格斯：《自然辩证法》，中央编译局译，人民出版社，1971，第155页。

② 《孟子·滕文公下》。

③ 《吕氏春秋·音初》。

④ 《孟子·滕文公上》。

⑤ 《论语·泰伯》。

程技术伦理思想的产生发展作了思想的铺垫。

原始社会至先秦时期，古代工程技术伦理大体上包括两个部分：一是从宏观的社会管理角度提出的伦理道德要求。例如，负责管理工程的官员"工师"既要负责工程产品的质量，也要注意对"百工"进行道德教化："论百工，辩功苦，上完利，便备用，使雕镂文采不敢专造于家，工师之事也。"① 二是具体各行各业工匠的职业伦理。例如，保证工程质量的"物勒工名"规范开始出现②。

秦汉至唐代的工程伦理更多地表现在与工商业有关的工程技术活动中，一方面，形成了以"抑奢"为中心的工程技术伦理，另一方面表现为对工匠技术活动的制度伦理约束，如"工之子恒为工"的制度从秦汉开始确立并延续，以及"物勒工名"优良制度伦理传统的沿袭和发扬。

宋代至清朝前期的工程伦理，总体上仍然在"重农抑商"、"重本抑末"的社会环境中发展，但是这个时期"重本抑末"观念开始发生伦理转向，对技术创造和应用采取了较为宽松的态度；遏制"行滥"的道德规范成为这一时期工程伦理的核心问题，尤其是在公共工程质量上流行"保固"（即保证工程的坚固）的原则，并以法律规范的形式对工程质量进行约束，如《大清律例》中第七篇即为《工律》，这是古代"以道御术"的重要方面③；以技致富的伦理机制发挥重要作用，工匠以技得名、以技发家者甚多。

中国近代的工程技术伦理在中西文化冲突中面临首当其冲的变革压力。西方文化对中国传统社会生活的影响首先是从工程技术层面进行的。1840 年鸦片战争以后，围绕近代工程技术的引进曾经出现过激烈的争论，形成了所谓的洋务派和保守派之争。保守派秉承"重道轻器"传统，斥"奇技淫巧"，反对西方工程技术；洋务派褒扬西洋器械，主张"师夷长技以制夷"。西方近代工程技术在中国的传播，造就了一批掌握和运用近代工程技术的中国工程师，近代工程师职业伦理从总体上继承了"以道驭技"的传统，同时产生了适应近代工程技术特点的新伦理规范④。

---

① 《荀子·王制》。

② 王前：《中国科技伦理史纲》，人民出版社，2006，第 47 页。

③ 王前：《中国科技伦理史纲》，人民出版社，2006，第 102～107 页。

④ 王前：《中国科技伦理史纲》，人民出版社，2006，第 157 页。

二　传统匠德的产生发展

中国具有深厚的工匠文化传统。在古代科学活动中，存在着两种传统：一是偏重理论思维和数学思维的学者传统，另一种是偏重工艺技术和经验知识的工匠传统。学者传统表现为“爱智”精神，因而人们又称其为哲学传统，表现为探索的动因是出于对大自然的惊异和好奇，探索的性质是非实用的、非功利的，探索的方式是直觉与思辨、数学与逻辑的。这种学者传统在古希腊得到了高度发展。工匠传统，又称工艺传统，或称技术传统，即由工匠保持的文化传统。工匠在冶炼、印染、器械制造等活动中获得了最初步的自然知识和技术知识，以口授的方式保持了这种经验性知识。这种传统在中国古代文化中得到了较为全面的展现①。

工匠道德是古代工程建造的主体在制作器物活动中所遵循的道德准则和应具有的道德意识、道德品质的总和，是中国古代工程伦理的最为重要的组成部分。

据先秦《周礼·考工记》记载，我国奴隶社会时，大的职业分工有六种：“国有六职，百工与居一焉。或坐而论道，或作而行之，或审曲面势，以饬五材，以辨民器，或通四方之珍异以资之，或饬力以长地财，或治丝麻以成之。坐而论道，谓之王公；作而行之，谓之士大夫；审曲面势，以饬五材，以辨民器，谓之百工；通四方之珍异以资之，谓之商旅；饬力以长地财，谓之农夫；治丝麻以成之，谓之妇功。”可见，工匠是其中重要的一种。而工匠的分工也很细：“攻木之工七，攻金之工六，攻皮之工五，设色之工五，刮摩之工五，搏埴之工二。”② 共计 30 余种。工匠道德就是在“百工”形成一个职业群体的情况下产生的。为了保质保量保时完成制作器物的任务，就必须遵守其职业道德规范，承担相应的义务与责任③。

1. 工匠行会伦理准则

我国古代手工业种类繁多，其中主要的行业都有行会组织。中国古代

---

① 陈万求：《中国传统科技伦理思想研究》，湖南大学出版社，2008，第 9 页。

② 《周礼·考工记》。

③ 陈瑛主编《中国伦理思想史》，湖南教育出版社，2004，第 431 页。

的行会主要是官府为敛派徭役，同行之间为限制竞争和维护自身利益而建立的。入行会的工匠必须遵守许多伦理准则，主要有以下几个方面。

（1）关心公益，扶贫济困。行会规定，会费来自业主开店、开作、收学徒和学徒满师入行所缴纳的银两，这些银两用于行会公益，如“年迈孤苦伙友，残疾无依，不能做工，由会所每月酌给膳金若干”，“伙友身后无着，给发衣衾、棺木、灰炭等件”，“伙友疾病延医，至公所诊治给药”[①]。

（2）垄断行业，防止竞争。行会规定招收徒弟的时间与数量：“学徒弟者以四年为限”；“收徒弟者，三年以后再招”；“铺内作坊，只准一名，不许多招”[②]。这是害怕徒弟多了以后与师傅竞争岗位，出现“教会徒弟，饿死师傅”的悲剧。又如，在制造业，《苏州府为酱坊业创建公所禁止官酱店铺营私碑》规定，酱店与酱坊要订立合同，酱店不准“偷造酱货”，自由进货，酱坊也要“按户造册”，不能自由供货。

（3）统一工薪，协调运作。徒弟学徒期满“方可开支工资”：“行友每日给工钱三百文，次者一、二百不等。”“凡做一日，当给一日工钱。”“同业有偷漏不端之人，查出共同处罚。”为防范不测，还规定行友“不（工）作之日不得在店羁留”；“收留他方工人，必须有人担保，以备不虞。”对行会运作作出如下规定：由工头接揽活计；“包造房屋，先写承揽，注定价目”；“行友每日给工钱三百文，另加酒钱二十”，徒弟“每日给工钱八十文”[③]。

中国传统工匠伦理虽有不同于其他职业伦理的特点，但就其主导性的道德价值观而言，是与儒家伦理道德相通或相同的。例如，墨子在批评公输班制造云梯帮助楚国攻打宋国时说：“宋无罪而攻之，不可谓仁；知而不争，不可谓忠；争而不得，不可谓强。义不杀少而杀众，不可谓知类。”[④] 仁、忠、义是与儒家伦理一致的，特别是在汉武帝独尊儒术后，工匠伦理基本上是儒家伦理准则在职业活动中的具体化，它在强化工匠道德责任、提高器物质量、发展社会经济、造就巨匠高师的过程中发挥了积极作用。

---

① 吴县为梳妆公所公议章程永勿改碑。
② 武汉天平（石木）同业行规，乾隆五十九年。
③ 金汉升：《中国行会制度史》，新生命书局，1934。
④ 《墨子 ·公输》。

2. 官匠的职业道德准则

总体上讲，按照直接服务的对象的不同性质，工匠可分为两类：一类是官匠，他们服役于官府中的手工业作坊；另一类是民匠，他们或为官府、为主家制作而获取一定的劳动报酬，或为自己生产供商品交换用的器物，以获取生活资料。

官匠在殷商时已出现，西周时形成了较完善的管理工匠的制度。“百工”在“工师”的率领下，按照一定的技术规范要求，在官府的手工作坊中制作器物。在这里，官匠应遵循的道德准则是用法规、条例固定起来的，带有强制性，其特点是道德准则、法规条例与技术规范三者互相结合，连为一体，其发挥作用的机制是依据工师考核的结果进行赏罚。《礼记·月令》记载了当时对工匠的技术伦理要求与技术监督的情况：每年农历十月，“命工师效工，陈祭器，案度程，毋或作为淫巧以荡上心；功致为上。物勒工名，以考其诚；有不当，必行其罪，以穷其情”。上面这段话中所包含的工匠应遵循的伦理准则主要有四条：

（1）遵行度程。度程就是度数、程式，也就是所制作的器物的技术指标，每种器物都有特定的技术指标、技术要求，工匠应该严格执行。

（2）毋作淫巧。就是不能违背度程制作淫邪奇巧的器物，以保证君王高远的心志不被诱惑、动摇。

（3）物勒工名。就是工匠必须把其名字刻在自己所制作的器物上，以表示对质量负责，并备工师检查考核。

（4）工师效工。就是工师检验、考核工匠制作器物的成绩。

此外，还有一条重要的行业规范：世守家业。西周时士农工商不相杂居，官匠祖祖辈辈在官府作坊中劳动、生活。一家人在一起生活、学习、讨论、钻研技术，子弟因从小受到父兄的技术熏陶，热爱工技，不见异思迁，从而继承父兄之业，使技术世代相传。世守家业既是工匠行业的伦理准则，也是其家庭伦理准则，是继父祖之志的孝道表现。工匠一旦列入匠籍，父兄若因故出缺，便由子弟补充。官匠必须按其主管机关调遣劳作，既不准逃匿，亦不准他人留养。家业世传、“工之子恒为工”的制度因此便延续下来。这项制度带有法律与伦理的双重性质，具有强制性与严肃性，既有外在约束，又有内在自觉，是工匠的职业伦理与家庭伦理的统一。技艺世代相传，有利于工匠劳动经验的积累与技术水平的提高，使中国古代手工技术在整体上遥遥领先于西方各国，制作出了许多稀世珍品。

3. 民匠职业道德准则

民间工匠是与官匠并存、队伍日益庞大的手工业者。春秋战国时期，社会动荡，战乱四起，弱小的诸侯国纷纷败亡，其官府中的工匠也随着手工作坊的解体，流落四方在民间谋生。其中技艺高超者以招徒授艺为业；有资财者开设店铺出售自制的器物，或自备原料在家生产器物出售；无资产者则走街串巷，通过为雇主制作或修理器物谋生。为了求得生存与发展，民间工匠们必须恪守其职业道德准则与管理制度，以调节好与顾客、雇主、国家的关系，其中有些准则与官匠相同，有些准则是民匠所特有的。

（1）勤劳节俭。不管是官匠还是民匠，就总体而言，都属于下层劳动人民，他们都具有吃苦耐劳、勤俭节约的美德。其中以墨家最为典型，墨家是春秋战国时期宋国人墨翟创立的以木工匠为主体的手工业者组织，这个工匠团体非常刻苦俭朴，生活仅仅以维持生命为限，否则便认为是奢侈。他们“量腹而食”，“以裘褐为衣，日夜不休，以自苦为极”。穿的是粗布衣服，着的是草鞋，工作日以继夜，艰苦到了极点。个体工匠多数都过着这种勤劳、艰苦的生活，同时，这种勤劳节俭的品德也是由其经济地位低下而决定的。

（2）技术求精。不耻求师问学，刻苦钻研技艺，这既是一切工匠谋生的必备条件，也是工匠道德的基本要求。《诗经·卫风·淇奥》早就用“如切如磋，如琢如磨”的佳句来表彰工匠在对骨器、象牙、玉石进行切料、糙锉、细刻、磨光时所表现出来的认真制作、一丝不苟的精神。这一精神在《论语·学而》中得到孔子的肯定；朱熹在《论语》注中从工匠道德的角度来看：“言治骨角者，既切之而复磨之；治玉石者，既琢之而复磨之。治之已精，而益求其精也。”

（3）以技致富。家业世传与技术精益求精的道德要求，使工匠们父子相承的技艺愈益精巧，制造出的器物质量愈益优良，因而受到人们的欢迎，声名鹊起，享有很高的技术荣誉。由于器物上刻有自己的姓名，他们自身便成了工匠名家，出售的器物也就成了名牌商品。于是，“物勒工名”的制度伦理责任便转化为技术道德荣誉、商业道德信誉。名匠就可以利用这种荣誉与信誉发家致富。据《李清传》记述，唐代青州染匠世家李清以“染业”致富，其子孙和亲戚上百人都靠他传授的染色技术而过上了宽裕的生活。在明代，工匠以技得名而发家者甚多。仅据《陶庵梦忆》记述，在万历年间就有“嘉兴王二之漆竹，洪漆之漆，张铜之铜，徽州吴明官之窑，皆以一工与器而名家起家”。不仅名匠世家能以技致富，而且技术高手中有经营才能者也可因技发家。这是民间工匠所能享有的不同于官匠的道德权利和经济权利。

（4）技术保密。以技致富的伦理机制是技术保密，即关键性的制作诀窍绝不向外人泄露。例如，唐初宣州名匠诸葛氏所制造的“宣笔”，深受当时书法家称赞，成为士大夫争相宠爱的珍玩，其子孙“力守其法”，“世传其业”，至北宋治平年间由诸葛氏创制成“散卓笔”，由于严守秘密，唯诸葛氏能制，他人仿制仅得其形而无其法，用之反不如常笔，此笔于是历经600多年而盛名不衰。因身怀绝技、独擅其法而发家的工匠，为了维护其垄断地位，一般只将绝技传授给儿子，而不传授给女儿，以防女儿出嫁后带至夫家；如果女儿掌握了技术诀窍，那就不准出嫁。唐代元稹《织女词》中有“东家白头双女儿，为解挑纹嫁不得”两句，说的就是为了不泄露“挑纹”绝活，竟然使两个女儿终老于家不得嫁人。如果某一绝活有两家掌握，那么这两家子孙后代便互通婚姻。技术保密既能促使工匠发挥主观能动性、刻苦钻研、不断提高技艺，从而推动古代手工技术的发展，又会因家庭后继无人或子孙德才不济而使绝技失传，使数百年中积累起来的宝贵经验化为乌有。

（5）爱国为民。中国第一个工匠团体墨家在这个方面很突出。墨子以是否利于人作为衡量技巧的根本标准，鲁国名匠“公输子削竹木以为鹊，成而飞之，三日不下”。他自以为精巧至极，但墨子不同意，说这不如为车辕之巧，不费多少力气，砍三寸之木，“而任五十石之重。故所为功，利于人谓之巧，不利于人谓之拙”。这种价值标准立足于他人利益、社会利益，而不是仅为个人的兴趣爱好。墨子与他的弟子为了黎民百姓的利益，“皆可使赴火蹈刃，死不旋踵”①。这种道德价值观，得到了后世工匠的认同。

三　人伦栖居：传统建筑工程伦理

中国传统的建筑工程技术具有浓厚的伦理性色彩。宫殿、坛庙、民

① 《淮南子·泰族训》。

宅、园林以及整个城市的规模和布局，中国传统伦理文化所注重的皇权至上的政治伦理观、尊卑有序的等级道德观、群体意识以及“贵和尚中”等伦理观念和思想，都得到了不同程度的体现与表达，可以说中国建筑是一部展开于东方大地的伦理学鸿篇巨制。在中国传统建筑伦理思想中，又以“礼制”、“中和”、“实用”等思想表现最为突出。“礼”是中国传统建筑的伦理内核，这一方面表现为传统的建筑工程形成了严格的等级制度；另一方面是形成了有别于西方的礼制性建筑体系。“和”是中国传统建筑的价值取向，它塑造了中国传统营造活动的理论品格和独特的文化基调与审美情趣。“用”是中国传统建筑的伦理功能，即中国传统建筑洋溢着富于浓厚民族气息的“实践理性”精神。

在世界文明发展史上，中国建筑、欧洲建筑、伊斯兰建筑，被认为是世界建筑的三大体系，其中又以中国建筑和欧洲建筑延续时间最长，流传范围最广，创造了更为辉煌的成就。中国传统建筑文化历史悠久，源远流长，光辉灿烂，独树一帜。在漫长的历史长河中，作为东方传统文化和哲学的物质载体，在东方地平线上投下了磅礴而巨大的历史侧影。在高超的土木结构科技成就与迷人的艺术风韵之中，映射出的真的境界、善的特质和美的精神。

西方学者认为：“居住的问题首先不是建筑学上的而是伦理学上的。”①《黄帝宅经》认为：“夫宅者，乃阴阳之枢纽，人伦之楷模。”与西方的建筑技术相比，中国传统的建筑工程技术更具有浓厚的伦理性色彩，关于这一点，梁思成总结为“淡于宗教而浓于伦理”，一语道破真谛。当我们仔细观察中国传统建筑工程的时候，可以看到宫殿、坛庙、民宅、园林以及整个城市的规模和布局，中国传统伦理文化所注重的皇权至上的政治伦理观、尊卑有序的等级道德观、群体意识以及“贵和尚中”等伦理观念和思想，都得到了不同程度的体现与表达。可以说“中国建筑是一部展开于东方大地的伦理学‘鸿篇巨制’”②。而在中国传统建筑伦理思想中，又以“礼制”、“中和”、“实用”等思想表现最为突出。

---

① 〔美〕卡斯腾·哈里斯·申嘉：《建筑的伦理功能》，陈朝晖译，华夏出版社，2001，第358页。

② 王振复：《中国建筑的文化历程》，上海人民出版社，2000，第310页。

1. “礼”：中国传统建筑的伦理内核

从中国古代的礼乐制度产生之日起，建筑便与它结下了不解之缘。由于在国家政治生活、社会生活、家庭生活、衣食住行和生老死葬都要纳入“礼”的制约之中，作为中国古代起居生活的建筑活动，也要发挥“礼”的作用，因而传统建筑具有深厚的“礼”的伦理内涵。由于礼以多为贵、以大为贵、以高为贵、以文为贵的特点，房屋的多少、大小、高低、纹理一直被人们看成显示建筑主人的财富和社会地位的重要标志。因此，建筑自然也就成了表现“贵贱有等，长幼有差，贫富轻重皆有称”的礼制精神的最佳方式之一。这一方面表现为传统的建筑工程形成了严格的等级制度，另一方面是形成了有别于西方的礼制性建筑体系①。

建筑等级制度是指历代统治者按照人们在政治上、社会地位上的等级差别，制定出一套典章制度或礼制规矩，来确定适合于自己身份的建筑形式、建筑规模等，从而维护不平等的社会秩序。在中国大地上存留的无论是宫殿、民宅、坛庙，还是园林、整个城市的规模、布局，都充分、深刻地体现了中国传统伦理文化内涵的等级观念。

（1）建筑间架与屋顶的等级。隋唐以后，随着封建典制日趋完备，统治者对单体建筑的厅堂和门屋的间架等级作出了明确规定。《唐会要·舆服志》记载：“王公以下舍屋不得施重檐藻井；三品以上堂舍不得过五间九架，厅厦两头，门屋不得过五间五架；五品以上堂舍不得过五间七架，厅厦两头，门屋不得过三间两架，仍通作乌头大门；勋官各依本品，六品七品以下堂屋，不得过三间五架，门屋不得过一间两架。”这种细致的规定其实是对单体建筑面阔和进深的限制，以此制约建筑的平面和体量的大小。《宋史·舆服志》以及《大清会典》也有类似的规定。而传统建筑的不同屋顶，往往有不同的伦理等级品位，如庑殿式为最尊，歇山式次之，悬山式又次之，硬山、卷棚等为下。庑殿式、歇山式作为传统建筑中伦理品位显贵的大屋顶形式，在明代以后，只能用于宫殿、帝王陵寝与寺庙殿宇之上，以其庄重、雄伟之势，表现帝王的至尊，帝王之外是绝不允许建造庑殿顶和歇山顶的。

（2）建筑材料和构件的等级。梁思成认为，传统的建筑材料有两种含

---

① 秦红岭：《建筑的伦理意蕴》，中国建筑工业出版社，2006，第88～106页。

义：一是“指建筑物所用某标准大小之木材而言，即斗拱上之拱，及所有与拱同广厚之木材是也。材之大小共分八等，视建筑物之大小等第，而定其用材之等第”。二是指“一种度量单位”[①]。从梁思成的分析中可以看出，不同的建筑结构，其用材不同。而作为传统建筑技术独特创造的斗拱技术，充分表现了等级伦理观念。“在伦理学功能上，斗拱是中国封建社会伦理品位、等级观念在建筑文化中的象征。”[②] 斗拱表示的等级是：“有大于无，多大于少，大大于小”，一般宫殿、帝王陵寝、坛庙、寺观等重要建筑才允许在立柱与内外屋檐的枋处安设斗拱，并以斗拱层数的多少，来表示建筑的政治伦理品位。“在中国古代，斗拱一直是人们身份等级的标志，长时间里是人们在建筑中刻意追求的对象。希望在自己的建筑上安排斗拱，以提高建筑的等级和自己的身份地位。”[③]

（3）宫殿建筑的等级。中国古代建筑文化类型中的主体性宫殿建筑，是礼制性建筑的典型象征，显著地反映了宗法伦理。中国宫殿建筑的发展分为四个阶段：茅茨土阶的原始阶段、盛行高台宫殿阶段、雄伟的前殿和宫苑相结合阶段、纵向布局“三朝”阶段[④]。尤其是后三个阶段，作为中国建筑发展最成熟、成就最高的宫殿，深受礼制和宗法等级观念束缚，处处以等级化、模式化的建制来反映封建专制主义下森严的等级制，表现帝王“九五之尊”的社会地位和绝对权威。作为帝王理政与生活的场所，宫殿位置居中、占地最广、用材最精、造价最费、尺度最大、品位最高。

（4）都城布局的等级。王国维在《殷周制度论》中说：“都邑者，政治与文化之标征也。”[⑤] 中国古代都城建筑，尤其是历代首都，虽具有经贸、文化、外交等多种功能，但一贯强调王权重威、讲求礼治秩序是其基本文化特色。《周礼·考工记》规定了都城规划布局的等级。“匠人营国，方九里，旁三门。国中九经、九纬，经涂九轨。左祖右社，面朝后市，市朝一夫。”按照《周礼·考工记》的规定，城邑礼制为三等。一为奴隶制王国首都王城，次为诸侯封地国都诸侯城，三为“都”即宗室与卿大夫采

---

① 梁思成：《中国建筑史》，百花文艺出版社，2005，第 17 页。
② 杨敏芝、王振复：《人居文化——中国建筑个体形象》，复旦大学出版社，2001，第40 页。
③ 王鲁民：《中国古典建筑文化探源》，同济大学出版社，1997，第 97 页。
④ 潘谷西：《中国建筑史》，中国建筑工业出版社，2004，第 109 ~ 110 页。
⑤ 王国维：《观堂集林》第 10 卷，上海古籍出版社，1983，第 1 页。

邑。王城居首，为全国血缘宗法政治中心。卿大夫采邑（都）为第三级，系周王朝血缘宗法政治的基层据点。三级城邑，尊卑有序，大小有制。王、诸侯、卿大夫虽同属统治阶级，也很重尊卑“名分”。为体现森严冷肃的礼制观念，都城建筑个体或者群体的方位必依“周法”，历代少有改变。

此外，建筑装饰也具有明显的等级伦理色彩。传统建筑装饰的文化主题，屋顶的瓦样规格以及屋脊瓦兽，建筑构件的梁柱装饰，外檐与内檐的装修、门制、雕饰品类和彩画形制等，往往也由礼制来规定。

中国传统建筑深厚的“礼”伦理内涵的另外表现是礼制性建筑在诸多建筑类型中居于主导地位。中国的“礼制性建筑起源之早、延续之久、形制之尊、数量之多、规模之大、艺术成就之高，在中国古代建筑中是令人瞩目的”①。

在封建社会发展成型的礼制建筑按照其使用功能，大致可以分为祭祀类、教化类、礼器类等。

第一，祭祀性建筑。《礼记·曲礼》曰：“君子将营宫室，宗庙为先，厩库为次，居室为后。”将以精神功能为主的礼制建筑置于营建活动的首位，而将以实用功能为主的居住建筑放在其次，充分说明古人对建筑精神承载功能高度重视。传统祭祀性建筑主要有坛、庙和宗祠。坛是中国古代最高级别的礼制性建筑。庙有祭祀祖宗之庙、祭祀先圣先师之庙、祭祀山川神灵之庙，而尤以第一种最为突出地表达了儒家的礼制精神。在世界建筑史上，只有中国古代以血缘关系为纽带的宗法制才孕育出宗庙这一奇特的建筑文化现象，它是东方伦理的一个象征。宗祠或祠堂是族权的象征。宗祠是祭祀和处理宗族事务、执行家族法规的地方，是家族进行礼制活动的场所，一般按照“左祖右社”的原则，设于村落左方或中心，其作用在于强化家族意识和家族的凝聚力，维护传统等级与宗法伦理。

第二，教化类建筑。明堂是教化类建筑中最具特色的一种。《周礼·考工记》最早记述明堂制度，随后的《礼记》中，则对明堂的功能和含义有了明确的论述。“明堂也者，明诸侯之尊卑也。”②“祀乎明堂，所以教诸侯之孝也。”③ 这说明，明堂是天子召见诸侯、颁布政令、祭祀祖先的场

① 侯幼彬：《中国建筑美学》，黑龙江科学技术出版社，1997，第147页。
② 《礼记·明堂位》；《礼记·祭义》。
③ 秦红岭：《建筑的伦理意蕴》，中国建筑工业出版社，2006，第70页。

所，是一座具有礼仪兼祭祀功能的建筑。儒家甚至将“明堂”与“王政”相等同，足以见明堂在国家政治生活中的重要象征地位。通过明堂的建筑规制，不难看出“礼”的模式与要求在明堂建筑中的充分体现。

第三，礼器类建筑。这一类建筑主要有华表、牌坊和陵寝。华表，是中国古代设于宫殿、桥梁或陵寝前作为标志与装饰的柱。华表的伦理意义最初在于它是帝王善于纳谏的建筑象征。后来，华表的建造同政治伦理结合，宫殿的华表成为帝王政治清明的象征。牌坊是中国古代独特的纪念性建筑，其主要目的是宣扬忠臣、孝子、贞女等封建礼教，“是浸透了传统伦理文化的颇具象征性、标志性和表彰性的纯精神功能的建筑类型”①。陵寝是人类的重要建筑类型，体现了人类对来生的重视。中国古代陵寝制度，体现了儒家“慎终追远”的孝道观以及“生事之以礼，死葬之以礼”的伦理精神。唐代以后，历朝的典章制度对官吏和庶人的墓地的大小、高矮都有具体的规定，甚至对墓碑都有明确的规定，不可逾越，以烘托现实人间秩序的等级逻辑。

上述礼制性建筑体系，是中国传统伦理精神和“礼”给中国建筑文化带来的特殊现象，彰显了与西方古典建筑体系的显著区别。

2. “和”：中国传统建筑的价值取向

和谐观念是中国传统文化追求的理想境界之一，尤其是儒家伦理的“尚和贵中”思想，赋予了传统建筑一种不同于西方建筑的独特的价值取向。中国传统的“尚和”精神主要包括人际和谐和天人和谐两个层次。在人际和谐层面，传统文化特别强调人与人之间的和谐，强调待人要礼貌和气，尤其重视家庭和谐，所谓“天时不如地利，地利不如人和”②，这反映了中国人对人际和谐的追求。在天人和谐层面，传统文化重视人与环境的和谐协调，从哲学层面讲就是天人合一。

传统“尚和”思想往往和“贵中”思想紧密联系在一起。天人合一、人际和谐都要通过“中”这一基本途径来实现。“中”原本是古代测天仪的一个象形文字，是与天地方位相关的一个汉字。在儒家思想体系中，“中”就是“中庸”、“中和”、“折中”、“中正”、“执中”。“中”的基本

---

① 李泽厚：《美的历程》，天津社会科学院出版社，2001，第103页。

② 赵劲松：《从中国文化特征看中国古代建筑的设计意念》，《新建筑》2002年第3期。

含义就是“过犹不及”，要求凡事叩其两端取其中，无过无不及。“中庸”之道是儒家赞赏的人的行为的最佳方式。

传统伦理的“尚和贵中”思想塑造了中国传统营造活动的理论品格和独特的文化基调与审美情趣。

首先，建筑与环境的和谐彰显了传统建筑的伦理底蕴。中国传统将人、建筑看成自然和环境的有机组成部分，“宇宙即建筑，建筑即宇宙”，建筑和宇宙两者在文化观念和美学品格上是合一的，建筑之美不过是自然之美的模仿与浓缩。从这一点看，再也没有其他地域文化表现得像中国人那样如此热衷于人不能离开自然的思想原则。无论宫殿、寺庙，还是作为建筑群体的城市、村镇，或分散于乡野田园中的民居，都常常体现出一种关于“宇宙图景”的感觉，以及作为方位、时令、风向和星宿的象征主义。这种极为重视人与自然相亲相和的文化理念，在民居、园林、城市规划等建筑中均有体现。建筑工程与环境的和谐还表现在传统建筑具有较强的“亲地”倾向和“恋木情结”。中国传统建筑与多以石材或砖结构为主的世界其他建筑体系不同，是少有的以土木为材料模式及结构的建筑体系。考古发现的建筑遗址，基本上都是土木结构。例如，陕西仰韶遗址、西安半坡遗址、浙江和姆渡遗址等，都是以土木为材。这种以土木为主的建筑工程是农耕文明“耕耘为食，土木为居”生活方式的写照，它体现了中国人脚踏实地的恋土亲地观念，希望与自然尤其是与土地建立一种亲和关系，即人与自然和谐统一的生活理想。“中国建筑自古以土、木为材，在文化观念与审美意识上，又是与远古农业文明相联系的，对大地（土）、植物（木）永存生命之气的钟爱与执著。”①

其次，传统建筑传递着人际和谐的脉脉温情。在传统建筑中，“人际和谐”成为“和”的另外一种价值取向。古代宫殿建筑的代表北京故宫，其太和殿、保和殿和中和殿这三大殿都突出一个“和”字，这“和”字便是阴阳和合滋生万物之意，也从一个侧面反映了统治者追求祥和昌盛、和谐发展的社会政治理想。故宫中的乾清宫、坤宁宫、交泰殿的命名，则象征着天地清宁、江山永固、国泰民安之意。其中，“天地交泰”按照《周易》的解释，其意为阴阳交合、万物繁荣、子孙昌盛，同样强调和谐精

---

① 汪之力：《中国传统民居》，山东科学技术出版社，1994，第12页。

神。另外，传统民居的文化意蕴在相当程度上反映了和谐意义。中国传统民居的分布多以血缘为纽带的同姓聚居，并在布局上强调以组群建筑的对称、和谐创造一种和睦之美，这实际上便是宗法伦理中“家和万事兴”观念的反映。

再次，传统建筑文化凸显了“尚中”的美学原则。儒家“尚中”思想造就了富有中和情韵的道德美学原则，对传统建筑的创作构思、建筑风格、整体规划与格局等方面有明显的影响。中国古代建筑，为强调“尊者居中”、等级严格的儒家之“礼”，其平面常作中轴对称均齐布置。中轴对称是一种造型美规律，把这种规律或秩序应用到社会关系，在中国文化中便转化为尊严的标志。在“居中为尊”观念的支配下，中国传统建筑大到宫殿规划，小到民居房舍，大都强调秩序井然的中轴对称布局，形成了极具特色的传统建筑美学性格。北京紫禁城就是一个严格按照中轴对称布局的典范。这种关于中轴对称均齐的历史嗜好与建筑形象，“不仅有礼之特性，而且兼备乐的意蕴。可以说，这是中国式的以礼为基调的礼乐和谐之美”①。

3. “用”：中国传统建筑的伦理功能

“用”即强调建筑的实用性。“建筑之始，产生于实际需要。”② 坚固、适用是对建筑最基本的功能要求，也是最本质的要求，是建筑的伦理价值赖以存在的基础。中国传统建筑的重要特征是提倡节俭与实用，“实用先于审美”、“有用即美即善”。中国传统建筑，相当典型地贯彻着实用理性的精神，在几千年的建筑历史中，浪漫主义始终未能占据主导地位，这与西方建筑是明显不同的。如果说西方建筑体现着科学的“纯粹理性”精神，那么中国传统建筑则洋溢着富于浓厚民族气息的“实践理性”精神。

关于传统建筑的实用理性功能，有许多学者进行了开创性的研究。梁思成先生最早看到了中国古代建筑工程尚俭德、重实用的道德观念。他说，传统“建筑活动以节俭单纯为是”③。“中国自始即未有如古埃及刻意追求永久不灭之工程”，中国建筑“不着意于原物长存”。这是对建筑实用

---

① 杨敏芝、王振复：《人居文化——中国建筑个体形象》，复旦大学出版社，2001，第164页。

② 梁思成：《中国建筑史》，百花文艺出版社，2005，第3页。

③ 梁思成：《中国建筑史》，百花文艺出版社，2005，第13页。

观点的又一诠释。的确，建筑真正有价值的是实用。实用就是注重当下，而对建筑寿命不刻意追求。李泽厚先生则从艺术的角度论述了中国建筑所表现的务实精神和实用理性。他说："于是，不是孤立的、摆脱世俗生活、象征超越人间的宗教建筑，而是入世的、与世间生活环境联系在一起的宫殿庙宇建筑，成了中国建筑的代表。"[①]

当代学者王振复认为，传统建筑与西方尤其是古希腊罗马建筑的文化反差主要表现在以土木为材与以石为材、结构美与雕塑美、庭院与广场、人的营构与神的营构等方面[②]。这是对中国建筑实用理性的初步总结。而赵劲松则明确提出传统建筑的实用理性主要表现在两个方面：第一，注重结构逻辑的真实性，很少刻意地附加装饰。第二，以人体尺度为出发点，不求高大永恒[③]。这些总结具有重要的启发意义。笔者认为，中国建筑的实用理性可以概括为结构理性、装饰理性、宗教理性和节俭之风等几个方面。

（1）结构理性。中国古典建筑是建立在一套完备的木框架结构的技术体系之上的，一直十分注重结构逻辑的真实性表达与传递。比如，其中的抬梁式构架形式，是沿着房屋的进深方向在石础上立柱，柱上立梁，再在梁上重叠数层瓜柱和梁，最上层梁上立脊瓜柱，构成一组木构架。在平行的两组木构架之间，用横向的枋联结柱的上端，并在各层梁头和脊瓜柱上安置若干与构架成直角的檩、檩子上排列椽子，承托屋顶的重量。如此一来，梁、枋、柱、檩，受力准确，脉络清晰。每一个构件的目的明确，自得其所，不多不少，各有各的用处，没有可有可无的构件，非常真实。中国传统建筑的结构理性同20世纪初兴盛的欧洲现代建筑，精神上有惊人的相似之处。在中国的建筑中我们也可以看到，被后人认为是装饰品的构件如兽吻、钉帽、抱鼓石等，均附属于它们的结构与功能上，甚至结构构件本身也一举两得地起到了装饰构件的作用。

（2）装饰理性。中国古代建筑装饰艺术千姿百态，非常生动感人。然而，不管是室内装饰，还是室外装饰，都表现出很强的实用理性精神。建

---

① 李泽厚：《美的历程》，天津社会科学院出版社，2001，第103页。

② 杨敏芝、王振复：《人居文化——中国建筑个体形象》，复旦大学出版社，2001，第179~207页。

③ 赵劲松：《从中国文化特征看中国古代建筑的设计意念》，《新建筑》2002年第3期。

筑中的结构构件往往是匠师们进行艺术创造的重要对象，比如，屋顶装饰艺术、斗拱艺术、梁架装饰艺术、柱础台基栏杆装饰以及室内的藻井艺术、彩画艺术，无不是在具有一定实用功能的基础上，结合构件进行非凡大胆的再创造而形成的绚丽多彩、绘彩镂金的彩画艺术，其首要目的还是为了保护木头表面，不致受潮、虫蛀、发霉而腐烂；奇巧精美的斗拱，在中国传统建筑艺术中具有十分独特、不可替代的艺术表现力，可它也只是承受屋顶重量、屋顶和柱（墙）身之间起着过渡作用的结构构件。“中国建筑的装修，是在满足建筑之基本的实用功能的前提下开始的，是与实用相联系或者是为了实用。建筑的内、外部空间的装修，具有梳理、分割、安排合适的空间区域的意义。围护、隔断、连贯……装修使建筑的内、外空间真正‘醒’过来，‘活’过来，成为真正属人的空间。”①

（3）宗教理性。“宗教理性”即中国宗教建筑中渗透着强烈的实用精神。宗教本来是虚无的，然而中国的宗教建筑却渗透着强烈的实用意识。从严格意义上讲，中国没有真正的宗教。西方的宗教，是供粮、供上帝；而中国宗教则是供人，把上帝神灵人格化了，即现实人间生活的主宰——帝王君主。可以说，西方建筑的重要成就是神庙和教堂，中国建筑的重要成就则是宫殿建筑，而中国宗教建筑（如寺庙建筑）和宫殿建筑、居住建筑相比，在平面型制、空间布局、形式风格上，并无二致。在寺庙里，人们既可进行祭祀活动，还可进行世俗生活、祭拜活动。因此，寺庙具有很现实的作用。走进寺庙的人不像西方宗教人士那样怀着一种出世、反理性的观念，并不是去教堂倾诉如痴如狂的情感和悲惨痛苦的玄想。因此，寺庙的内部空间也不像哥特式教堂那样高奇伟岸，晦暗夸张，扑朔迷离。恰如李泽厚所说，中国建筑“不是高耸入云，指向神秘的上苍观念，而是平面铺开，引向现实的人间联想；不是可以使人产生某种恐惧感的异常空阔的内部空间，而是平易的，非常接近日常生活的空间组合。……在中国建筑的空间意识中，不是去获得某种神秘的、紧张的灵感、悔悟或激情，而是提供某种明确的、实用的观念情调”②。

（4）节俭之风。传统建筑文化中的节俭之风也表现了实用理性的精神

① 杨敏芝、王振复：《人居文化——中国建筑个体形象》，复旦大学出版社，2001，第164页。
② 李泽厚：《美的历程》，天津社会科学院出版社，2001，第103页。

内涵。先秦的“美宫室，高台榭”观念，遭到当时哲人的反对。例如，墨子就反对建筑的“乐观”：“古之民未知为宫室时，就陵阜而居，穴而处，下润湿，伤民，故圣王作为宫室。为宫屋之法曰：室高足以辟润湿，边足以围风寒，上足以待霜雪雨露，宫墙之高足以别男女之礼。谨此则止，凡费财力，不加利者不为也。……是故圣王作为宫室，便于生，不以为乐观也。”而中国古代以儒文化为中心的传统，在建筑问题上有一种强烈的抑制性倾向。无论是普通建筑的营造，还是帝王的宫室，乃至于宗教建筑，常常采取弱化的态度。弱化的依据，往往源于孔子“卑宫室”的主张。孔子曾经说过：“恶衣服而美乎黻冕；卑宫室而尽力乎沟洫。”① “恶衣服”与“卑宫室”一样，要义都在于人与自然之间的中介物加以弱化。汉代以后，罢黜百家，独尊儒术，孔子的思想成为统治者的行为准则，卑宫室也成为帝王标榜节俭清正的口头禅。因而，以“卑宫菲食”为特征的中国传统思维，在土木营造过程中倾向于一种节俭的趋势。相反，欧洲历史上将建筑视为一种艺术，强调建筑的纪念性与精神品格，建筑往往容易建造得高大、雄伟、装饰华丽。在欧洲的历史上，几乎看不到类似中国传统文化中对于土木建筑营造的抑制性因素。

而传统的民居尤其注重节俭之风。汪之力等人的研究表明，传统民居的经济效益是最高的，而综合评价是最好的。“一般传统民居都是在严格的经济条件制约下来进行建筑的。它追求占用最小面积的宅地，利用山坡和荒闲土地，最大限度地满足功能要求；追求消耗最少的资金与材料，争取最多的使用空间；追求在最重要的位置上用最简单的装饰达到最强烈的美观效果。”②

在中国传统建筑中，实用理性占据主导地位，并不是说中国建筑没有浪漫情调，如“如鸟斯华，如翚斯飞”的中国大屋顶形象，飞檐翘角，展翅欲飞是何等的浪漫？但是，传统建筑艺术的这种情，也要符合中国美学的最高要求，所要追求的也只能是“好色而不淫”、“怨诽而不乱”。情要合理，即所谓“以理节情”。所以中国传统建筑的风格是含蓄、温和、敦厚、奇诡而不庸俗，艳丽而不糜烂，奔放而不狂荡，时时处处无不显示实

① 《论语·子罕篇》。

② 杨敏芝、王振复：《人居文化——中国建筑个体形象》，复旦大学出版社，2001，第164页。

用理性的精神。

四　以道御术：儒家技术伦理思想

作为历史悠久的技术文明古国，中国拥有包括四大发明在内的许多精湛技术和技术奇观。而在长期的技术实践中，中国传统技术伦理思想也生长起来了。传统技术伦理思想是指中华民族在长期的技术活动中产生发展起来的，关于技术的价值、技术与人的关系、技术与道德之间的关系以及调节技术主体之间的道德行为规范、道德准则的总和。它主要表现为儒家、道家、法家、墨家等学派的技术伦理思想。其中，儒家的技术伦理思想在中国传统社会中长期居于统治地位。

发端于先秦的儒家技术伦理思想，从汉代开始成为官方的技术伦理思想。在长期的历史演变中，其内容不断地丰富和发展，成为在传统社会占统治地位的技术伦理思想。总体上看，儒家技术伦理思想主要包括几个问题：第一，技术的价值观，这是儒家技术伦理的指导思想；第二，道技关系论，这是儒家技术伦理思想的根本点；第三，技术主体规范论，这是儒家的技术价值观和道技关系论在职业生活中的具体化。

1. 儒家的技术价值观

技术价值观是人们关于技术与人的关系的价值定位，是关于技术在何种程度上满足人的需要的观点，表现为人们对技术的作用和意义的认识。儒家的技术价值观是儒家关于技术在社会中的地位、作用的认识。

一般说来，儒家似乎很少直接参与关于技术的性质、作用、技术进步的社会意义问题的探讨。在《庄子·天地》中，有一则关于“桔槔”的故事，说的是孔子的学生子贡见一老人在浇灌菜园，抱瓮入井，劳作辛苦，而功效甚差，就告诉他说：“有械于此，一日浸百畦（qí，田地），用力甚寡而见功多……凿木为机，后重前轻，挈水若抽，数如泆（yì，通溢）汤，其名为槔。”这显然是庄子的假设之辞，若能成立，则说明儒家是赞成技术进步的。

但也有一些学者引用《论语》中“樊迟问稼”的故事，又引用《列子·汤问》中“两小儿辩日”的故事，以及其他不少材料，来证明儒家是轻视自然知识、排斥产生技艺和科技进步的，这也不无道理。

这样，在儒家的视野中，技术对于人的存在意义和价值变得复杂起来。的确，从总体上看，儒家技术价值观存在着两个根本对立的方面，构成了在今人看来十分费解的技术价值悖论。

翻开儒家的历史，我们常常可以看到儒家技术价值悖论中的肯定方面：

"虽小道，必有可观焉。"①

"凡为天下国有九经。曰：修身也，尊贤也，亲亲也，敬大臣也，体群臣也，子庶民也，来百工也，柔远人也，怀诸侯也。修身，则倒立；尊贤，则不惑；亲亲则诸父昆弟不怨；敬大臣则不眩目；体群臣则士之报礼重；子庶民则百姓劝；来百工则财足用；柔远人则四方归之；怀诸侯则天下畏之。"②

"工欲善其事，必先利其器。"③

"离娄之明，公输子之巧，不以规矩，不能成方圆。师旷之聪，不以六律，不能正五音。"④

"假舆马者，非利足也，而致千里，假舟楫者，非能水也，而绝江河。"⑤

"刑范正，金锡美、工冶巧，火齐得，剖刑而莫邪已。"⑥

"桥梁之设也，足不能越沟也；车马之用也，走不能追远也。足能越沟，走能追远，则桥梁不设、车马不用矣。"⑦

"故夫垦草殖谷，农夫之力也；勇猛攻战，士卒之力也；构架斫削，工匠之力也；治书定簿，佐史之力也；论道议政，贤儒之力也。"⑧

"人有知学，则有力矣。"⑨

"积财千万不如薄技在身。"⑩

---

① 《论语·子张》。

② 《中庸》。

③ 《论语·卫灵公》。

④ 《孟子·离娄上》。

⑤ 《荀子·劝学篇》。

⑥ 《荀子·强国》。

⑦ 《论衡·程材篇》。

⑧ 《论衡·效力篇》。

⑨ 《论衡·程材篇》。

⑩ 《颜氏家训·勉学》。

“通天、地、人曰儒。”①

“圣人之于天下，耻一物之不知。”②

“一物之不知者，固君子之所耻也。”③

“一物不知，君子所耻。”④

“小道不是异端。小道亦是道理，只是小。如农圃、医卜、百工之类，却有道理在。”⑤

“一物不知，儒者所耻。”⑥

儒家的技术价值悖论的肯定方面，是一个十分宝贵的理论起点和开端，是一个可以扬帆出海的码头。可是儒家却未能从这个码头出发，开拓出技术伦理繁花似锦的园地。相反，儒家技术价值悖论的否定方面比比皆是：

“樊迟请学稼……子曰：小人哉，樊须也！”⑦

“上好礼，则民莫敢不敬；上好义，则民莫敢不服；上好信，则民莫敢不用情。夫如是，则四方之民襁负其子而至矣，焉用稼？”⑧

“君子谋道不谋食。耕也，馁在其中矣；学也，禄在其中也。君子忧道不忧贫。”⑨

“志于道，据于德，依于仁，游于艺。”⑩

“百工居肆以成其事，君子学以致其道。”⑪

“虽小道，必有可观焉；致远恐泥，是以君子不为也。”⑫

“太宰知我乎！吾少也贱，故多习鄙事。”⑬

---

① 《杨子法言·君子》。
② 《杨子法言·君子》。
③ 《晋书·载记·刘元海传》。
④ 《史通》卷一七。
⑤ 《朱子语类》卷四九。
⑥ 《宋学士文集》卷一七。
⑦ 《论语·子路》。
⑧ 《论语·子路》。
⑨ 《论语·卫灵公》。
⑩ 《论语·述而》。
⑪ 《论语·子张》。
⑫ 《论语·子张》。
⑬ 《论语·子罕》。

“吾不试，故艺。”[①]

“君子不器。”[②]

“君子上达，小人下达。”[③]

“凡执技以事上者，不二事，不移官，出乡不与士齿。”[④]

“仁者为圣，贵次，力次，美次，射御次。”[⑤]

“小辩破言，小利破义，小艺破道，小见不达。”[⑥]

“且如今为此学而不穷天理、明人伦、讲圣人、通世故、乃兀然存心于一草木一器用之间，此是何学问？如此而望有所得，是炊沙而成其饭也。”[⑦]

儒家对于技术的否定表现在技术主体、技术本身和技术方法的态度等三个方面。

（1）鄙薄技术主体。在儒家眼中，古代工匠尽管承担着古代技术发明、研制和应用的重要职责，但他们或被儒家贬为“小人”，或被称为“末技游食之民”（贾谊）。因此，士大夫宣称：“凡执技以事上者……不为士齿。”[⑧] 更有甚者，有的朝代明文规定：“今制皇族、师傅、王公、侯伯及士民之家，不得与百工技巧、卑姓为婚，违者加罪。”[⑨] “散民不敢服杂彩，百工商贾不敢服狐貉。”[⑩] 狐貉是指狐貉皮制成的衣服，这种高级的衣服是大夫一级的官吏穿的，工匠、商人只可以穿羊皮制成的衣服。由此可见，李约瑟认为，中国古代工匠地位很低，境况很凄惨。甚至他们发明的物的实际价值都未被肯定。

（2）鄙薄技术本身。儒家的技术价值观不仅没有赞叹技术自身所具有的改造自然的巨大力量，反而贬技术为“小道”、“雕虫小技”。在漫长岁月中的许多技术发明既没有获得广泛的开发利用，也没有得到体系化的发

---

① 《论语·子罕》。
② 《论语·为政》。
③ 《论语·宪问》。
④ 《荀子·王制》。
⑤ 《大戴礼·诰志》。
⑥ 《大戴礼·诰志》。
⑦ 《淮南子·泰族训》。
⑧ 《礼记》。
⑨ 《魏书·高宗纪》。
⑩ 董仲舒：《春秋繁露·服制》。

展。“齿轮、曲柄、活塞连杆、鼓风炉以及旋转运动和直线运动相互转换的标准方法——所有这些的出现，中国比欧洲要早，有些还要早得多——它们的利用却比应该得到要少。这是因为在一个官僚们决心要保护和稳定的农业社会里缺乏这种需要。换句话说，中国社会在把发明转化为‘革新’（指某项发明的广泛应用）方面往往不成功，甚至有许多让发现和发明自生自灭的事例。”①

（3）在方法论上，轻视探究、征服自然的“亲自动手”的生产工艺实践活动及其技术方法。孔子最早认为，工艺生产实践只能让店铺的“百工”去担任，儒者或士人阶层参加就是“不仁”。孟子更是认为：“劳心者治人，劳力者治于人。”因此，儒士阶层只需要“尽其心者，知其性也；知其性，则知天矣”。这就为中国古代世代培养满腹经纶而弱不禁风的“书生”、倡导“君子动口不动手”及坐而论道的方法论原则开了先河。即使是后来的宋明理学的“格物致知”的格物，也不是对事物的观察和试验，而是采取静坐修心的“内省功夫”以达到“明心见性的目的”。正是在这种轻视实践活动的方法论原则指导下，古代绝大多数知识分子，只重视内心之神秘的道德验证，而轻视现实活生生的经验说明。他们空谈心性；一涉自然，便空疏之极。他们更多的是进行“独善其身”的自我修养，而不积极思虑向自然挑战、进取和开拓。

从上述分析可以得出，技术价值悖论是儒家的技术价值观的根本特点。这个悖论从形成原因看，似乎与儒家所处的时代条件和自身主观条件有关。具体说来，在农耕文明时代，一方面技术在社会发展中的作用远远没有像今天这样充分展现在人们面前，加之儒家作为一种“士”阶层，不同于墨家，他们不直接参加生产实践，而是远离社会生产技术，因而儒家对技术持一种轻视的态度，这是社会存在决定社会意识使然；另一方面，儒家的入世精神使他们清醒地认识到技术在“治国平天下”中的重要作用，因而对技术又给予一定程度的重视。这样，一个伴随儒家技术伦理思想发展始终的技术价值悖论形成了：既重视技术又轻视技术，既爱它又恨它，既排斥它又离不开它。正如有的学者指出：“儒家希望政治的安定和社会的发展，因此没有理由不赞成生产和科学的进步；儒家思想的核心是

① 潘吉星主编《李约瑟文集》，辽宁科学技术出版社，1986，第293页。

政治伦理，但这个思想核心又需要包括自然知识在内的各个方面的知识来给予支持和论证。毫无疑问，积极利用自然科学知识来论证社会中的人和事是儒家科技观的一大特点。在此前提下，似不能轻易地说儒家的自然科学知识等于‘零’，也不能说儒家一概地排斥和反对科学技术。”①

在儒家技术价值悖论中，相比较而言，其否定方面是占据主导地位的，其肯定方面居于次要地位。那么，儒家如何来协调和平衡两者的关系，使之不至于向技术否定方面过度倾斜呢？儒家找到了一个平衡两者的支点。这个支点就是儒家的伦理道德精神。当一种技术的使用有利于儒家的伦理道德的实现时，儒家对这种技术持肯定态度。例如，由于从医有利于“疗亲”尽孝，儒家对医技就十分推崇，发展到宋代，宋儒提出“不为良相，即为良医”的名言，对后世影响很大。而当一种技术有害于儒家伦理道德的实现时，儒家对此就会持否定态度。例如，从事农艺活动不利于修身齐家治国，因而被孔子视为“小道”而加以排斥。否则，我们就不可能真正地理解在占统治地位的儒家技术价值观下，中华民族为什么还能创造如此辉煌的技术成就。

在儒家技术价值观的指导下产生了儒家的道技关系论。

2. 儒家的道技关系论

儒家的道技关系是儒家关于道德和技术的关系问题的回答。这个问题从逻辑上来讲包括两个方面：一是道德和技术谁主谁次？儒家对此的回答是“道本技末”。二是用道德来约束技术还是用技术来规范道德？儒家对此问题的回答是“以道驭术”。

（1）道本技末。道德与技术两者谁是根本，谁是次要？儒家的回答是：“以义理为本，以技艺为末。”儒家道本技末观表现在两个方面。

首先，以义理为本。儒家把伦理道德作为判断技术的存在价值及其价值大小的根本标准。一种技术有利于推进伦理道德时，技术的存在是有价值的，而且随着技术的发展其价值会增加；反之，当一种技术不利于或者有害于伦理道德的实现时，这种技术的存在就具有负价值。例如，孟子最明确提出了上述观点。在孟子的内心深处，“术”是实现“仁”、“道”的

① 袁运开、周翰光主编《中国科学思想史》（上册），安徽科学技术出版社，1998，第230页。

重要方法，“利”是通向“义”的一座桥梁，使百姓避免洪水猛兽，使农夫“不违农时”，便是达到“仁政”、“王道”的一种重要手段。孟子称颂尧、舜、禹的圣功，不是抽象地说明他们如何谋道，而是具体地介绍他们的技术措施，使人觉得“道”即寓于“术”中：“当尧之时，天下犹未平，洪水横流，泛滥于天下，草木畅茂，禽兽繁殖，五谷不登，禽兽偪人，兽蹄鸟迹之道交于中国。尧独忧之，举舜而敷治焉。舜使益掌火，益烈山泽而焚之，禽兽逃匿。禹疏九河，瀹济漯，而注诸海；决汝汉，排淮泗，而注之江；然后中国可得而食也。”[①] 当然，孟子对离开了仁道的“术”，不以仁道为本的“术”，是加以反对的，并毫不客气地将那些只有手段没有仁心的“良臣”称为“民贼”：“当今之事君者曰：‘我能为君辟土地，充府库。’今之所谓良臣，古之所谓民贼也。君不乡道，不志于仁，而求富之，是富桀也。‘我之能为君约与国，战必克。’今之所谓良臣，古之所谓民贼也。君不乡道，不志于仁，而求为之强战，是辅桀也。由今之道，无变今之俗，虽与之天下，不能一朝居也。”[②] 由此可见，孟子没有笼统地将“术”置于“道”的对立面，没有普遍提出“小艺破道”的结论，也没有一概将技艺视为“鄙事”而号召“君子不为”。他认为，只要有益于仁道，不管是什么“术”，治水、驱兽、农耕、百工，就都可以做，只要做得好，同样是君子乃至于圣人。

同时，孟子还提出了另外一个重要观点：“圣”、“智”互补论。“智，譬则巧也；圣，譬则力也。由射于百步之外也，其至，尔力也，其中，非尔力也。”[③] 这里孟子用形象的比喻说明，圣道与智巧缺一不可，两者只有互相补充，才能合力促成一件事。当然，说两者互补，并不是说孟子将两者相提并论，在孟子心目中，圣道始终是第一位的，智巧是第二位的，智巧是为圣道服务的。有一个叫白圭的人从技术角度向孟子夸耀自己治水之术超过大禹时，孟子便从治水要贯彻仁道的立场批评了白圭以邻为壑的反仁道的治水之术：“禹之治水，水之道也；是故禹以四海为壑。今吾人以邻为壑。水逆行谓之泽水——泽水者，洪水也——仁人之所恶也。吾子

① 《孟子·滕文公下》。
② 《孟子·告子下》。
③ 《孟子·万章下》。

过矣！”①

可见，儒家以伦理道德原则作为技术绝对的价值尺度，作为衡量是非善恶的标准，从这个价值标准出发，儒家提出了“以技艺为末”。

其次，以技艺为末。技术与道德伦理相比，技术是第二位的、次要的。一句话，技术是末端。在孔子那里，技术是“小道”，而“修齐治平”才是“大道”。因此，孔子提出：“志于道，据于德，依于仁，游于艺。”在这里，“道”、“德”、“仁”、“艺”四者有先后之序，缓急轻重之分。也就是说，“道”是君子终身追求的价值目标，“德”是君子立身处世的根本，“仁”是君子倚重的根本，道、德、仁其实都是指道德。道德是根本，是君子时时刻刻应该把握的根据，而“艺”是君子在志道、据德、依仁之后思考的对象。

孔子之后，儒家基本上没有跳出“以技艺为末”的樊篱。《淮南子·泰族训》甚至提出“小辩破言，小利破义，小艺破道。小见不达”，不仅视技艺为末端，甚至把技术视为导致礼仪崩溃、风气败坏的一股祸水，走向了极端。这样甚至在近代西方技术革命潮流前，一些儒家知识分子仍然认为：“立国之道，尚礼仪不尚权谋，根本之图，在人心不在技艺。”更有甚者，有人主张：“禁奇技以防乱萌，揭仁义以治本道。”②

（2）以道驭术。所谓“以道驭术”，指的是技术行为和技术应用要受道德规范的制约。在传统科技伦理思想中，儒家、道家、法家、墨家从不同的层面阐发了“以道驭术”的技术伦理思想。

就儒家而言，“以道驭术”观念主要强调“技术所产生的宏观社会效果，力求限制和消除不适当的技术应用带来的消极影响”③。在技术发展中，儒家格外重视“六府”和“三事”，就是要求技术在发展过程中其价值目标既要有利于国计民生，又要有利于道德教化。“六府三事”出自儒家经典《尚书》：“德惟善政，政在养民。水、火、金、木、土、谷，惟修；正德、利用、厚生，惟和。……六府三事允治，万事永赖，时乃功。”这里的“六府”，就是指“水、火、金、木、土、谷”，即水利、烧荒、冶炼、耕作、贵粟之类；“三事”，指的是“正德、利用、厚生”。可见，儒

① 《孟子·告子下》。

② 《英轺私记》。

③ 王前：《中国科技伦理史纲》，人民出版社，2006，第8页。

家把“六府三事”等有利于国计民生的技术活动看成万世之功业，从而把它们划归所谓“正统”或“正经”技术之列。在儒家看来，不适当的技术应用是应该加以限制的。《礼记·王制》记载：“作淫声、异服、奇技、奇器以疑众，杀。”说明对于“奇技淫巧”一类的非“正统”的技术，儒家认为必须加以禁止和限制。

孟子则从理论上提出了一个重要观点，“术不可不慎”，即“术”要以仁为本，“术”要为仁而择：“矢人岂不仁于函人哉？矢人惟恐不伤人，函人惟恐伤人。巫匠亦然。故术不可不慎也。孔子曰：‘里仁为美，择不仁处，焉得智？’夫仁，天之尊爵也，人之安宅也。莫之御而不仁，是不智也。”① 他批评白圭以邻为壑的不符合仁道的治水之术：“禹之治水，水之道也；是故禹以四海为壑。今吾子以邻国为壑。水逆行谓之洚水。洚水者，洪水也，仁人之所恶。君子过矣。”② 这种有选择地从事“术”的观点，显然比孔子的“君子不为”的观点要高明。

儒家的“以道驭术”观，一方面有利于一部分关系到国计民生的技术的发展壮大，造就了指南针、造纸术、火药、印刷术等四大发明的实用技术体系；另一方面，限制了技术主体的发明创造活动，不利于技术的整体进步。

3. 儒家的技术规范论

儒家的技术规范论是儒家关于技术主体在技术活动中应遵循的道德准则和应该具备的道德意识、道德品质的总和。

作为技术主体的演进同技术的进化一样，经历了一个漫长的发展过程。技术的不同历史发展阶段和不同的特点使得技术主体在基本构成上各有不同。技术的发展历史大致可以划分为四个主要时代，即原始技术时代、古代工匠技术时代、近代工业技术时代和现代技术时代③。

从上述分析可以看出，传统儒家的技术规范产生于第二个时期，即古代工匠技术时代。因此，儒家的技术规范论也可以说是工匠技术规范论。

据先秦《周礼·考工记》记载，我国奴隶社会时，大的职业分工有六

① 《孟子·公孙丑上》。
② 《孟子·告子下》。
③ 陈万求：《论技术规范的构建》，《自然辩证法研究》2005 年第 5 期。

种："国有六职，百工与居一焉。或坐而论道，或作而行之，或审曲面势，以饬五材，以辨民器，或通四方之珍异以资之，或饬力以长地财，或治丝麻以成之。坐而论道，谓之王公；作而行之，谓之士大夫；审曲面势，以饬五材，以辨民器，谓之百工；通四方之珍异以资之，谓之商旅；饬力以长地财，谓之农夫；治丝麻以成之，谓之妇功。"可见，工匠是其中重要的一种。而工匠的分工也很细："攻木之工七，攻金之工六，攻皮之工五，设色之工五，刮摩之工五，搏埴之工二。"共计30余种。总体上讲，按照直接服务的对象的不同性质，工匠可分为两类：一类是官匠，他们服役于官府中的手工业作坊；另一类是民匠，他们或为官府、为主家制作而获取一定的劳动报酬，或为自己生产供商品交换用的器物，以谋取生活资料。儒家对于官匠和民匠的技术规范都作了一些阐发。

儒家的技术伦理思想虽然是传统农业文明时代的产物，但是在现时代仍然具有价值和意义。儒家的"技术价值悖论"中对技术所持的否定态度使儒家初步具有技术批判精神，与近现代以来西方的技术批判理论存在某种程度的暗合；儒家强调"以道驭术"和现在提倡的"研究无禁区，应用有规则"的技术伦理有相通之处；而它所强调的工匠职业道德责任、工匠诚实劳动、钻研技艺、讲求质量、认真负责等优秀的道德精神，对于克服当前工程技术活动中弄虚作假、偷工减料、粗制滥造、不负责任等不道德行为，也具有重要的现实意义。

五　以道驭术：道家技术伦理思想

在传统技术伦理思想中，道家独具一格。以老、庄为代表的道家技术伦理思想在理论上具有自然主义和技术批判主义的特点：由"道法自然"立论，其技术价值观以否定为基本特征，道家因此成为中国历史上反对技术异化的"先觉者"。同时，道家主张"道进乎技"，提倡"以道驭技"，这对于我们今天处理好技术与道德的关系具有重要参考意义。

道家的技术伦理思想以老、庄为代表，在理论上具有自然主义和技术批判主义的特点。

1. 道家技术价值论

道家老、庄是中国历史上最早辩证分析技术善恶伦理二重性的哲学家。一方面，道家老、庄给予技术以善的价值规定，肯定技术的存在发展对人类社会的积极作用和功效；另一方面，又看到了技术进步所带来的负面影响，对技术给予恶的价值规定。过去人们往往关注道家老、庄对技术的批判精神，而对他们所持的“技术存在善的一面”的观点注意不够。《老子》篇中就非常明确地肯定日用技术的功用：

“三十幅共一毂，当其无，有车之用。埏埴以为器，当其无，有器之用。凿户牖以为室，当其无，有室之用。故有之以为利，无之以为用。”[①]

陈鼓应先生认为，在这里，老子举了三个例子：车的作用在于运货载人，器皿的作用在于盛物，室的作用在于居住。这是车、器、室给人的便利，所以说“有之以为利”。然而，如果车子没有中空的地方可以转轴，就无法行驶；器皿如果没有中间空虚的地方可以容纳，就无法盛物；室物如果没有四壁门窗中空的地方可以出入通明，就无法居住。可以看出，中空的地方发挥了极大作用。所以说“无之以为用”[②]。

庄子也肯定了技术在人类日常生活中的重要作用：技术的物化可以提高工作效率，所谓“百工有器械之巧则壮”[③]；技术的使用工效快、成效高，如《天运》中提出“水行莫若用舟，路行莫若用车”，抱瓮入井的寓言表明庄子也看到了当时最先进的水利技术——桔槔——的作用；技术的运用可以提高判断力，如《人间世》中社树虽大，“观者如市”，而“匠伯不顾”；技术的交易可以获得更多利益，如在《逍遥游》中记载客与宋人买卖不龟手之药的寓言；技术的拥有便于处理事务，获得精神愉悦，如《养生主》中庖丁解牛的寓言。

老、庄一方面赞叹技术在日常生活中所发挥的作用，另一方面又顾忌技术的进步会带来人为的物役和生态平衡的破坏，进而对技术提出了诸多的批判。李泽厚提出，老、庄的这种观点表明他们是反对技术异化的“先觉者”[④]。老子认为，科技发展导致了人类社会文明的堕落和道德的沦丧。“人多利器，国家滋昏；人多技巧，奇物滋起。”[⑤] 人间的利器越多，国家

---

① 《老子》。

② 陈鼓应：《老子注译及评介》，中华书局，1984，第102页。

③ 《庄子·徐无鬼》。

④ 李泽厚：《漫述庄禅》，《中国社会科学》1985年第1期。

⑤ 《老子》。

就越陷入混乱；人们的技巧越多，邪恶的事情就会连连发生。技术用于制造兵器，带来的后果更为严重："师之所处，荆棘生焉；大军过后，必有凶年。"① 军队所到过的地方，荆棘就生满了；大战过后，一定会有荒年。战争的惨烈，令人触目惊心。老子的技术致恶论思想比比皆是：

"五色令人目盲，五音令人耳聋，五味令人口爽，驰骋畋猎令人心发狂，难得之货令人行妨。是以圣人，为腹不为目，故去彼取此。"②

"大道废，有仁义；智慧出，有大伪。六亲不和有孝慈，国家昏乱有忠臣。"③

"绝圣弃智，民利百倍；绝仁弃义，民复孝慈；绝巧弃利，盗贼无有；此三者，以为文不足。故令有所属，见素抱朴少私寡欲。绝学无忧。"④

"是以圣人去甚，去奢，去泰。"⑤

"夫礼者忠信之薄而乱之首。前识者，道之华而愚之始。是以大丈夫，处其厚不居其薄。处其实，不居其华。故去彼取此。"⑥

"为学日益，为道日损。"⑦

"古之善为道者，非以明民，将以愚之。民之难治，以其智多。故以智治国，国之贼。不以智治国，国之福。"⑧

"小国寡民。使有什伯之器而不用。使民重死而不远徙。虽有舟舆无所乘之。虽有甲兵无所陈之。使民复结绳而用之。甘其食、美其服、安其居、乐其俗。邻国相望，鸡犬之声相闻。民至老死不相往来。"⑨

庄子继承了老子的这一思想，在《缮性》篇中，庄子描述了这样一个机械技术越发展、道德就越堕落的场景："逮德下衰，及燧人、伏羲始为天下，是故顺而不一。德又下衰，及神农、黄帝始为天下，是故安而不顺。德又下衰，及唐虞始为天下，兴治化之琉，离淳散朴，离道以善，险

---

① 《老子》。
② 《老子》。
③ 《老子》。
④ 《老子》。
⑤ 《老子》。
⑥ 《老子》。
⑦ 《老子》。
⑧ 《老子》。
⑨ 《老子》。

德以行，然后却性而从于心。心与心识知，而不足以定天下，然后附之以文，益之以博。文灭质，博溺心，然后民始惑乱，无以后其性情而复其初。”这幅图景就是钻木取火，结网渔猎→发明耒耜，从事农耕；发明舟车文字，实现物资信息交流→制定历法，掌管时令→选拔贤才，治理水利……这是一幅从渔猎时代到农耕定居时代的科技进步图。然而庄子与之相反，他所描绘的却是在技术革命节节胜利之下，人心不古、世风日下的末日图景。在《庄子》诸篇中，同样处处可见技术发展对道德的负面影响。

“德荡乎名，知出乎争。名也者，相轧也；知也者，争之器也。二者凶器，非所以尽行也。”①

“知为孽。”②

“堕肢体，黜聪明，离形去知，同于大通。”③

“夫至德之世，同与禽兽居，族与万物并，恶乎知君子小人哉，同乎无知，其德不离；同乎无欲，是谓素朴。素朴而民性得矣。”④

“夫残朴以为器，工匠之罪也；毁道德以为仁义，圣人之过也！”⑤

“绝圣弃知，大盗乃止；擿玉毁珠，小盗不起；焚符破玺，而民朴鄙；掊斗折衡，而民不争；殚残天下之圣法，而民始可与论议。擢乱六律，铄绝竽瑟，塞瞽旷之耳，而天下始人含其聪矣；灭文章，散五采，胶离朱之目，而天下始人含其明矣。毁绝钩绳而弃规矩，工倕之指，而天下始人有其巧矣……彼人含其明，则天下不铄矣；人含其聪，则天下不累矣；人含其知，则天下不惑矣。”⑥

“当是时也，民结绳而用之，甘其食，美其服，乐其俗，安其居，邻国相望，鸡狗之音相闻，民至老死而不相往来。若此之时，则至治已。今遂至使民延颈举踵。”⑦

“上诚好知而无道，则天下大乱矣！何以知其然邪？夫弓、弩、毕、弋、机变之知多，则鸟乱于上矣；钩饵、罔罟、罾笱之知多，则鱼乱于水

① 《庄子·人世间》。
② 《庄子·德充符》。
③ 《庄子·大宗师》。
④ 《庄子·马蹄》。
⑤ 《庄子·马蹄》。
⑥ 《庄子·胠箧》。
⑦ 《庄子·胠箧》。

矣；削格、罗落、罝罘之知多，则兽乱于泽矣；知诈渐毒、颉滑坚白、解垢同异之变多，则俗惑于辩矣。故天下每每大乱，罪在于好知。故天下皆知求其所不知，而莫知求其所已知者；皆知非其所不善，而莫知非其所已善者，是以大乱。”[①]

“绝圣弃知，而天下大治……多知为败。”[②]

“堕尔形体，吐尔聪明，伦与物忘，大同乎涬溟，解心释神，莫然无魂。”[③]

通过以上分析，不难看出，道家老、庄在技术价值观问题上出现了一个二律背反：一方面，他们观察研究了大量科学现象，记载描绘了众多技术画面，并且高度赞扬了科学技术在实际生活中所发挥的巨大作用；而另一方面，他又猛烈抨击了科学技术对现实社会所带来的不良影响。那么，为什么道家对于技术会持这种矛盾的态度呢？

李约瑟提出了一种解释框架。他认为，第一，道家否定的“知识”是“虚假的社会知识”或“经验哲学”[④]；第二，因反对与技术发明携手并进的阶级分化而否定技术发明本身[⑤]。

李约瑟的上述两种解释是富于启发性的，他提出了从知识论与社会历史观两个方面说明道家反知识、反技术的研究框架。不过，朱亚宗先生对李约瑟的上述解释提出了怀疑。他认为，李约瑟对老子与道家反知识的第一种解释“是难以成立的”[⑥]。而第二种解释“是违背历史的”[⑦]。他提出：“既不能笼统地说老子是科技价值的肯定论者，也不能简单地说老子是科技价值的否定论者，而应该说，老子主张科技与社会的协调发展，但是老子所持的是文化保守主义的协调发展观。”[⑧]

笔者认为，朱亚宗的解释似乎更具有说服力。综观《老子》、《庄子》

---

① 《庄子·胠箧》。
② 《庄子·在宥》。
③ 《庄子·在宥》。
④ 〔英〕李约瑟：《中国科学技术史》第2卷，陆学善等译，科学出版社，1990，第98页。
⑤ 〔英〕李约瑟：《中国科学技术史》第2卷，陆学善等译，科学出版社，1990，第139～140页。
⑥ 朱亚宗：《中国科技批评史》，国防科技大学出版社，1995，第66页。
⑦ 朱亚宗：《中国科技批评史》，国防科技大学出版社，1995，第67页。
⑧ 朱亚宗：《中国科技批评史》，国防科技大学出版社，1995，第67页。

可以发现，老、庄针对三种不同的社会文化环境而提出三种不同的技术要求与之相匹配：①当时存在而尚未变化的国家中，现有的技术已经足够应付，因而不需要发展新的技术，所谓“治大国，若烹小鲜”。以无扰为上策，“是以胜任之治，虚其新，实其腹，弱其志，强其骨。常使民无知无欲。使夫智者不敢为也。为无为，则无不治”。使智者不敢为，也即不允许智者发明新的技术来扰乱这和谐的社会秩序。②当时因铁器的推广使用而使生产力、生产关系及政治体制发生急剧变化的“昏乱”国家中，老、庄预感到新技术发明的广泛应用将使旧的社会文化受到毁灭性的打击，于是大声疾呼“绝圣弃智”：“大道废，有仁义；智慧出，有大伪。”“人多利器，国家滋昏；人多技巧，奇物滋起。”“绝圣弃智，民利百倍。”“绝巧弃利，盗贼无有。”“见素抱扑，少私寡欲，绝学无忧。”在老、庄看来，在这种错乱的国家中，智慧不是太少，而是太多，技术技巧不是欠缺，而是多余。而这种过剩的智慧与技巧是导致国家错乱的重要因素。为使国家安宁，就必须“绝学”、“绝巧”、“弃智”。③对于当时某些处于偏僻之地的小国寡民，已经为发达国家普遍使用的许多技术似乎是多余的，在发达国家里必不可少的许多技术在小国寡民的条件下可以弃置不用。“小国寡民，使有什伯之器而不用。使民重死而不远徙。虽有舟舆无所乘之。虽有甲兵无所陈之。使民复结绳而用之。”不用舟车，废弃文字，使技术水平退回到与小国寡民的社会恩化环境相协调的程度，也即只需要保留最原始、最简朴的生产生活技术，同样也能使社会和谐美好——“甘其食，美其服，安其居，乐其俗”。需要着重指出的是，正是在这一点上暴露了老子科技价值观中最隐蔽、最深刻而又最重要的部分。不要舟车，甚至不要文字，同样可以过上美满幸福、其乐融融的理想生活，这无异于说：技术毫无价值。这对于技术价值的否定作用比起那些“绝学”、“绝巧”、“弃智”的文字无疑更厉害百倍。

总之，老庄的技术价值观是以否定为基本特征的技术价值观。换言之，老庄深通自然奥秘，懂得技术，但是并不看重技术。

2. 道家的道技关系论

在道技关系问题上，道家同儒家一样，提出“以道驭术”的观念，但是，老子的“以道驭术”观和庄子的“以道驭术”观有所不同。

（1）老子的“以道驭术”观。“道”是老子哲学中的最高范畴。老子赋予“道”多重含义：或指构成世界的实体，或指创生宇宙的动力，或指万物运动变化的规律，又或指人类行为的准则。“道”蕴涵的基本精神和基本特性是：自然无为、致虚守静、生而不有、为而不恃、长而不宰、柔弱、不争、居下、取后、慈、俭、朴等观念。而对世事的纷争搅扰，老子提出人事的活动，包括对技术的应用，要符合“道”与“德”的基本精神和特性。

老子要求在发展技术的同时有相应的伦理道德，即“道”来制约。技术离不开人类的良知与善性。技术只有被纳入与社会文化和伦理道德的协调发展中，才能对社会进步作出贡献，才能摆脱由于技术发展所带来的道德滑落甚至沦丧的人类厄运。

老子认识到，技术一旦离开了道德制约，就有可能破坏人性，造成危害。他苦苦寻求种种途径试图消除技术导致的反道德效应。老子不是一个悲观的哲学家，他给我们指出了一条光明大道：“道生之，德畜之，物形之，势成之。是以万物莫不尊道而贵德。”[①]“道”生成万物，“德”善畜万物，万物呈现各种形态，环境使万物成长。所以万物没有不尊崇“道”而珍惜“德”的。“化饿欲作，合将镇之以无名之朴。”[②] 当人的贪欲萌发时，当人滥用技术时，就应用“道”来镇住它。老子用来规范技术发展的“道”就是当代人所讲的技术伦理。所以，老子用“道”来规范技术的发展，不是要阻碍技术发展，而是要达到在允许其发展有最大的自主性，而特殊性、差异性也能得到发展的前提下使其负面作用降到最低限度的目的。也就是说，发展技术要顺乎于“道”，不可强力作为，“为者败之，”[③]更不可妄为，“妄作则凶”[④]。“无为”之道就是顺其自然而不加以不必要的人为干扰。老子的“无为”，不排斥人的主观能动性，而是以人的积极的主观能动性为基础。无为看似消极实则积极。如果没有主动的对道的认识和把握，就不可能达到无为的境界；没有得道的有为，看似积极实则有消极的因素在里面。可见老子的“无为”倡导的是生长万物而不据为己有，兴作万物却不自恃己能，长养万物却不为主宰的一种伟大的道德行为。这也正是掌握

---

① 《老子》。

② 《老子》。

③ 《老子》。

④ 《老子》。

高新技术的现代人类最需要的一种精神。因此，要“知其雄，守其雌”①。要深知强劲，却安于柔弱。作为万物之灵的人类，掌握先进的技术，拥有改变世界的能力，但也正因为如此，才更要遵循客观规律，更应“守雌”，“不妄作”，“清静无为”，合理应用技术。这样，“人将自正”②。

（2）庄子的“以道驭术”观。庄子也主张对技术进行道德约束，即“以道驭术”。不过，庄子的“以道驭术”观与老子有所不同，表现在以下三个方面：

第一，道进乎技。道进乎技是庄子“以道驭术”观的第一种注解。“庖丁为文惠君解牛，手之所触，肩之所倚，足之所履，膝之所踦，砉然响然，奏刀騞然，莫不中音，合于桑林之舞，乃中经首之会。文惠君曰：‘嘻，善哉！技盖至此乎矣。’庖丁释刀对曰：‘臣之所好者，道也，进乎技矣。’”③

“梓庆削木为鐻，鐻成，见者惊犹鬼神。鲁侯见而问焉，曰：‘子何术以为焉？’对曰：‘臣，工人，何术之有？虽然，有一焉。臣将为鐻，未尝敢以耗气也，必斋以静心。斋三日，而不敢怀庆赏爵禄；斋五日，不敢怀非誉巧拙；斋七日，辄然忘吾有四肢形体也。当是时也，无公朝，其巧专而外骨消；然后入山林，观天性，形躯至矣，然后成见鐻，然后加手焉；不然则已。则以天合天，器之所以凝神者，其是与！’”④

上述两个事例是庄子对技道关系的第一种注解。“道”、“技”的关系问题无疑是庄子技术伦理中的一个重要问题。庄子之“道”既是本体的，又是本源的。“技”就是指技艺，更进一层的理解则是指体悟“道”的艺术或方法。庖丁解牛，如一场艺术表演，经历由“见全牛”到“不见全牛”；由“目视”到“神遇”；由“割”、“折”到“游刃有余”的转变过程。梓庆制作乐器，具鬼斧神工之技也非一蹴而就。在时间上有由“三日”、“五日”到“七日”的过程；在主体精神状态上有一个由忘却功名利禄、忘却是非好恶到忘却自我的历练，用自然无人为的眼光去选材，以忘却自我之心去对待待加工的材料，即“以天合天”，这样制作出来的乐

① 《老子》。
② 《老子》。
③ 《庄子·养生主》。
④ 《庄子·达生》。

器就会有如自然天成。

如果说，庖丁解牛主要侧重于对技艺所指向的对象的透彻认识，而梓庆为镰则侧重于主体精神状态的调整与修养，高超的技艺要充分地发挥出来还要靠全神贯注、忘利害、忘物我，用这种的精神状态来作保证。在《庄子》中，我们随处可见“心斋”、“坐忘”等，它们同“技兼于事，事兼于义，义兼于德，德兼于道，道兼于天”[①] 是彼此呼应、互相印证的。“技”在这里很明显地成为达到“天”的境界的阶梯，“技”成为达到“道”的铺垫或媒介。换言之，技艺以具体的创造制作活动为基础，使普通的生活实践提升到可以与终极实在相贯通的高度。庖丁等人的劳动过程并不是“苦心智”、“劳筋骨”的痛苦过程，而是一种艺术的展示，是一种精神的享受。

第二，道在技中。道进乎技是庄子“以道驭术”观的第二种注解。如前所述，“技”是低于“道”的，是通向“道”的桥梁或媒介，但“道”又在“技”中。《天地》篇曰：“能有所艺者，技也。”唐代成玄英指出：“率具本性，自有艺能，非假外为，故真技术也。”现代学者陈鼓应先生解释为“才能有所专精者是技艺”。才能专精者才是技艺，且技艺不是孤立自为的存在，技艺至少关涉到几个方面，即对象、主体、手段或工具。

其一，技艺作为一种专精之才能是主体所具有的，离开了某一主体，技艺是不可能存在的。庖丁解牛之技，吕梁丈夫游泳之技，佝偻者承蜩之技，津人操舟之技，梓庆作镰之技，工锤画圆之技，轮扁断轮之技，等等，这些技艺都是某个人或某类人所掌握的。庖丁解数千牛“而刀刃若新发硎”，其行为如舞蹈，其声音如音乐；驼背老人以竿取蝉，准确、轻巧；吕梁丈夫在高崖急流中蹈水如履平地。如此高超奇绝的技能是他们经过长期刻苦磨炼、反复实践获得的。在这里，没有主体顽强的意志和执著的追求精神，没有主体对对象之物的精深钻研以及对规律性的把握，没有主体超然物外、忘物忘我的精神凝聚状态，也不能获得如此奇技绝艺。

其二，庄子讲“技兼于事”，成玄英注释为“不滞于事，技术何施也”。这也就是说，技艺的展示总是指向某一对象之物。解牛之技必须指向牛，佝偻老人取蝉之技要指向蝉，梓庆为镰必须选取合适精当的木材。

---

① 《庄子·天地》。

对象之物的性状、规律、特征构成主体奇技的一个方面。技艺的凝结就是主体的劳动成果。

其三，技艺的获得和展示离不开工具或必要的物质手段。劳动工具是连接主体和劳动对象的媒介。主体的奇技绝艺是借助一定的物质手段获得，并通过一定的物质手段传达到劳动对象身上的。不通过刀，庖丁无法解牛，无法把他的奇技展示出来；不通过刀，梓庆就无法制成木鐻；不借助船，津人就不能操舟如神。由此可见，技艺所关涉的主体、手段和对象都是“物”。

庄子认为“道在物中”。《知北游》云：“东郭子问上庄子曰：‘所谓道，恶乎在？’庄子曰：‘无所不在。’东郭子曰：‘期而后可。’庄子曰：‘在蝼蚁。’曰：‘何其下邪？’曰：‘在稊稗。’曰：‘何其愈下邪？’曰：‘在瓦甓。’曰：‘何其愈甚邪？’曰：‘在屎溺。’东郭子不应。庄子曰：‘夫子之问也，固不及质。’”

庄子从正反两方面揭示了“道在物中”。正面言之，道无所不在，在蝼蚁、在稊稗、在瓦甓，甚至在屎溺，因为道生万物；反面言之，庶物失道则死，为事逆道必败。“道”统摄了物，而“技”又是“物”之“技”，“技”凝结于物之中。简而言之，“道”并非虚玄不实的东西，“道”在“技”中，“技”的化境就是“道”的展现。更转进一层的解析则是道技合一。

第三，道技合一。道进乎技是庄子“以道驭术”观的第三种注解。中国古代哲学家所谓“天人合一”，从技术伦理的观点看，就是人和工具的合一；而人和工具的合一从道家的观点看，就是“道技合一”。

《庄子》一书中有二百多则寓言，不少都涉及“道”与“技”的问题。庄子多以“技”喻“道”，借“技”体“道”，实际上“技”即“道”。庄子所谓“得意忘言”、“得鱼忘筌”、“得兔忘蹄”，只是因为人们往往执著于“言”、“筌”、“蹄”而忘却了真正的目的，故作是言也。其实，“言”与“意”、“鱼”与“筌”、“兔”与“蹄”，目的与手段，目的与工具，如何能破裂为二呢？

《庄子·外物》曰：“筌者，所以在鱼，得鱼而忘筌；蹄者，所以在兔，得兔而忘蹄。”动物可以捕鱼；动物可以捉兔，人也可以捉兔。同样的行为，动物的“活动范式”和人的“活动范式”是不同的。动物的

“活动范式”是类似于禽（鱼）、兽（兔）的两项关系；而人在活动中，由于使用了工具而变化成人—工具—劳动对象的三项关系。这就是动物的“活动范式”与人的“活动范式”的根本区别所在。也就是人的生产技术范式最重要的特点是劳动工具的参加或介入。庄子“得鱼忘筌”说明在生产性技术活动过程中很容易导致实现目的后工具被“遗忘”。用现代技术哲学的观点看，庄子已经看出了生产过程或生产技术关系的不足，就是目的实现后工具或中介的“退隐”。而庄子要求消除工具在目的实现后的退隐现象，实现目的与工具合二为一，也即实现“道技合一”。庄子的“道技合一”至少有如下两层含义：

其一，指与物化。庄子在《达生》篇中讲道：“工锤旋而盖规矩，指与物化而小以心稽，故其灵台一而不桎。忘足，履之适也；忘腰，带之适也；知忘是非，心之适也；不内变，不外从，事会之适也；始乎适而未尝不适者，忘适之适也。”工锤以手画圆的技艺超过了圆规，手和物象融合为一了，不用心思计量，所以其心灵专一而毫无滞碍。忘记了脚，鞋子是舒适的；忘记了腰的存在，带子是合适的；忘了是是非非的争论，心灵也会是安适的；心灵内不从欲念而动，外不从物而动，则是处境的安适、达到本性常适而无往不适者，是忘适之适也。从艺术哲学的角度看，工锤能够有如此精湛的技艺，乃在于他已经消泯了主体与对象之间一切差别，打破了物我之间的隔障，指与物化，心物相融，主客一体。

其二，得心应手。《天道》篇云：“臣也以臣之事观之。斫轮，徐则甘而不固，疾则苦而不入，不徐不疾，得之于手而应于心，口不能言，有数存焉于其间。”轮扁在谈到自己制作车轮的体会时说，斫制车轮，慢了就松滑而不够坚固，快了就会滞涩而难入。不快不慢，得之于手而应之于心，虽然无法用言语说出来，但有奥妙的技术存在于其间。“数”者，“道”也。技艺的化境不是靠口头传授就能获得的，必须以“手”为依托、为起点，“技”是“道”的外在表现或激发因素，手到要心应。一般人往往心身不一，或手到而不能心应，或意有所欲而手不能到，这样如何能创造出“惊犹鬼神”之作呢？换言之，求道者要想得道、求道，只能保持心身的高度和谐，只能通过自觉、自证，而不能靠客观法式的传授、身心合一、手到心到，也就是“技”“道”合一。

3. 简要的评价

与其他诸子相比，道家关注科学技术与人的本性即自然性的关系，而对于技术的社会作用不太关注，由此与儒家、法家、墨家在此问题上形成了一个巨大的分水岭。道家思想是一种最超脱的隐士思想。庄子反技术的心理不是源于他的功利关怀，而是源于他力求超脱社会，超越功利的无为主义。以为合乎人的自然本性的技术就是善的、有价值的，而不合乎人的本性的科技就是恶的，无价值甚至只有负面价值。儒家、法家、墨家从人类社会发展的角度关注科学技术的发展，认为有利于社会发展和人们生活幸福的科技就是善的，是有价值的。如果说道家是自然的技术功利主义，那么，儒家、法家、墨家就是社会的技术功利主义。道家从人的自然性出发，得出了不符合人的需要的技术就是恶的技术，没有看到人是社会的动物，有利于社会发展的技术才能是真正善的技术。道家对于技术的恶的片面放大、发挥，的确对今天技术的发展有预见性和警示作用，这种原初的人类智慧对于我们今天把握真与善的关系具有重要的参考作用。

同时，道家的技术伦理思想告诉人们要理解技术的两面性。发展技术一定要顺乎于“道”，人类的幸福生活只能存在于人与自然、技术与伦理的协调统一之中。道家要求用“道”来认识、规范、评价一切事物，包括技术在内，乃至由于技术破坏了自然本身而反对它。因此，对于技术与伦理的关系，一定要持平发展，不能偏颇于任何一方。人类的文明毕竟是物质与精神的统一，我们既不能像中国古代那样让伦理单方面发展而置技术于不顾，也不能像当今某些高技术所引发的诸多伦理问题那样，让技术单方面发展而无视伦理价值观的伸张。

第二节　西方工程技术伦理思想的逻辑演进

西方工程技术伦理思想在发展的过程中，有其内在的演进逻辑。对西方工程技术伦理历史进行分析可以看出，西方工程技术伦理沿着这样一条逻辑线索发展：纯粹理性的“悬置”，使古代工程观成为“具身”关系直接的外在表达；工具理性的彰显，使近代工程技术伦理思想成为“他异”关系的表述；理性向经验的回复使现代工程技术伦理的到来和繁荣，日益成为应用伦理学的核心部分。

一　纯粹理性的“悬置”：工程的“具身”化

西方全部哲学传统，都以纯粹思辨为肇端。该传统以思维为本性，把真实的理念看成外在实在的摹本，不关心这种实在究竟是由物质还是由精神构成的。它统摄着所有个人理性，真理是非人格化的。因此，它“只是附加在现实世界上的一个建筑物”①。思想者躲避其中，它规避现实，不能解释具体的世界。这使得古希腊理性脱离了任何社会目标和经济目标，空悬于形而上学的真空中。理性并非以实用为归宿和目的，因此对作为军事艺术形态的古代工程的态度是模糊的，将其“悬置”起来，其结果是使古代工程逐渐淡出哲学家的视野，被“遗忘”了②。

进入中世纪以来，西方文化普遍衰退，是科学发展的暗淡时期。与此形成鲜明对照的是，军事工程活动在衰落的中世纪反而活跃起来。究其原因，主要有：其一，经验科学与工匠的结合，“如心灵有它自己的原因一样，实践（praxis）有它自己的一种理论（theoria）”③，这种理论就是作为经验科学的机械力学；其二，在上帝名义下，技术尤其是机械技术缓慢而持续进步，并被迅速应用于军事领域，战争机械大量出现；其三，古罗马实用精神的传承，暴露了理性思维的弱点，它对抗古希腊传统，最终作为一种中间环节，将行动的人导向经验之途。

美国当代学者伊德教授指出：“在实践中，具身是我们参与环境或世界的方式。”④“具身”关系是我们跟环境之间的关系，在这种关系中，我们将人工物融入我们身体的经验中：我们的视觉是由眼镜或目镜为中介的，我们的听觉是由移动电话作为中介的，我们的触觉是以探头的末端为中介的。在人与世界的关系系统中，人工物成为人的“身体”的一部分，“它进入人与环境的身体的、活动的和知觉的关系中”⑤，它已经“抽身而

① 〔美〕威廉·詹姆士：《实用主义》，陈羽纶、孙瑞禾译，商务印书馆，1997，第14页。
② 张铃：《西方工程哲学思想的逻辑演进》，《自然辩证法研究》2009年第4期。
③ Gene Moriarty, “The Place of Engineering and the Engineering of Place”, *Techne*, 2000, 5 (2).
④ 〔美〕唐·伊德：《让事物“说话”》，韩连庆译，北京大学出版社，2008，第55页。
⑤ 〔美〕唐·伊德：《让事物“说话”》，韩连庆译，北京大学出版社，2008，第56页。

去”，变成准透明的。

西方古代工程秉承了实用主义传统，理性的“悬置”使经验成为其思想核心。因此，在古代工程系统中，同样体现着一种“具身”关系。古代工程实践表现为人直接把握工具作用于自然，手工工具是靠人的体力驱动的。工程师几乎完全靠肢体（主要是手）进行操作。在工程系统中，特别强调工程主体的经验性直觉和灵感，工程师的经验即人的因素在这一系统中占据主导地位。工程操作表现为人与自然的交互，人寓于自然之中，向自然敞开，心物相通，与世界浑然一体，犹如艺术中所达到的最高境界，将物化为人的身体的一部分。这样，古代工程就不是单纯的工程人造物本身，它是一种关系性的存在，是面向常人的，是一种“具身”关系的体现。而古代工程观就是“具身”关系的一种直接的外在表达：工程是人的经验的外化。这主要表现在以下几个方面。

第一，工程的内涵。工程（engineering）作为一个独立概念首次出现在9世纪初，指的是战争机械的操作、制造、设计等军事活动。工程概念不仅与军事相关，而且具有创造性内涵，与艺术内在相关。这表明，古代工程主要以军事艺术形式存在，它与技艺并无本质差别，主要强调工程主体的智力因素，强调工程师的直觉创造在工程活动中的主导地位。

第二，“拇指规则”（rules-of-thumb）在工程实践中的应用。经验是一切可靠知识的母亲，是一切实用性工程知识的来源。这里所说的经验除了感官知觉外，也包括经验性机械力学知识，但更主要的是指手工操作、技艺和实践等主体性直接体验，即“拇指规则”。它不是认知的笛卡尔式的知识，而是从实践中获得的朴素的经验知识。

第三，工程师的角色责任。早期的工程不同于为健康服务的医学，或以公正为目标的法律。作为一种专门为战争服务的军事艺术手段，它带有明确的目的指向。但作为工程师经验的外化，它又缺少内在独立性，没有明确的、内在的、独立的理想。这就决定了工程师首先要听命和服从原则。这样，只掌握了“拇指规则”的工程师要表达自己的独立思想是很困难的，他们只是尽自己的职责和本分把手头的工作做好。

二 工具理性的彰显：工程的“他异”化

理性，是指人的全部理智和能力。它几乎是科学、进步、合乎自然、合乎规律、合乎人性的同义词。大致上，我们可以把整个西方思想史看做一个直到目前为止的理性持续启蒙过程。文艺复兴是其中的一个重要过渡期，人们一般称这一时期为理性世俗化过程。文艺复兴运动所蕴涵的理性启蒙思想，引导着工程师们的思维由经验逐渐向理性过渡。

理性思想是近代技术、工程实践全面合理化的决定性智力前提。在工程活动中，它主张普遍有效、逻辑上确定的和可以亲自验证的理论知识的启蒙主义思想，反对朴素的常识、无可非议的传统宗教权威或科学权威。这有力地推动了技术、工程实践在近代的全面进步，它反过来又促进了理性自身的分化。这种理性思想在近代逐渐分化为工具理性和价值理性：前者表现为对效率的追逐，不断满足和提升着人类的“肉身之爱”；后者则代表人对价值的肯定，对意义的追求，看护着人类的“心灵之命”，体现着对科学技术的反思与批判。两者相反相成、此消彼长。

近代的机械哲学是工具理性和价值理性进一步分离的基础。机械哲学有如下两个特征：首先，它秉承笛卡尔及培根的传统，以二元论为其主要特征，主张人与自然、思维与物质、心灵与身体的分离，强调绝对的主客二分；其次，它用“力”的概念和机械运动解释一切自然现象。这样，人们不再把自然界看做有活力的和令人敬畏的，而是看做缺少生命冲动的可以随意摆布的物的集合体。这成为工具理性与价值理性进一步分离的哲学基础。这种分离进而导致工具理性的彰显与价值理性的衰微。

工具理性的不断扩张迫使工程人造物从人的身体中分化出来，成为外在于人的工具性的存在，成为“他者”。正如伊德教授所说：机器从人的身体中分化出去，成为与人相对立的“他者”，即机器人。这样，工程人造物就逐渐侵袭和主宰了生活领域，世界越来越工程化，最终成为一个“他异”的世界，即中立化的工程世界。这样，相对于常人而言，以科学、技术为基础的工程人造物被剥离了神性和人性，成为“他者”；相对于质朴的、感性的、经验的生活世界而言，工程的世界异化为“巨型机器”的神话，是“他异”的世界。因此，近代的工程思想就成为一种工程的“他异”关系的表述：工程被剥离了神性和人性，成为纯粹的中立的工具。具体而言，主要表现在以下几个方面。

第一，工程的工具本质观。最早使用工程定义的是特雷德戈尔德（Thomas Tredgold）。他把工程定义为驾驭自然界的力量之源，以供给人类使用与便利之术。此定义有三个内涵：把工程看做变革自然界、推动社会进步的工具；强调工程的最终目的是为了人们的使用和便利；在与工程主体相关的知识层面上，尽管特雷德戈尔德仍然使用了 art（艺术）一词，但已不同于上文“军事艺术”中的“艺术”，而被赋予了应用“自然哲学”的新内涵。这一定义在后来几十年中被英美工程师普遍接受，成为这一时期比较有代表性的经典定义。

第二，科学的工具形态。培根预见到了科学的一种应用形态。在《新大西岛》中，他描述了一个名为所罗门宫的协会。在那里，科学研究的目的在于制造钟表、大炮、舰船等技术、工程活动。在培根看来，科学应该倾向于技术和工程实践，在这一过程中会得到一种新的应用科学形态，它比纯粹科学本身更多地承载着人类的理性力量，能更直接地体现理性的目的。培根的思想无疑促进了工程科学的出现，并使近代科学带有工具特征。

工程知识首先通过工程教育制度化形式获得发展空间。1795 年，巴黎桥路学校与其他专业学校合并在一起组成综合工科学院，这个学院专门培养军事和民用工程师。1818 年英国“民用工程师学会”正式成立。到了 19 世纪中叶，已经有超过 600 个民用工程师、机械工程师及建筑工程师协会在英国建立。通过这些正式的和非正式的工程师组织，工程师和企业家与科学家、物理学家及其他有学识的个体形成了广泛的社会接触。

这样，科学理论和工程实践的结合形成了一种有别于纯科学的知识体系——工程科学，它是科学理论、应用数学以及“拇指规则”构成的知识混合体。这以后，是否具备工程科学知识就成为区分工程师与工匠的标准。

第三，工程师的伦理责任。18 世纪民用工程逐渐兴起，但那时的民用工程只是和平时期的军事工程，仍然要听命于某一外在组织。随着 19 世纪初期工程的快速发展，工程师人数大幅度增加，工程师的力量增强了。于是工程师们试图寻求一种独立存在的思想，这种思想可作为工程的立足点。这种内在独立思想可以使工程师摆脱对外界社会机构的依附关系。这样，工程师和他们的领导者之间的关系日趋紧张，尤其是在美国。于是“责任”一词出现在有关工程师的词汇中。

“责任”的实质就是某种工程伦理思想的表达，即工程师事实上能“负责任”，能够独立承担支配自然力量之源泉去造福于人类的责任。这样，就要求工程师对他们所设计的所有工程项目负责任。如果项目失败，就是负责工程师的责任，工程师就要接受必要的惩罚。可见，工程师的责任实质上指的是伦理责任，该责任的设置是为了使工程师遵守职业道德，维护荣誉，减少过失，保证工程的实施最终于人类有益。

三　理性向经验的转向：对工程本身的注视

20 世纪 70 年代后期，西方的工程技术哲学研究逐渐转向新的、充满朝气的经验性的发展方向。

具体而言，工程哲学经验转向的实质内涵如下：首先，经验转向的核心是开放技术哲学的边缘地带，形成开放区域，使技术哲学的研究主题由抽象、单一的技术问题转向与技术相关的问题域，尤其要将工程问题纳入其中；其次，与研究主题的转向相适应，技术哲学的研究方法由过去的抽象摹写转向经验描述，突出技术、工程的过程性特征；再次，两种转向的综合结果可以导致新的研究领域——工程哲学——的出现。

这样，工程哲学作为新一代技术哲学家建构的核心话语应运而生，它是古代工程观和近代工程思想的传承和演变。它不是对工程的简单的抽象摹写，而是要朝向工程本身，以对工程的内在洞察为基础，使他们的分析基于对工程实践的充分的经验描述。现代工程哲学体现了经验转向的主旨，它的到来改变了哲学的前景，这主要表现在以下几个方面。

第一，过程主义的工程本质观。现代工程在国民经济及社会生活中占有越来越重要的地位，同时也形成了新的工程本质观——过程主义的工程本质观。

第二，工程知识的多元化。近代的工程知识被看成单一的“应用科学”。进入现代以来，与经验转向相对应，工程知识逐渐表现出多元化的走向。

第三，工程师伦理责任的扩大化。经验转向背景之下，工程被“嵌入”社会之中，连锁关系增多，使得工程伦理研究呈现新特点，与古代的工程理论只关注工程师角色伦理责任以及近代工程伦理主要关注工程师职业伦理责任不同，现代工程伦理则重点关注工程师与公众利益的矛盾冲突，关注工程师的公众伦理责任，并进一步向自然责任延伸，这表明工程师伦理责任的扩大化趋势。

以上从历史和逻辑的角度阐述了西方工程伦理思想的演变过程。可以看出，西方工程伦理并非一蹴而就，而是经历了一个漫长的孕育、萌发的过程，以工程哲学的经验转向为契机才得以出现。因此，更重要的是，它还是对技术哲学的一种发展。具体而言，它分别从以下几个方面拓展了技术哲学①。

第一，研究主题的实在化。工程哲学的本体论研究主要关注与人工物相关的问题，致力于走进工程内部，关注人造物设计、操作、生产等一系列制造的过程。也就是说，在工程哲学中，是以“造物”为研究主题的，它找到了哲学中长久迷失的真正主题。工程哲学中的研究主题是实在的。

第二，研究视野的多元化。现代工程哲学克服了技术哲学“二分法”的缺陷，实现了两个传统的融合与统一，将工程放在一个宽广的语境下进行研究。在工程哲学中，研究视角是多元的，这是与现代工程的复杂性、多维性相符合的。

第三，研究背景的后现代化。从研究背景上看，工程哲学研究是基于一种后现代背景的，它克服了被置于现代背景之中的传统技术哲学只关注技术对社会的解构和破坏，而少有建设性的缺陷，努力拓宽思路，寻找新的问题，致力于对现代社会的重构。

第三节　马克思主义工程技术伦理思想的当代发展

当代马克思主义工程伦理思想是马克思主义科技伦理思想中国化的理论成果，是马克思主义科技理论与当代中国工程实践相结合的产物。

---

① 张铃：《西方工程哲学思想的逻辑演进》，《自然辩证法研究》2009年第4期。

当代马克思主义工程技术伦理思想在人本维度和环境维度上取得了长足的进展。

一　马克思主义工程伦理观的人本维度

马克思主义工程伦理观的人本维度，就是"以人为本"的工程技术伦理观。

1. "以人为本"工程技术伦理的历史必然

近代的机械哲学秉承笛卡尔及培根的传统，以二元论为其主要特征，主张人与自然、思维与物质、心灵与身体的分离与对立，用"力"的概念和机械运动解释一切自然现象。这样，人们不再把自然界看做有活力的和令人敬畏的，而是看做缺少任何生命冲动的可以随意摆布的"物"的集合体。这种分离进而导致工具理性的彰显与价值理性的衰微。工具理性的持续扩张使人们迷失了理性中先天具有的价值向度，而过度追求实物制品所带来的效率和功用。"资本"成为社会制度的轴心，"物"以及"物的符号"逐步地成为衡量一切价值的圭臬①。工具理性的纲领正是以物为本、见物不见人的传统发展观的理论根基。工具理性铸就了一个坚不可摧的"铁的牢笼"，现代人被困其中，异化为只按物的逻辑行动的原子化的"单面人"。而以科学、技术为基础的工程人造物被剥离了神性和人性，成为"他者"。这样，以物为本的传统发展观造成了人和物的双重异化。工程物体的异化并向生活世界的全面侵袭遮蔽了人本身的存在和意义；人本身的异化使其丧失了对工程人造物的价值省察和判断力，无视工程物体本应包含的伦理维度。以物为本的传统发展观理念正是造成工程人造物中伦理维度缺失的根本性原因。

马克思、恩格斯高度关注科技活动中人的异化问题。马克思主义经典作家的研究领域和研究对象各不相同，但都以社会中的"人"为研究起点，对人的关怀贯穿始终，从本质上来说都是以人为本的，核心目标最终都是为了实现人的全面发展。马克思主义经典作家把人视为一切活动和一

① 张铃：《"以人为本"的工程伦理意蕴》，《郑州大学学报》（哲学社会科学版）2009 年第 6 期。

切关系的承担者以及基础，视为社会历史的前提以及创造主体。马克思和恩格斯虽然从来没有直接提出“以人为本”的工程伦理思想，但是他们无一例外地强调人作为人的一切活动的承担者，强调人是人的活动的最高目的。就此而言，“以人为本”思想体现了马克思主义理论的价值目标，也体现了其工程技术伦理的价值目标。

中国共产党自成立开始，便把全心全意为人民服务作为立党之本，始终以人为工作的出发点，始终把人民利益放在首位。以胡锦涛为总书记的党中央准确把握了新时期的新特点，在党的十七大报告中系统提出了科学发展观，强调科学发展观的第一要义是发展，核心是以人为本，基本要求是全面协调可持续，根本方法是统筹兼顾。这是对科学发展观的全面概括。“以人为本”的科学发展观是对以物为本、见物不见人的旧的发展观的解构和超越，同时又体现着人们对工程实践行为及其后果的自觉关注和反思。工程负价值的显现使中国共产党人深刻认识到：要使工程人造物真正给人类带来福祉，就必须对工程主体的行为进行伦理道德的勘定和规约，只有这样才能让迷失的价值理性回归工程人造物本位。从理论上说，工程伦理中所蕴涵的价值向度是主体性尺度，故工程伦理的解蔽首先要回归属人的世界，以人本身的价值为出发点和归宿。科学发展观在继承马克思主义价值论基础上，通过对现实世界的考察提出了“以人为本”核心价值理念，明确指出发展的价值主体是“人”不是“物”。它所蕴涵的“属人的”道德价值性充分体现了工程伦理的人本价值向度。

2. “以人为本”工程技术伦理的精神实质

在当下中国，科学发展观业已成为一种全民性的意识形态，其核心理念是“以人为本”。这一理念的主旨是要注重人的生存质量，谋求人的幸福和全面自由。它不仅有着重要的哲学基础，而且本身就是一种新的哲学。“以人为本”这一新的具有普遍指导性意义的箴言式论断应该能够帮助人们树立正确的工程理念，即它应该内在地包含着工程的伦理诉求。

“以人为本”作为新时期工程伦理的核心诉求和指导原则，突出强调了人在社会历史发展中的主体地位和作用，“把人的发展作为中国发展的主题、价值取向和最高尺度”，强调人是发展目的、手段和主体的统一。

第一，“以人为本”的伦理原则决定了工程建设要尊重人的主体地位。马克思曾明确指出：“我们的出发点是从事实际活动的人，是处在现实的、可以通过经验观察到的，在一定条件下进行的发展过程中的人。”[①] 由此可以得知，马克思主义从建立之始就自觉坚持和发展了以人为本的伦理思想。真正的唯物史观必须“以人为本”，即人是社会历史的真正的主人。发展中国特色社会主义，实现又好又快发展，落实科学发展观，人自始至终都处于主体地位，尊重人就是要尊重生命权利、尊重人格尊严、尊重人性需求。尊重人不能掺杂任何其他因素，人受到尊重的唯一理由就是因为他是“人”，有人生的权利，人格的尊严，人性的关爱，不能因其地位高低、身份差异、权力大小、贫富悬殊而有所改变。高贵与低贱、聪明与愚钝、健全与残疾、年长与年幼在“人”字面前一律平等、一视同仁。“以人为本”的伦理实质就是要从工程伦理架构的基础上使人成为社会工程生活中真正意义上的主体，并使其居于本位；就是要在社会道德建设的现实中让人人都把每一个人当做人来对待，尊重人的基本权利、价值和尊严。尤其是在工程建设中，必须尽最大努力保护人的生命，尊重和保障人权。

第二，“以人为本”的伦理原则决定了在工程建设中要发挥人的首创精神。人民群众是推动历史前进的动力源泉，依靠人民力量、发挥人民的首创精神是工程建设的根本保证，齐民心、集民智、聚民力是党治国兴邦的关键所在。马克思主义认为，决定人类社会历史发展的力量并不在人的劳动创造之外，而是寓于人的劳动创造之中。人类正是通过自己的劳动创造了无穷的财富、思想，创造了人自己的历史、文化。以人为本，就是要为人的劳动、创造、发明提供便利条件，努力创造有利于人们平等发展、充分发挥聪明才智的社会环境，营造适合人才成长的和谐环境。只有发挥全体人民的积极性、主动性、创造性，才能发展市场经济、扩大对外开放、发展中国特色社会主义。实现党的十七大提出的“提高自主创新能力，建设创新型国家”的战略使命，必须发挥人的首创精神，实行人才强国战略，在世界科学前沿占领一席之地。

---

① 《马克思恩格斯选集》第1卷，人民出版社，1995，第73页。

第三，“以人为本”的伦理原则决定了要促进人的全面发展。追求人的彻底解放，实现人的全面发展，是马克思主义所确立的社会发展的终极目标。因此，以人为本的根本宗旨就是要实现人的全面发展。人的发展程度，是衡量社会发展水平的基本尺度。要实现人的全面发展，首先要满足人的各种基于生存的合理欲望和需求。人的合理欲望和需求的满足不仅指物的需要的满足，还包括满足人的交往、审美、生存环境等多方面的需要，要注重人的生存质量，谋求人的幸福、快乐和自由，实现人的“诗意地栖居”。因此，“以人为本”就是要以人的基本生存为本，以人民群众的生存为根本，要重点关注人民的生活质量和幸福指数。科学发展观以人的生存为本的判断赋予了工程伦理生存论的哲学根据。工程实践充分体现着工程主体自身的需要，它已经成为人的最切近的生存方式，并已经全面侵入人类历史，成为海德格尔所说的“现代人的历史命运”。这根本改变了原有的世界图景，使整个世界变成一架缺少“生命的冲动”的巨大机器，而人的存在成为完美机器中的零部件。工程的物质化存在将世界凝固，造成历史的断裂，使人的连续性中断，人正在失去生存的根基。工程物具有“非生存”的缺陷。工程伦理正是试图给出人类走出生存危机的方案，是基于人的生存的谋划。没有人类的工程实践引发的生存环境危机和人类精神的危机，工程伦理也就无从谈起。工程伦理是根源于人类生存需要，并为了更好生存而进行生存方式选择的生活世界的哲学。

3. “以人为本”工程技术伦理的实践路径

以马克思主义为理论武装的中国共产党人超越了对工程伦理的纯理论探讨，站在伟大的科技时代的前沿，认为当今时代工程伦理的主题是“服务于全人类”，强调和坚持的是为最大多数人服务的原则，实现好、维护好、发展好最广大人民群众的根本利益。坚持这个原则，就可以比较正确地处理工程技术在研究和应用时出现的各种伦理问题，恰当地调整在这些过程中出现的各种人与人之间的关系，既考虑到了个体，也考虑到了集体，既考虑到了现在，也考虑到了未来，这就达到了我们所追求的社会正义。

首先，以人为本要求工程主体为人民群众的福祉承担伦理责任，要求工程实践成为一项公众广泛参与的、关乎人民群众日常生活的行动，实现工程决策和评价的最充分的民主化。工程主体不是个体主体而是由设计师、技师、工程师，管理者以及工程家等组成的群体主体。这就要求各工程主体之间、工程主体与公众之间以及公众与公众之间进行广泛的对话与协商，实现哈贝马斯所说的交往理性。交往理性是一种对话主义的哲学范式，它能够消解工具理性单一向度的强制，进而拯救“铁笼”中踯躅着的孤独的现代人。以人民群众为本就要做到人民群众真正参与到工程决策和评价的交往实践中来。生活世界成为专家与群众沟通对话的公共领域和空间。重返生活世界，使人民群众扩展为工程的外围主体，这样，工程的“群体主体”进一步扩充为多元复数的主体，实现主体间最广泛、最充分和最普遍的交往。工程伦理是在生活世界中实现的主体间的交往实践。

其次，优化制度建设，将伦理责任和道德约束制度化、法制化。制度安排历来是带有根本性、全局性和关键性的问题，坚持以人为本的工程伦理，必须坚持在制度上进行革故鼎新的创造，着力构建“以人为本”制度体系。邓小平曾说：“制度好可以使坏人无法任意横行，制度不好可以使好人无法充分做好事，甚至会走向反面。”[①] 一是要加强责任伦理建设，强化领导干部在工程建设中的伦理责任意识，如对公共利益的责任、对社会公正的责任、对公民权利的责任等。二是要善于把工程伦理规范制定为政策、法律，把伦理道德的内在约束力变为法律条文的外在强制力，做到有法可依。同时，要加大监督检查力度，敢于问责。

再次，“以人为本”的工程伦理原则决定了在工程建设中必须不断提高工程建设者的思想道德素质和科学文化素质。经济发展、社会进步与否，归根结底是以人自身的发展状况作为衡量标准的。注重人的整体素质的提高，早已成为现代社会发展的一个根本目标。人的本质具有文化内涵，文化创造了、丰富了人的本质。“文化上每一个进步，都是迈向自由的一步。”[②] 不断提升工程建设者的精神文化素养，用先进文化引导他们的社会生活，防止“物欲”恶性膨胀，才能实现“人的自我异化的积极扬弃，因而通过人并且为了人而对人的本质的真正占有”[③]。特别是在知识经

① 《邓小平文选》第2卷，人民出版社，1994，第333页。
② 《马克思恩格斯选集》第3卷，人民出版社，1995，第456页。
③ 〔德〕马克思：《1844年经济学哲学手稿》，中央编译局译，人民出版社，2000，第81页。

济条件下，高科技迅猛发展，人们的生活发生根本性变革，诸多不良现象影响人的生存和发展。日本学者池田大作指出："随着技术的高度发展，不断提高人的精神力量，才是至关重要的。所谓技术高度发展的时代，说到底就是——最需要人从根本上领悟到'生命的尊严性'、提高人自身力量的时代吧。"[①] 为此，必须用先进文化保护工程建设者"生命的尊严性"，提升国家的文化软实力，使人的精神力量不断升华，这样才能体现人的本质力量。人以一种全面的方式，就是说，作为一个总体的人，占有自己的全面的本质。

总之，以人为本是当代中国的马克思主义在工程伦理上的重大创新。以人为本是发展中国特色社会主义的根本要求，是落实科学发展观的核心，是构建社会主义和谐社会的基本内涵，是全面建设小康社会的重要目标，是党执政兴国的根本宗旨。

二　马克思主义工程伦理观的环境维度

生态危机作为生态系统的失衡状态，是由于人与自然关系的分裂对立引起的，而这又是人类中心主义的征服论自然观带来的。甚至可以说，生态危机是科技发展和工业文明的产物，是现代化、工业化、城市化的必然结果。在一定意义上说，生态危机实质上是文化危机，是工业文明或科技文明的危机，它意味着人类生存和发展的危机。自然应享有不受侵犯的特权和得到保护，不能用攻击性的方法对待它，而应把自然视为加以保护的、文明化的生活总体，使自然成为历史的一部分。马克思主义既没有把人类历史融于纯粹的自然史之中，也没有把自然史融于人类史中。虽然自然界在人类历史上具有优先地位，但这种外部自然界的优先地位只存在于历史实践的中介之中，而正是通过社会实践对自然的制约性，自然史和人类史才构成有差异的高度统一。然而长期以来，我们把利用科学技术改造自然的过程称为"发展"，而"发展"的程度与速度就是人类改造外部世界与获取物质财富的标尺，甚至是一种标榜。于是人作为自然界的万物之

---

① 〔日〕池田大作：《我的人学》，铭九、潘金声、庞春兰译，北京大学出版社，1992，第528页。

灵，改造自然是不可避免的，是“当然”的，这种以利用科学改造自然的所谓发展，不过是人的一种主观判定而已。人类在潜意识里总以为改造、改变自然的过程是一个发展的过程、进步的过程、上升的过程和变得更好的过程。这种发展观完全是建立在唯科学主义的基础之上的，认为科学的进步才是发展的根本，科学可以解决一切人类的问题。但是，随着各种危机的涌现，当科学技术为人类解决的问题与给人类带来的问题一样多，它对人类的建设性作用与破坏作用几乎同等规模时，人类开始质疑科学是不是万能的。人们经常感到一种困惑：一方面我们知道科学是理性和人类文化的最高成就，另一方面，我们又害怕科学业已变成一种发展得超出人类的控制的不道德和无人性的工具、一架吞噬着它面前的一切的没有灵魂的凶残的机器。面对科学带来的双刃剑效应，人们迫切需要对日益膨胀的科学理性进行反思与限制，对过于狭隘的发展观进行修正，从异化中得到解放与拯救。

马克思主义工程伦理观的实践意义就在于将批判和建构结合起来，按照历史发展的必然朝向，以对抗异化的集体力量来重新定位工程技术发展的价值方向，从历史的发展中提出人类要掌握自身的命运只有付诸行动，使善、公正和自由成为支配包括工程在内的人类历史发展的力量。也就是说，人只有成功地对现代工程技术异化作出反应才能获得幸福的生存状态。这就是共产主义，它作为完成了的自然主义等于人道主义，而作为完成了的人道主义等于自然主义。在这里，工程技术发展的理想价值方向在于“人的实现了的自然主义和自然界的实现了的人道主义”得到和谐的统一，既使人大胆“接受大自然赋予人类的那一份历史馈赠”，又使自然界不致降为外化于人的东西。随着工程技术的进步，人类不仅要运用技术手段从自然界中取得各种物质资料，以满足人类生存和发展的需要，而且还要有控制地利用自然，使自然界能够进行“再生产”，以维持人类经济和社会的可持续发展。关心大自然，就是关心人类的利益，呵护大自然，就是维护人类的生活权利。而协调人与自然的关系，实质上也是协调人与人之间的利益关系。当今，人类已进入经济全球化时代，但资源、环境、人口等一系列问题一直是困扰人类可持续发展的痼疾。因此，正确处理人与自然的关系，从而实现人—自然—社会的协调发展，无疑具有深刻的伦理意义。

可持续发展是一种机会、利益均等的发展，在处理人类与环境、资源的关系上，人与人、国家与国家，都应本着平等互利的原则，互相尊重，互不侵害对方的合法权益。平等的原则不仅包括代内平等原则，而且也包括代际平等原则。代际平等的道德原则，要求社会经济的发展不仅满足当代人的需求，还要顾及子孙后代的需要。可持续发展要求我们现代的发展不能对后代的生存发展构成威胁。如果我们目光短浅，仅顾一时的利益，无所顾忌地暴殄天物，即便有幸逃脱大自然的惩罚，但最终只会给子孙后代留下一笔孽债。因此，我们不仅要安排好当前的发展，还要为子孙后代着想，绝不能吃祖宗饭、断子孙路。

胡锦涛同志在党的十七大报告中系统提出了科学发展观，强调科学发展观的第一要义是发展，核心是以人为本，基本要求是全面协调可持续，根本方法是统筹兼顾。“必须把建设资源节约型、环境友好型社会放在工业化、现代化发展战略的突出位置。”[①] “在看到成绩的同时，也要清醒地认识到，我们的工作与人民的期待还有不小差距，前进中还面临不少困难和问题，突出的是：经济增长的资源环境代价过大；城乡、区域、经济社会发展仍然不平衡；农业稳定发展和农民持续增收难度加大；劳动就业、社会保障、收入分配、教育卫生、居民住房、安全生产、司法和社会治安等方面关系群众切身利益的问题仍然较多。”[②] 建设生态文明的理念，提倡建设环境友好型社会和资源节约型社会，基本形成节约能源资源和保护生态环境的产业结构、增长方式、消费模式，这是坚持科学发展观的根本要求。中国特色社会主义的全面发展，必须按照科学发展观的要求，正确处理发展同人口资源环境的关系，促进人和自然的协调与和谐，努力开创生产发展、生活富裕、生态良好的文明发展道路。可以说，科学发展观既符合时代发展潮流，又符合当代中国国情；既体现出鲜明的时代特征，又包含着深刻的人文精神；还体现了中国共产党这个世界上最大的政党，中国这个世界上人口最多的大国，对全球、对人类负责任的态度。将这一发展观付诸实践，必然对中国的改革和发展产生巨大而深远的影响，对全人类

① 胡锦涛：《高举中国特色社会主义伟大旗帜　为夺取全面建设小康社会新胜利而奋斗——在中国共产党第十七次全国代表大会上的报告》，新华网，2007 年 10 月 24 日。

② 胡锦涛：《高举中国特色社会主义伟大旗帜　为夺取全面建设小康社会新胜利而奋斗——在中国共产党第十七次全国代表大会上的报告》，新华网，2007 年 10 月 24 日。

的可持续发展作出巨大贡献。将生态建设放到文明的高度，这是一个创举，说明我国对生态建设的认识越来越深入，也越来越重视，充分体现了生态文明对中华民族乃至全人类生存发展的重要意义。没有生态文明，一切文明就没有了享受的前提。生态文明体现的正是科学发展观的重要文化内涵，实际上是建设和谐社会理念在生态与经济发展方面的升华，不仅对中国自身有着深远影响，也是对解决全球日益严峻的环境生态问题作出的庄严承诺。

·第三章·

工程的哲学审思

工程是人类的实践活动，哲学是人类的思辨艺术，两者的关联似乎不大。但是，事实上工程活动中遭遇各种矛盾和问题时，需要哲学为其破解难题提供有效的思路和方法。因此，工程的哲学审思为工程伦理的研究提供了前提和保证。

第一节　科学、技术与工程

一　科学、技术、工程的区别和联系

为了对工程有一个更深刻的认识，我们先有必要从李伯聪教授对科学、技术、工程的“三元论”角度来界定工程。“所谓科学、技术、工程‘三元论’，其基本观点就是承认和主张科学、技术和工程是三个不同的对象、三种不同的社会活动，它们有本质的区别，同时也有密切的联系。”①接下来，我们将根据李伯聪教授的“科学技术三元论”来分析和对比科学、技术和工程的不同本性或特征。具体来说，科学、技术、工程的区别有：①科学活动是以发现为核心的活动，它是反映自然、社会和思维等的客观规律的分科知识体系。而工程活动是以建造为核心的活动。其本质是一种生产活动，它是以科学理论为依托，借助专业技术实现的生产活动。②科学活动的基本“任务”是研究和发现事物的“一般规律”，技术活动

① 杜澄、李伯聪：《跨学科视野中的工程》第1卷，北京理工大学出版社，2004，第44页。

的基本任务是发明出可行的“特殊方法”，工程活动的基本“任务”是建设和完成具体的“个别项目”。③科学活动的本质是发现新的规律或概念，其“产物”是科学知识，要求世界首创。技术活动的本质是发明新的“可行的”方法，现代技术发明的结果多为“专利”。工程活动是进行直接的物质创造活动，其结果是直接的物质财富，它不但直接关系到“工程主体”的利益而且关系到社会的福祉。④科学探索活动不同于技术和工程，它的求知目的大于实用目的。科学有更大的探索意义，社会的道德约束更小；技术、工程有较大的社会意义，社会的道德约束较大。⑤从学科结构上看，技术科学的抽象层次要比工程科学的要高，工程科学作为知识体系，要比技术科学更加具体。自然科学、技术科学和工程科学三者共同构成了整个科学技术知识体系。

承认科学、技术、工程有本质区别绝不意味着否认它们之间存在密切的联系，相反，承认和认识它们之间存在的本质区别反而是认识和把握三者的转化关系的逻辑前提。科学、技术、工程的联系可以表述如下：①没有无技术的工程，从而工程与技术存在着密切的联系。技术作为改造自然的方法和手段，是工程的重要组成部分。工程往往需要各方面、各领域的技术的综合运用，所以有“工程的技术方面”之说。②没有纯技术的工程，在工程活动中不但有技术这个要素，而且有管理要素、经济要素、制度要素、社会要素、伦理要素等其他方面的要素。③技术可以“应用”到工程中。这个“应用”的过程是一个转化的过程。正因为“应用”的过程是一个转化的过程，而转化过程之后必然有新质的出现，所以，承认工程是技术的“应用”不但不应该是一个把技术和工程混为一谈的理由，反而是一个肯定技术与工程的区别的理由和根据。④工程要选择技术、集成技术。在工程活动的计划和设计阶段，工程活动的主体需要根据工程活动的目标对已有的各种技术进行选择和集成。在这种应用、选择和集成的关系中，既反映了技术和工程的联系，同时也体现了技术和工程的区别。由于现代科学具有迅速转变为技术运用于工程，从而影响社会的特点，所以科学的探索也越来越多地受到伦理的审视和制约。

二　工程及其本质

工程，自古以来就是人类以利用和改造客观世界为目标的实践活动，也是现代社会存在和发展的基础。关于工程的含义在此需要作出说明。虽然在国外已经有人使用“社会工程”这个术语，而且我国有人常常在“社会工程”的含义上使用“工程”一词，如“希望工程”、“再就业工程”，但笔者在研讨工程时，其对象和范围一般来说指的是诸如“西气东输”工程、“南水北调”工程、市政工程、“神舟七号”工程这样的“通常意义”上的主要针对物质对象的“工程”。

《简明大不列颠百科全书》对工程的定义是：“应用科学知识使自然资源最佳地为人类服务的一种专门技术。”① 《辞海》对工程的阐释是：“将自然科学的原理应用到工农业生产部门中去而形成的各学科的总称。这些学科是应用数学、物理学、化学等基础科学的原理，结合在生产实践中所积累的技术经验而发展出来的。其目的在于利用和改造自然来为人类服务。”著名学者西南交通大学的肖平教授认为：“工程是人类将基础科学的知识和研究成果应用于自然资源的开发、利用，创造出具有使用价值的人工产品或技术活动的有组织的活动。”② 它包括两个层次的含义：①它必须包含技术的应用，即将科学认知成果转化为现实的生产力。②它应当是一种有计划、有组织的生产性活动，其宗旨是向社会提供有用的产品。李伯聪教授也曾从科学、技术、工程“三元论”角度来界定的工程：“科学是以发现为核心的人类活动，技术是以发明为核心的人类活动，工程是以建造为核心的人类活动。”③ 工程有广义和狭义之分，广义的工程是指人类的一切活动，它包括社会生活的许多领域。狭义的工程是指与生产密切相关的，以一定的科学理论为依据的活动。笔者研究的“工程”指狭义的工程。

从以上对工程的界定来看，“工程”并没有一个固定的统一的概念，各专业从各自不同的视角出发对工程有不同的理解。因此，在目前给工程

---

① 《简明大不列颠百科全书》第3卷，中华书局，1999，第413页。

② 肖平：《工程伦理学》，中国铁道出版社，1999，第1页。

③ 杜澄、李伯聪：《跨学科视野中的工程》第1卷，北京理工大学出版社，2004，第3页。

下一个普遍认同的概念是非常困难的，但这并不表明工程伦理在对工程的研究中是模糊的。所以，我们有必要从特征方面来进一步分析工程。

从以上对工程含义的分析，我们可以得出工程具有如下特征：①工程是科技改变人类生活、影响人类生存环境、决定人类前途命运的具体而重大的社会经济、科技活动，人类通过工程活动改变物质世界。换言之，工程是科学技术转化为生产力的实施阶段，是社会组织的物质文明的创造活动。科技的特征和专业特征是工程的本质基础。②工程旨在造福人类，工程实践过程受社会政治、经济、文化制约，工程的产物满足社会需要。可见，工程的出发点离不开社会、过程离不开社会、最后归宿也离不开社会，社会属性贯穿于工程的始终。③工程是与环境相互影响的。任何一项工程的实施都会对周围的生态环境带来影响，在工程活动中必须充分考虑环境的因素。④工程活动历来就是一个复杂的体系，规模大，涉及因素多。现代社会的大型工程都具有多种基础理论学科交叉、复杂技术综合运用、众多社会组织部门和复杂的社会管理系统纵横交织、复杂的从业者个性特征的参与、广泛的社会时代影响等因素综合作用的特点。⑤工程活动能够最快、最集中地将科学技术成果运用于社会生产，并对社会产生巨大而广泛的影响。这一影响是全方位的，不仅有政治的、经济的、科技的影响，也有社会文化道德的影响。这就形成了工程的价值特征。

第二节　工程哲学的历史维度

一　古代工程哲学的迷失

迄今为止的哲学研究中，存在着两种有趣的现象：一是哲学家对形而上问题情有独钟，而对形而下问题避而不谈；二是与此相反，哲学家由关注形而上问题的研究转而聚焦形而下问题的研究。前者在古代社会尤其突出，后者在近代尤其是当代哲学研究中表现明显。

古代哲学研究中一个突出现象是对形而上问题十分关注，而对形而下问题关注不多，东西方哲学都是如此。工程实践活动作为人类最基本的活动方式，本质上属于形而下问题，在古代一直没有得到哲学家们的关注和思考。换言之，工程问题一直游离于哲学反思的范围之外。古代哲学对工程问题迷失的根源可以从以下几个方面得到说明①。

第一，在古代社会，埃及的金字塔、中国的万里长城、都江堰水利工程、古罗马的凯旋门等这些工程虽然气势宏伟，但像这样集结大量人、财、物的工程在古代社会并不普遍，人们更多的是依靠家庭手工业进行生活资料的生产，这种生产方式还算不上工程。正如美国学者詹姆斯·芬奇所说："在整个古代，工程的规模及其影响仍存在着局限。"② 第二，工程造物使人们特别关注物质实体和物质利益的追求，这就容易导致物质在人的价值观中占主导地位，开始算计别人，谋算自然，从而引发许多道德伦理问题，不利于对善的追求。第三，在古代社会，从事工程活动的主体都是地位卑贱的工匠和"会说话的工具"——奴隶，他们处于社会的最底层，在等级森严的古代社会，地位高高在上的"哲学王"自然鄙视工匠的实践活动，也不可能把工程作为他们研究的对象。第四，从事古代工程实践的人凭借的是传统经验和直觉，它是物质要求所必需的，而不是为政治服务和精神生活服务的，也与理论知识不相联系。古希腊的哲学传统崇拜形而上学，轻视形而下世界，因此归属于形而下世界的工程备受哲学家们的冷落也就不足为奇了。正如李伯聪所说："阶级地位、社会环境和意识形态的约束使柏拉图和亚里士多德不可能把对工匠造物活动的哲学思考放在哲学理论的中心位置上。"③

在古希腊、罗马时期，人们对于与科学有关的机械和实际技术，都毫不重视，甚至鄙视。希腊人把与自然界有关的活动都视为奴隶们干的事，认为那是卑贱的。他们对一切工艺都表示轻视，还把实验当做与幻术、迷信、变戏法等相同的东西而不予相信。亚里士多德认为，制造本身显然不是目的，它既从属于对善的各种可能的理解，也从属于这些理解所必需的政治秩序。甚至著名科学家阿基米得本人也把一般的机械及实际的动作视为一种"卑贱而不光彩的技艺"，仅仅把他的研究范围限制在他自己认为是与美相关联、"而无关于任何实用上的需要"的学问上。只是在他所居住的城市受到军事围攻的胁迫下他才利用一些机械装置来解围。他担心自

---

① 龙翔：《工程哲学研究的两条进路》，《科学技术与辩证法》2007年第6期。

② 邹珊刚：《技术与技术哲学》，知识出版社，1987，第365页。

③ 李伯聪：《工程哲学引论——我造物故我在》，大象出版社，2002，第51页。

己在数学上的发现会被用于实际工程从而带来危险，所以拒绝把自己的发现写成论文。正如威尔斯在《世界史纲》中所说："真正代表古典罗马对科学的态度的人物绝不是卢克莱修，而是那个攻破锡腊库扎城时砍死阿基米德的罗马士兵。"

中世纪和文艺复兴期间，随着工程活动的普遍增加，工程不但与人们的生产和生活联系越来越紧密，参与工程活动的工匠也越来越多，而且，工程与军事战争结合起来，使得工程的作用日益增强，促进了工程技术缓慢而持续地进步，工匠的社会地位和作用也日益提高，标志着工匠与工程师在职业划分上的明确分离。现代意义上的工程师正是在这种情况下出现的。但是这个时期的思想家往往遵循"哲学只研究理论、理性的知识，把感性的、经验的工程拒之门外"的传统，无论是培根、笛卡尔、霍布斯，还是斯宾诺莎、狄德罗等哲学家，他们都只重视对科学的反思而忽视对工程的哲学思考。正如拉普所揭示的那样："除了具体的历史情况以外，这还跟西方哲学注重理论的传统有关。人们曾认为技术就是手艺，至多不过是科学发现的应用，是知识贫乏的活动，不值得哲学来研究。由于哲学从一开始就被规定为只同理论思维和人们无法改变的观念领域有关，它就必然与被认为是以直观的技术诀窍为基础的任何实践活动、技术活动相对立。"①

二　近代工程哲学的凸显

"工程"一词，人们并不陌生，从人工开物的那一刻起，人们便生活在工程之中。正是在这个意义上，工程是人的最切近的生存样式。可是，人们对工程的存在进行自觉的哲学反思却较为滞后，直到19世纪，人们才开始对工程进行理论研究和哲学反思。

第一次工业革命兴起以后，新的工程实践使世界发生了翻天覆地的变化，作为推动社会进步动力的工程实践与作为新世界的构建者的工程师开始受到人们广泛关注，工程与工程师的地位得到提升。1818年，英国民用工程师学会成立，这标志着工匠与工程师在职业划分上的明确分离和现代

① 〔德〕拉普：《技术哲学导论》，刘武等译，吉林人民出版社，1988，第177页。

意义上的工程师的出现。在这个与传统工匠竞争职业地位的过程中，从事具体的工程实践的工程师们为了反思他们的工作成果并通过建构工程“话语”以给他们的工作赋予更多的意义，于是开始了对工程本质的追问。最早且使用最为广泛的工程定义出现在1828年托马斯·特雷德戈尔德（Thomas Tredgold）写给英国民用工程师学会的信中。他把工程定义为“驾驭自然界的力量之源、以供给人类使用与便利之术”[①]。这一定义在后来的几十年中被英美工程师普遍接受。但19世纪中叶以后，这一对工程本质的传统理解开始受到质疑。究其原因主要有以下几点：其一，19世纪自然科学的进步使一部分人认识到基础自然科学在工程实践中的重要作用；其二，工程负价值的显现，使有些人文学者（以海德格尔为代表）开始反思其人类社会进步中介的地位，并怀疑其价值中立性；其三，工程与艺术相关的创造性本质使人们开始更多地关注工程设计[②]。

近代工程哲学的突出特点是研究者身份的单一性与研究内容的片面性。研究者以工程师为主，他们在从事具体的工程实践过程中去反思工程，但是反思的内容仅限于对工程本质的追问。他们强调工程对社会进步的意义，把工程视为价值中立的工具，带有明显的工具主义特征。这一时期的人文学者只是从外围参与争论，并未介入工程实践内部。

三　马克思、恩格斯关于工程的哲学思考

如果说哲学的主题是寻找家园，那么工程的使命则是建造和重建家园。正如李伯聪所说：“工程活动的一个内容就是‘建设家园’——建设‘自己’的家，建设‘集体’的家，建设‘国’的家，建设‘人类’的家。”[③] 马克思明确指出：“哲学家们只是用不同的方式解释世界，而问题在于改变世界。”[④] 就是说不仅要“解释世界”，更重要的是“改变世界”，可见马克思更看重通过付诸行动的、能改变世界的工程来解读世界。因为，

① Charles Hutton Gregory, “Address of the President”, Institution of Civil Engineers, *Minutes of Proceedings*, 1868 (1), pp. 181 - 182.

② 陈凡、张铃：《当代西方工程哲学述评》，《科学技术与辩证法》2006年第2期。

③ 李伯聪：《工程哲学引论——我造物故我在》，大象出版社，2002，第438页。

④ 《马克思恩格斯选集》第1卷，人民出版社，1972，第19页。

他认为："工业的历史和工业的已经产生的对象性的存在，是一本打开了的关于人的本质力量的书，是感性地摆在我们面前的人的心理学。"[①] "如果心理学还没有打开这本书即历史的这个恰恰最容易感知的、最容易理解的部分，那么这种心理学就不能成为内容确实丰富的和真正的科学。"[②] 其实，改变世界的活动本身包含着对世界的解释，是人从自己的需要和目的出发建构属我世界的知与行的统一，体现着人的自为本性和不断超越的类本性。恩格斯也曾指出工业活动使"自在之物"变成"为我之物"，实现了思维与存在的最高统一，一切不可知论都成为不可能的了。但是人的知总是有限的，是"有学问的无知"（库萨语）。

马克思对社会发展的唯物史观，是采取生产力这一解释原则的（把社会关系归结为生产关系，生产关系又归结为生产力），即生产力推定的方法，科学技术被看成决定生产力水平的重要因素——潜在的生产力。如果说，科学技术是潜在的生产力，那么工程则是现实的生产力。所以，马克思关于生产力的解释原则，实际上就是科学、技术与工程或者说工程的解释原则[③]。这可以从马克思关于科学、技术、工业及它们之间的相互关系的大量论述中得以印证。例如，马克思深刻地阐发了自然科学同工业（工程）以及它们同人和自然界的关系："自然科学却通过工业日益在实践上进入人的生活，改造人的生活，并为人的解放作准备，尽管它不得不直接地完成非人化。工业是自然界同人之间，因而也是自然科学同人之间的现实的历史关系。"[④] 在马克思看来，作为农业、工业、商业的工程实践活动的历史展开构成了人的解放的现实基础。"只有在现实的世界中并使用现实的手段才能实现真正的解放……'解放'是一种历史活动，不是思想活动，'解放'是由历史的关系，是由工业状况、商业状况、农业状况、交往状况促成的。"[⑤] 工程的发展在一定历史时期会造成人的异化，但是这是历史的逻辑，同时也意味着通过工程活动的进一步发展——历史性跃迁，而扬弃工程所造成的人的异化，最终在未来的共产主义社会实现人的自由

---

① 《马克思恩格斯全集》第 42 卷，人民出版社，1979，第 127 页。
② 《马克思恩格斯全集》第 42 卷，人民出版社，1979，第 127 页。
③ 张秀华：《从工程的观点看——工程认识论初探》，《自然辩证法研究》2005 年第 11 期。
④ 《马克思恩格斯全集》第 42 卷，人民出版社，1979，第 128 页。
⑤ 《马克思恩格斯选集》第 1 卷，人民出版社，1995，第 74 ~ 75 页。

与全面发展。

四　现代哲学研究的经验转向

哲学研究一要解读文本，二要走进现实。哲学研究不能仅仅成为哲学家之间的“对话”，更不能成为哲学家个人的“自言自语”，哲学研究应当也必须与现实“对话”，否则，就会成为无根的浮萍。自近代以来，科学因其独特的认识论属性而备受哲学关注。相比之下，诸如技术和工程这类早期遵循工匠传统而发展的领域则常被冷落。但自 1877 年卡普出版《技术哲学纲要》以来，经过学者们的长期努力，技术哲学终于作为一门独立的学科而得以确立。尽管如此，在整个人文社会科学领域中技术哲学仍长期是被边缘化的。究其原因，人们越来越意识到问题出自经典技术哲学本身研究纲领的缺陷。为摆脱这一困境，当今西方学者试图引导技术哲学实现研究的经验转向。在这样的背景下，工程哲学作为新一代技术哲学家建构的核心话语应运而生。

西方工程哲学思想的进一步发展与西方技术哲学的经验转向密切相关。技术哲学作为一门独立学科出现于 1877 年，此后，技术哲学的发展逐渐趋于建制化，并在 20 世纪 80 年代中期走向成熟。在技术哲学研究走向成熟的同时也暴露出了这一学科本身研究范式的缺陷，由此引发了当代西方技术哲学的经验转向。技术哲学的经验转向是要求技术哲学家们更慎重地看待技术，要打开技术黑箱，从经验上描述技术，去关注那些和技术相关的方法论、认识论、本体论以及伦理学问题。这一时期工程哲学的研究主要有以下两个特点：其一是技术哲学家介入了工程哲学研究领域。早期的工程哲学研究者是清一色的工程师。西方技术哲学发生经验转向以后，有越来越多的技术哲学家开始关注工程，其代表为米切姆和皮特。其二是研究内容呈现多样性和复杂性的特征。早期的工程哲学只注重本体论的研究。技术哲学经验转向以后，技术哲学家介入了工程哲学研究领域，他们立足于技术哲学领域关注工程，因此能够从多角度、多侧面考查工程，改变了原有的研究内容片面性的状况，丰富了原有工程哲学的研究范式，涌现了大量关于认识论、方法论、价值论方面的研究成果，使工程哲学的研究内容呈现多样性和复杂性的特征。

迄今为止，人们对工程的研究和反思形成了四种范式：一是专业工程学的范式，这是对特定领域所展开的工程实践的研究，如机械工程学、电子工程学、冶金工程学、环境工程学等。二是社会工程学的范式，这一研究范式关注的重心是社会工程的模式设计和选择，马克思明确提出了“社会工艺学”这一概念，波普尔批判了“乌托邦的社会工程”，主张“逐步的社会工程”，并认为“逐步的社会工程，即对社会进行逐步的、切实可行的改造”。三是技术哲学的范式，米切姆对这一研究范式作了精当的说明：“工程的技术哲学始于为技术辩护，或者说始于分析技术本身的本质——它的概念、方法、认知结构和客观表现……工程的技术哲学甚至可以称为技术哲学，它用技术的依据与范型来追问和批判人类事物的其他方面，从而加深和拓展技术意识。”四是工程哲学的范式，这种研究范式直接把工程作为哲学的研究对象，并试图在哲学“地图”上圈出自己的位置，工程存在论、工程价值论、工程美学等都属于这一研究范式①。

当代西方工程哲学所关注的主要问题涉及工程本体论、工程知识、工程伦理、工程设计、工程教育等范畴，相关文献很多②。其中，西方工程伦理的研究主要有工程伦理思想的由来、工程师的职业责任及其历史演变、扩大的伦理责任概念的讨论以及伦理自治与工程实践的全球化趋势之间的矛盾等问题。就工程哲学的研究现状来看，工程哲学理论研究尚有缺失：其一，本体论的研究存在着不同学者研究视角不同、视阈狭窄、呈现不同观点争鸣的局面。应该在更宽泛的社会文化和历史背景中全面考察工程。此外，对科学、技术与工程之间的界面研究尚未展开，致使工程哲学立论的基础不坚实。其二，认识论研究仅限于对单一的工程主体（工程师）所掌握的和应该掌握的知识的分析，且偏重实用主义，忽视了工程主体的多层次性（工程主体除工程师外还应该包括“工程家”、技师等），对工程客体的认识论分析不足，缺少有效的工程事前评估、事中影响和事后反馈机制的理论研究。其三，价值论研究偏重工程伦理，且只注重于工程师主体责任的研究，较少涉及对工程本身的价值讨论（工程本身是价值中立的还是负载价值的），对工程事后评估规范、标准的理论研究尚不成熟。

① 杨耕：《走近工程哲学》，2011 年 2 月 23 日《中华读书报》。

② 陈凡、张铃：《当代西方工程哲学述评》，《科学技术与辩证法》2006 年第 2 期。

第三节　工程的主客体关系

一　工程的主体与客体

1. 工程的主体

工程是人类改造自然的建造活动。在工程的建造活动中，工程主体决定着工程的目的、功能、规模、品质等诸多因素，工程主体是指决定工程的内在价值、权力、结构等各种要素的存在者。这种存在者应该是具有综合素养，拥有决定工程各要素的权力，从事工程活动，整合和建造人工物，以获取工程效能的人。

工程主体包括工程决策者、工程执行者、工程监控者以及工程咨询者等，包括勘察设计师、工程师、会计师、施工人员以及管理人员等。工程主体是工程活动的主导者、规划者、操作者和创新者。

工程主体是人构成的，是社会活动的产物。工程体现主体的价值观念和取向。工程主体对工程目标反映在工程上，工程主体的预期目标就会引导工程向一个特定的方向转变。

工程主体对工程进行建造，改变自然和工程存在、创造工程成果，必须使用自身的智慧或体力。这时，工程主体以自身的自然力同自然界相对抗。工程主体在工程实践中自身的自然力是有限的，为了与自然界相对抗，工程主体总是越来越多地发展自己的智力，依靠自己的理性来弥补自身自然力的不足，工程主体面对工程必须有理性。

工程主体理性是工程主体从理智上控制自身的行为以建造人工物的认识能力和创新能力，是主体思维超越自然物而去把握人工物的能力。这种能力强调工程思维的确定性、条理明晰性；强调工程知识的可靠性、有效性及精确性。工程理性是工程主体的内在本性，是区别于工程主体感性的自发性而具有超越性和规范性的品格，它使工程主体掌握知识，具有智慧，创造出前所未有的人工物。

工程主体既有理论理性，又有实践理性。实践理性是工程主体在建造工程的过程中，使主体理论理性向工程应用转化而表现出来的以单一性、个别性占优先地位的具有决定性意义的工程决策、计划、运作等的能力。工程主体还有艺术理性。艺术理性是工程主体在设计、营造、运行工程的过程中，以美感、典型为核心塑造工程的能力。上述三种理性是相互关联的。

工程主体的理性和意志对工程的性质、规模、功能及性质有至关重要的作用，有时是决定性的。工程是工程主体理性和意志的统一。工程主体仅有理性还不够，还必须有自主意志。工程主体的意志是工程主体在自觉地确定和实现工程目的的过程中受客观规律制约，以理性为基础，选择工程行为和为克服工程困难障碍而产生的选择、控制、支配和调节工程行为的精神品质和精神力量。工程意志的直接表现是工程行为的选择、控制、支配和调节，没有选择、控制、支配和调节，就没有意志。意志是工程主体心理活动的自觉能动性的表现，受客观条件、客观规律和理性的制约，是在确定和实现工程目的、目标的过程中克服工程困难和清除障碍的需要，是在工程不确定性的危机中绝对服从的需要。它表现出一种独立性、果敢性、坚忍性、坚定性和自制力。自主意志是一种动力。

工程建设最终是为人服务的，工程的决策、设计、施工和运营都要树立以人为本的思想。这里所指的人不但是工程主体的人，而且应是受工程直接和间接影响的所有人群。既然工程是由人策划和设计的，因而工程必然体现决策人和设计者的价值观和哲学理念。如果在理念上发生偏差，就建造不出好的工程。

2. 工程的客体

工程作为一个系统不仅有主体，而且有客体。工程客体是指在工程活动中进入工程主体活动领域，接受工程主体建造的活动，以人为中心的对象系统。这个对象系统是主体的工作对象，是工程主体所运用和指向的建造工程所需要的实体物质资料和可转化为实体物质资料的自然的总和。

工程客体按照进入主体活动领域并接受主体动作的程度，分为直接客体和间接客体，其中直接客体分为三大类：第一类是已经成为工程主体认识、实践、艺术对象的材料、能源、信息物质体系，如建材、地基基础等。第二类是工程主体在认识、实践和艺术基础上对第一类客体进行创造并依赖于主体精神而存在的作为工程手段的物质体系，如施工工具、机器设备等。第三类是工程主体在对第一类客体的认识、实践和艺术的基础上凭借第二类客体，对第一类客体进行创造并依赖于主体精神而存在的人工物体系，如水坝、桥梁等。另外，工程还有一类客体，它就是工程建设涉及的人及由人组成的小社会环境。这类客体一般不被人们所注意，工程决策者和设计者也较少去考察考虑这一类客体。这类客体是客观上的工程对象，而且是不显露在人们视野中的对象，因为工程建设会引起人们及社会环境的变化变动。这类客体是工程的间接客体。

工程客体进入工程主体的视野后，被主体利用、加工及改造成为理想工程成果，为人类服务。这种改造活动并不是任意的行为，而是必须符合一定的自然规律，否则，反过来会破坏人类的生存环境。进而影响人类的生活、生存及发展。恩格斯曾说过，我们不要陶醉于所取得的成就，对于每一次这样的胜利，自然界都报复了我们。现在，全球面临的一系列重大问题就是由于工程建设及使用而引发的一系列社会环境问题。环境问题看似外部问题，不能起决定作用，但有时却能影响整个工程建设的效果。

二　工程主客体的关系

工程主客体的辩证关系，客观上就是主体不断追求、实现工程主客体统一的过程。工程主体活动的产生，打破了自然界的内部统一，结束了工程主客体未分的自然状态，从此，开始了工程主客体的分化和对立。这种分化和对立，经过主体的工程活动会不断在更高的水平上实现新的统一。这也就是工程主体活动的根本目标。

1. 工程主客体的辩证关系

工程导致工程周围生态环境的恶化，说明人与自然的正常关系已经被扭曲。要树立正确的自然观，就必须把被扭曲的关系重新调整过来，还人与自然关系以本来面目。实际上只需要明确人是处于自然界之上，还是处于自然界之外，抑或处于自然界之中的问题，情况就分明了。主体是客体的一部分，同时客体也是主体的一部分。从人类进化史上看，人类是由动物进化来的。人类和其他动物一样，在自然界中的位置和动物的位置是一脉相承的，只是我们对自然的作用比动物更大一些。人类与自然界的关系，并非以孤立个人的活动方式进行的，而是以群体的形式，即以社会为单位的形式进行的，是在一定的社会联系和社会关系的范围内进行的，所以，人类社会与自然环境的关系就是社会与自然界的关系。

马克思在《1844年经济学哲学手稿》中深刻地指出："人直接地是自然存在物。人作为自然存在物，而且作为有生命的自然存在物，一方面具有自然力、生命力，是能动的自然存在物；这些力量作为天赋和才能、作为欲望存在于人身上；另一方面，人作为自然的、肉体的、感性的、对象性的存在物，和动植物一样，是被动的、受制约的和受限制的存在物，也就是说，他的欲望的对象是作为不依赖于他的对象而存在于他之外的；但这些对象是他需要的对象；是表现和确证他的本质力量所不可缺少的、重要的对象。"马克思从本质上指出了人和自然界对立统一的辩证关系。人作为有生命的自然存在物，具有能动性，能够利用工程改造自然、作用于自然；但是，人作为有生命的自然存在物，又是被动的、受制约的、受限制的，受自然环境反作用的。人和自然环境的关系，就是这样一种相互影响、相互制约的关系。由以上论述可知，工程的主体是客体的一部分；另一方面，工程的客体是不是主体的一部分呢？马克思认为："从理论领域说来，植物、动物、石头、空气、光等等，一方面作为自然科学的对象，一方面作为艺术的对象，都是人的意识的一部分，是人的精神的无机界，是人必须事先进行加工以便享用和消化的精神食粮；同样，从实践领域说来，这些东西也是人的生活和人的活动的一部分。人在肉体上只有靠这些自然产品才能生活，不管这些产品是以食物、燃料、衣着的形式还是以住房等形式表现出来。在实践上，人的普遍性正表现在把整个自然界——首先作为人的直接的生活资料，其次作为人的生命活动的材料、对象和工具——变成人的无机的身体。自然界，就它本身不是人的身体而言，是人的无机的身体。人靠自然界而生活。这就是说，自然界是人为了不致死亡而必须与之不断交往的、人的身体。""自然界的人的本质只有对社会的人说来才是存在的。"正是从这个意义上说，自然界又是人的一部分。从工程角度讲，人的能力和特点的形成，虽然离不开由人类漫长的社会实践所决定的交往活动和生产劳动，但是自然因素也在一定程度上起着决定作用。社会因素是建立在自然因素基础上的，人身上的社会因素和自然因素之间也是一种对立统一的关系，并在一定的条件下相互转化。大体来说，在正在形成的人身上，自然因素是矛盾的主要方面，起着决定性的作用。在人类进化的高级阶段上，即在完全形成的人身上，社会因素上升为矛盾的主要方面，成为决定性的因素，而自然因素则退居次要地位。实际上，作为工程客体的一部分人及其组成的社会环境实际上也包含了工程主体的一部分。工程的主体和客体之间就有了相互包含、相互依赖、相互影响、相互制约的关系，两者在对立统一中处于同一个矛盾统一体中。

工程主体对客体的支配性作用。工程主体因其具有意志和理性，可以根据自主的意识改造自然，其改造的程度取决于主体的意志和手段。由于客体反应的滞后性，工程主体在工程主客体关系中占有相对主动和优势的地位。主体意志和手段使用合适，形成的工程就符合自然规律，同时符合人和自然的发展需要。一旦主体意志或手段发生偏差或失误，就会造成客体失衡异化，会导致自然环境、社会环境的恶化，反过来影响主体的发展，其结果往往产生严重的工程事故或环境问题。

工程客体对主体活动的制约。工程自然环境包括天然自然和人工自然。天然自然是没有被人改造过的原初自然。人工自然是被人改造过或制造出来的自然，因而常带有社会属性，但工程仍然是自然物质，按照自然规律发展和变化。人工自然虽然是在人们的活动的影响下形成的，但在它形成以后，就成为一种既定的客观存在。它作为人的活动最切近的基础，和天然自然共同制约着人的活动。天然自然和人工自然的划分是相对的，两者之间并没有截然分离的界限，它们是相互渗透、相互转化的。工程中有“人工自然”和“人化自然”之说。所谓工程的“人化自然”，就是工程活动已经影响到的那一部分自然。但是这个自然仍然是自然的，不过是受到人类认识和行为影响的自然。例如，一些自然界景观区域，经过人类的努力修建了参观的道路，就总的景观而言，它就成为人化自然。所谓“人工自然”，是指人类实践手段所及从而变革了的那一部分自然。人工自然也是人类模仿自然和利用自然之材制造出来的人工物，如运河、水泥等。就人化自然来说，百分之百的由人工制造出来的自然是不存在的，所有的人化自然，都是天然自然经过人工改造而成的，只是人工改造的程度不同而已。随着人类工程范围逐渐广泛化，自然界在越来越大的范围和越来越高的程度上打上了人类的烙印。工程所在的自然环境对人的活动的制约，直接表现在对人的物质生产和物质生活活动的制约上。自然环境是工程的物质生产资料和物质生活资料的唯一来源。人类为建设工程所需要的物质生活资料和物质生产资料，归根到底要取之于生物圈所提供的自然资源。大自然是人的原始粮仓，没有自然，就不会有物质生活资料和物质生产资料，就不会有工程的存在，更谈不上发展。随着社会生产能力的提高，人类对自然需要和利用的范围不断扩大，整个自然环境都在作为人们的工程的基地和场所的趋势更加突出。人的科学技术水平和生产能力越高，就能越来越深入地认识自然界，越来越多地利用过去无法利用甚至根本不知道的自然资源来建造工程。在这个意义上，人对自然环境的依赖，永远不会消失，而只是改变其利用方式，并日益扩大利用的深度和范围。自然环境还影响着工程的设计施工、区域布局，影响着工程运行的经济效益、劳动生产率及生产力发展的速度。

2. 工程主客体关系的失衡与异化

工程主客体关系的失衡导致主体的异化。所谓异化，通常是指主体努力形成的工程实体与主体相脱离和相对立，甚至反过来成为反对主体、奴役主体的工具，主体同其工程实体之间存在着一种敌对的、异己的关系。对象化并不就是异化，异化只是对象化的一种变态或特例。工程出现生态环境破坏或发生工程事故的情况在统计上还是少数和特例。工程异化现象的存在是暂时的、有条件的。从工程主客体关系的角度看，异化就是在主体的工程建造活动中，不仅没有使工程主客体实现统一，反而使工程主客体的对立和区别走向了极端，成为异己的、敌对的、颠倒的关系。因而异化是主体活动的扭曲和变形，也是工程主客体关系的扭曲和变形。由于一切异化都是主体活动特别是实践活动异化的产物，工程主客体关系又是人类活动的最基本关系，因此，所有异化现象都不过是工程主客体关系异化的特殊表现。工程主客体关系的异化，虽然是与工程主客体统一背道而驰的，但却是主体在追求和实现工程主客体统一的过程中的必经阶段和必然产物。消除异化是一个过程，是工程主客体关系进一步发展和提高的过程，是使主体活动重新实现对象化与非对象化相统一的过程。只有这样，才能使人类和自然实现永久的和谐和可持续发展。工程在施工过程的初期可能会出现异化问题，工地局部水土流失、自然植被破坏，待工程日渐完成后植被又被恢复，异化现象又消失了。但也有出现水土流失、滑坡等使自然发生不可逆变化，从而彻底使得主客体关系发生失衡和异化的特例。由于人类社会、文明和技术的发展，给人类带来了前所未有的利益，人类从来也没有像20世纪那样意识到自己力量的强大，他们在使周围环境人化和有序的同时，也使自身得到了新的提高并具有高度的自我意识和自我控制能力。只有在今天，人类才更像是自然界的主人和自己的主人，这是公认的事实。有鉴于此，主体意识的决定性似乎主宰着工程的主客体关系，但事实不是这样。客体的能力是强大而持续的，因其有滞后效应，我们才不能看清楚。还应当看到：保护生存环境，维护生态平衡，从来都不是要求对外部环境的完全顺应和服从，也不是要求静态的平衡，而是在对周围环境的认识、利用和改造中使之更适合人类生存和发展，在打破旧的自然平衡的基础上实现新的动态的平衡。当前人们所面临的危机和困境，只有通过社会、文明和工程技术的进一步发展以及人类自身能力的进一步提高才能摆脱。实际上人类也正是在克服和解决这些问题的过程中才不断进步和发展的。在这个方面，低估和怀疑人类的能力是没有根据的。工程的主体和客体之间、人类与自然界之间是一种矛盾关系。它们既存在着相对立的一面，又存在着相统一的一面。把工程主客体关系、人与自然界的关系简单地视为绝对对立或绝对统一都不可取，也有悖于客观事实。工程主客体关系的性质和状态，主要取决于主体的意识、行为和能力。工程主客体矛盾的解决，主要是通过主体对客体的能动性的改造，从而也能动地改造自身来实现的。要解决当前的困境和难题，就必须辩证地看待工程主客体、人与自然界之间的矛盾，着眼于建立一种新型的工程主客体关系——可持续发展的工程主客体关系，使人类真正成为自然界和自身的主人。

三　工程中主客体关系的和谐发展

1. 工程主客体关系和谐发展的条件

工程主客体关系的可持续发展，总是与人类自身的发展、工程技术的发展以及自然界同人之间的相互作用密切相关的。工程主客体的统一，既是自然界、工程技术发展的客观要求和必然趋势，又是人们活动所追求的基本目标。从工程涉及的自然环境本身来看，在人类施工之前是混沌统一的，也许早期有人类的工程活动，但自然界内部的各种关系、各种矛盾、各种物体的相互作用，都是通过必然性的形式实现自发调节的，毫无目的性和自觉性可言。自然界在由混沌到有序、由简单到复杂、由低级到高级的发展和进化中，始终保持着原始的、自发的、统一的平衡。人类的工程活动反作用于自然界，改变着自然界原来的发展进程，成为影响自然界发展和演化的一个重要参数。由于人类的能动作用，这时还要维持自然界内部的平衡和统一已是不可能的事情了。人类的工程活动固然打破了自然界原来的平衡，但主体并不可能为所欲为，而只能通过人们的能动活动在人和自然界之间建立起新的平衡，即用工程主客体统一的形式来取代自然界内部的统一。由此可见，工程的主客体统一是自然界本身发展的客观要求。工程主体所特有的能动性是这种统一实现的可靠基础和充分条件。工程主客体的统一作为自然界演化和发展的必然结果和趋势，不是人对自然界的消极、被动的顺应，也不是自然界对人的绝对服从，而是人在遵循自然界发展规律的基础上对自然界的能动性地利用、掌握和建造，最终在人和自然界之间建立和谐共存、有序共生的关系，形成由工程和自然界构成的新型有机体。工程主客体的统一也是社会发展和人类生存的客观要求。工程主客体统一的程度和方式总是与工程技术、社会经济发展的水平和程度相适应的。首先，我们社会的经济发展不是孤立地进行的，必须通过物质实践活动对自然界的利用和改造才能实现。这表明，社会经济和人的发展要与自然界的发展相协调。实现自然与社会经济的和谐统一，既是人类社会经济发展的客观要求，也是人和现实自然界和谐发展的必然要求。自然与社会经济的统一，其实就是工程主客体统一的重要组成部分。其次，工程主客体关系的重要特点在于，工程主客体关系不仅包括主体同自然界的关系，而且还包括主体与工程本身的关系，因此工程主客体的统一实际上也包括人同工程的统一。值得注意的是，人类只有在实现同工程相统一的基础上才能实现其同自然界的有机统一。再次，工程主体和客体的统一，都是具体的社会历史的统一。这种统一既体现了社会经济发展的水平，又进一步推动着社会经济的发展。人类推动社会经济发展的一切活动，实质上都是追求工程主客体统一的活动。主体和客体的统一还同工程文化的存在和发展有着极为密切的联系。首先，人类文化是在工程主体追求主客体统一的过程中产生和发展的，主体的活动特别是物质实践活动是文化产生的源泉和发展的基本动力。其次，工程文化是实现工程主客体统一的手段。工程文化作为主体活动的产品不是别的，正是主体活动的手段，是主体解决工程主客体矛盾、实现工程主客体统一的手段。无论是技术形态的文化，还是作为思维和行为方式、生活方式的文化，其最重要的职能都是帮助人们处理工程主客体之间的矛盾，实现工程主客体的统一。反过来，人类在实现工程主客体统一的过程中所运用的一切手段，都是人类文化的一部分。另外，文化还是对人们活动手段的有效保存。工程主客体的统一不能不带有主体所特有的文化特征。再次，文化本身就体现着工程主客体的统一。工程文化作为主体活动的结果，本身就是工程主客体作用的产物，包含着工程主客体统一的因素。与此同时，人类文化都以追求工程主客体的统一作为自己的目标和基本内容，文化所呈现的人类理想和完美人格都体现着工程主客体统一的特征。中国传统文化就把“天人合一”作为理想人格的根本特征，这里的“天人合一”不过是工程主客体统一的中国古典式表达。最后，现代文化的突出特征之一是围绕工程主客体统一问题展开自己的内容。现代文化是在当代科学技术突飞猛进、人类活动能力和自我意识空前提高、各种类型的文化相互交流的前提下产生的。很多工程达到了文化与艺术的高水平。泰姬陵作为一个陵墓建筑，其艺术水平达到了无以复加的程度。而北京故宫作为一个大型工程群，承载着悠久厚重的中国明清皇家建筑文化。从总体上说，工程主客体的统一，也就是自然、工程和文化艺术的有机统一。自然界、工程和文化艺术之间的内在关联，是工程主客体统一的基础；它们之间的和谐与协调，是工程主客体统一的表现。

2. 工程主客体关系和谐发展的实质

工程主客体关系可持续发展的实质是实现主体和客体的真正统一。工程主客体之间的辩证矛盾为工程主客体的统一提供了前提和基础。工程主客体之间的相互区别，是工程主客体统一问题产生的前提。在工程主客体处于混沌未分状态时，是不可能提出工程主客体统一问题的。工程主客体之间的相互联系又为工程主客体统一的实现提供了可能，毫无共同性的两个孤立物是根本不可能统一的。主体和客体相统一的过程，是主体通过能动自主的活动不断地建构外部对象世界并接受对象世界建构，形成一个既合乎规律又合乎人类目的的有机整体的过程。在工程主客体的相互作用中，主体是主动的、能动的一方。实现工程主体和客体的统一，不仅包括主体和客体之间的相互建构，而且包括凝结着双方特征的工程实体的出现。这表明，工程主客体统一的过程是具体的和历史的。由于人类和世界发展的无限性和复杂性，工程主客体关系的发展也是无止境的。工程主客体的统一不可能一劳永逸地完成。一定时代的人们，只能在当时人们活动的水平上实现主体和客体的相对和局部的统一。随着工程主客体关系在更大范围内的展开和更深层次上的深化，特别是人们对工程主客体统一理解的变革和深入，主客体关系可能不能被认定是统一的，人们又采取工程措施改造主客体关系以维护和重构工程，使主体和客体将在更高的水平上达到统一。要实现工程主客体的统一，工程主体在建造活动中就要正确认识和把握工程主体和客体的辩证关系，认清工程主客体矛盾的特殊性；要在尊重客观规律的基础上，充分发挥主体的能动性和创造性；要在不断提高主体认识和改造客体能力的基础上，学会有效地控制、调整和改造主体自身的能力。这三个方面既是实现工程主客体统一的具体途径，也是保证人们活动取得成功的重要条件。实现主体和客体的统一，对于主体而言，就是在工程主客体相互作用的活动中获得自主，特别是获得实践活动的自主。这是工程主客体统一的本质。所谓实现工程主客体的统一，实质上就是在主体和客体间建立有机的、和谐的关系，使主体有更多的自主，使主体成为工程的主人、社会的主人和自己的主人，使人的工程建设活动真正成为自主的活动。自主作为工程主客体统一的本质，不是表明主体自主随心所欲，而是以尊重和利用客观世界的规律为基础自主地支配对象世界和自身。从工程主客体统一的角度来理解和把握自主，将有助于我们科学地理解和把握自主的真谛，避免对自主的种种误解，明确什么是真正的自主以及如何获得这种自主。把工程主客体统一问题和自主问题相联系，还意味着人们对工程主客体问题的理解和探讨，着眼于人的工程建造活动及人的发展。这反映了当代哲学关心人的问题的突出特征，体现了工程主客体统一问题的巨大现实意义和深刻的理论价值。

3. 工程和谐发展的主客体关系

由此可见，工程主客体关系的前景如何，不取决于神秘力量的恩赐或上帝的主宰，而取决于人类自身的明智选择。工程的结构、功能和寿命主要掌握在设计师自己的手中。只要设计师和工程师不断地学会处理人和自然界的新矛盾、新关系，工程主客体关系发展的前景还是乐观的。从工程主客体关系的现状及发展前景看，工程主客体关系的发展具有以下新特点：①工程主客体之间的关系从直接变得越来越间接。由于工程技术的发展，特别是对主体自身认识和模拟水平的提高，主体的部分职能可以由工具来替代，这样工程主客体之间的关系就比从前更加间接了。施工机具的正规化和智能化，使主体和客体的关系增添了不少新内容。②现代工程主客体关系越来越具有整体和全局的性质。如果说以往的工程主客体关系大多具有个别的、孤立的性质，工程主客体相互作用的后果只具有局部影响的话，那么当代的工程主客体关系则更多地具有整体的性质，工程主客体相互作用的影响也更多的是全局性的。设计师考虑工程与自然界的相互关系角度，更加用全局的、整体的眼光来对待、规范人们的每一次建设活动，处理工程主客体之间的各种矛盾和关系。它表明，人类只有在自己成为一个有机和谐的整体之后，才能同外部世界建立和谐共生的关系。例如，在设计青藏铁路时，设计者更多地考虑对自然环境较小的破坏，维持生态的平衡，使工程与外部环境和谐统一。③工程主客体相统一是工程主客体关系的突出特征。在当代，主体和客体的关系既不可能以主体对客体的绝对服从为基础，也不可能以客体对主体的绝对服从为基础，只能自觉地以工程主客体相统一为基础。人们从前在工程建设中没有充分意识到工程主客体之间的相互依存性，但经常在现实中品尝到灾难性的后果。把客体及外部世界视为人的无机身体，并以此作为建立新型工程主客体关系的基石，已成为当代工程主客体关系的突出特征。值得注意的是，人们越来越重视客体中的那一部分间接客体了，这是处理好工程主客体关系的一个重要方面。三峡工程的建设，作为间接客体的移民被充分重视，移民得到比较妥善的安置，使工程得以按期建设，这也是正确处理可持续发展的主客体关系的一个典范。

第四节　工程的价值维度

工程与价值的关系问题，是从工程的外部来反思工程的本质及其在人类生活中的地位，这一问题对于我们理解工程的本质及反思世界的图像是很有意义的。工程的价值审视是人们站在特定的立场上，以对工程价值的某种认识为根据，以个人和社会需要为标准，怀有某种价值目的，对工程展开的价值评价。

近代以后，对于工程（技术）的道德价值持正面的、肯定的观点占据上风，但是也一直伴随着反对的、否定的观点。

（1）正面的、肯定的观点。早在17世纪，英国著名唯物主义哲学家F. 培根就指出："在所有的能为人类造福的财富中，我发觉，再没有什么能比改善人类生活的新技术、新贡献和新发明更加伟大的了。"18世纪法国唯物主义哲学家爱尔维修和霍尔巴赫等人认为，科学技术和文化越发达，物质财富创造得越丰富，就越能使个人得到幸福，越能使个人利益和社会达到和谐，其结果当然导致人们道德水平的提高。美国工程史上著名的工程领袖赫伯特·胡佛这样赞美工程专业："它是一个伟大的专业。看着想象中的虚构之物通过科学的帮助变成落在纸面的计划，真是充满神奇！接着它又在石头或金属或能量中得到实现：接下来，它给人们带来了工作和住房，然后提高生活水平，为生活增添舒适。这就是工程师的崇高特权。"当代美国未来学家托夫勒宣称，科学技术的发展将会在不动摇资本主义制度的条件下，使公道原则、人道主义等道德规范得到新的理解。这种肯定工程价值的观点甚至发展到技术万能、技术统治、技术决定、科技拜物教等极端形式。

（2）负面的、否定的观点。法国近代思想家卢梭在《论科学与艺术》一文中说："科学与艺术的诞生，是出于我们的罪恶。""随着科学和艺术的光芒在我们的地平线上升起，德行也就消逝了，并且这一现象是在各个时代和各个地方都可以观察到的。""我们的灵魂正是随着我们的科学和我们的艺术之臻于完美而越发腐败的。"法兰克福学派有人认为，科学的各种规则和技术的专门化操作，以超于价值判断的方式支配人所有的认识活动，造成了文化和个性的毁灭。瑞典神学家布伦纳声称："现代技术是现代人的世界性贪婪、他内心的骚动以及被永恒的上帝注定了命运而又要摆脱的不安宁心理的一种赤裸裸的表现。"冯·迈耶（Von Mayer）甚至这样诅咒现代技术："现代社会五花八门的技术文明，看上去像是一座辉煌的殿堂。实际是一个巨大的监狱。在这座殿堂里，每一个人都注定要为生计而竭尽全力地劳动。技术这个幽灵也许在准备着自己的死亡，无疑也为人类的毁灭准备了条件。”①

谁也不会否认这样一个简单的事实：彻底取消工程技术、返回到工业文明前的田园牧歌时代在现实中根本行不通。正如德国学者汉斯·波塞尔教授所说，技术是生活所需。从柏拉图到格伦（Gehlen）都一再强调指出，人是有缺陷的生物，人的生存离不开技术。技术已经深入我们生活的各个角落，须臾也离不开。反过来说，如果不承认工程技术的负价值，认为它只有正价值，则是在否认事实。这是一种“鸵鸟政策”，并不足取，而且反倒不利于技术的健康发展和人类的幸福。

一 工程的价值

价值是一种关系范畴，是客体满足主体需要的一种关系。根据客体满足主体需要的状况和程度，价值被区分为正价值、零价值和负价值。

工程价值是指工程活动及其成果满足人的需要的一种关系。与一般的价值范畴相比，工程价值是一种特殊的价值，是在工程活动领域创造和实现的。可以说，没有工程行动就没有工程价值，而没有工程价值的工程是不可能发生的，人们总是从工程价值的预期目标出发展开工程活动、进行工程评价的。人类的活动是多种多样的，现实地看，人们把握世界的方式主要有工程、技术和科学三个维度，它们都是满足人的不同需要、创造价值的活动，分别表现为：满足人的生产生活需要、创造财富（包括物质财富和精神财富）的工程价值，满足人的改进生产生活手段、方式与能力需要的技术价值，以及满足人的认知与解释世界需要的科学价值②。历史地看，人类要想生存首先需要衣食住行，工程活动始于人类生产物质生活资料的生产实践。当人类从洪荒走出时就开始工程实践了，尽管是原始的粗糙的物质生产，也正是这种初级的工程活动本身使人成为人。正如马克思所说：“可以根据意识、宗教或随便别的什么来区别人和动物。一旦人们自己开始生产他们所需要的生活资料的时候（这一步是由他们的肉体组织

---

① 转引自〔英〕M. 戈德史密斯等主编《科学的科学——技术时代的社会》，王德伦译，科学出版社，1985，第221页。

② 张秀华：《工程价值及其评价》，《哲学动态》2006年第12期。

所决定的)，他们就开始把自己和动物区别开来。"① 可见，工程活动是最基本的人类活动，是人最切近的生存方式。因此，工程活动所创造的工程价值是最基础或最基本的价值，当然也是最重要或最根本的价值。

根据工程实践满足主体需要的不同，产生不同的工程价值，如工程的经济价值、工程的政治价值、工程的生态价值、工程的军事价值、工程的社会价值以及工程的人学价值等。"一般来说，一项工程总是包含着多种价值，这也是由工程活动中利益主体的多元化以及工程的内在要求所决定的。但在不同领域的工程活动，都有其主导的价值。"② 在经济领域的工程，主要追求工程的经济价值；在政治领域的工程，是为了达到某种政治目的，强调工程的政治价值；在环保领域的工程，凸显的是生态价值；在军事领域的工程，注重打击与防卫能力，着眼于军事价值；在社会领域的工程，实现的是社会价值。

同时，工程具有超功利价值或生存论价值。张秀华的研究表明，这种价值主要体现在以下几个方面③。

一是突出了生存的意识性。"人之不同于动物的本性就表现在这点上：他作为形而下的存在，却要不断去追求并创造形而上的本质，对理想世界的追求与渴望，是蕴涵在人类本性中的永恒冲动。"④ 工程作为实现人的类本性的有效途径，凸显了生存的自由自觉和不断创造属我世界的生命价值意识，服务于生存的最高目标，是理想的现实化。任何一个工程都是为人的，为人的生存服务的，而且在它实现以前，就早已在工程师的头脑中作为目的以观念的形式存在着。正如马克思所说："这个目的是他所知道的，是作为规律决定着他的活动方式和方法的，他必须使他的意志服从这个目的。"⑤

二是实现了生存结构化。工程是按一定生存目标，使生存进一步有序化的过程。工程作为"第二自然"本身对人的生存或生活有定向作用。可以说，有什么样的工程，就决定了什么样的生活方式，甚至决定了你在社

---

① 〔德〕马克思、〔德〕恩格斯：《德意志意识形态》，中央编译局译，人民出版社，1961，第 14 页。

② 张秀华：《工程价值及其评价》，《哲学动态》2006 年第 12 期。

③ 张秀华：《工程价值及其评价》，《哲学动态》2006 年第 12 期。

④ 高清海：《"人"的哲学悟觉》，黑龙江教育出版社，2004，第 23 页。

⑤ 《马克思恩格斯全集》第 23 卷，人民出版社，1972，第 202 页。

会中的地位，决定了你是什么样的人。马克思指出："人们生产他们所必需的生活资料，同时也就间接地生产着他们的物质生活本身。""他们是什么样的，这同他们的生产是一致的——既和他们生产什么一致，又和他们怎样生产一致。因而，个人是什么样的，这取决于他们进行生产的物质条件。"[①] 历时性地看，工程经历了从无到有、从简单到复杂的方向发展，这也就规定了人们的生存状况和生活质量不断改善与不断提高的基本趋向。

三是强化了生存的终极关怀。工程是合规律性与合目的性的统一，既受制于客体的规律，又受制于主体的目的和需要，这构成了工程评价的双重尺度：客观尺度和主观尺度，或者说是对象尺度和主体尺度。因此，工程本身就是主体人的生存需要和价值的直接体现。"工程活动是价值——这里所说的价值是指广义的价值而不是狭义的经济价值——定向的活动和过程……在工程活动的主体眼中和心目中，外部世界是一个有'价值色彩'和'价值负荷'的世界，工程活动的目的是要形成一个'更有价值'的世界……人类的工程活动的过程则是一个创造和'提升'价值的过程，它是一个以价值性为进步尺度和指标的过程。"[②]

工程的存在表明人找到了解读世界多种可能性的综合认知模式和实践模式。人可以观念地、审美地、艺术地解读，也可以实践地解读世界，而工程地解读则是多种解读方式的整合。工程作为人的"自为本性"的综合实现方式，其根本意义和最终指向则在于不断地创造人生命的生存价值和类本质，使人成为更完善的人——自由和全面发展的人，不仅要从"群体本位"阶段人的依赖关系形态的"神化的人"，转化为"个体本位"阶段以物的依赖性为基础的人的独立性形态的"物化的人"，还要通过不断自我超越去实现"类本位"阶段那种人的自由个性联合体形态的"人化的人"[③]。

二　工程价值的评价及其意义

价值评价，是价值学最重要的范畴之一。所谓价值评价就是主体对客

---

① 〔德〕马克思、〔德〕恩格斯：《德意志意识形态》，中央编译局译，人民出版社，1961，第14页。

② 李伯聪：《工程哲学引论——我造物故我在》，大象出版社，2002，第402页。

③ 高清海：《"人"的哲学悟觉》，黑龙江教育出版社，2004，第73页。

体于人的意义的一种观念性掌握，是主体关于客体有无价值以及价值大小所作出的判断。在评价之前或之外，价值只是作为一种客观的、潜在的形式而存在①。工程价值评价是指主体从自身需要出发，对主体与工程之间的价值关系的审视。它相对于工程认识本身来说，具有一定的独立性。在评价过程中，主体对有关工程价值关系的信息进行接纳并加工，形成关于工程属性及工程价值关系的理解和识别，确定工程是有价值还是无价值，是正价值还是负价值，从而形成一定的评价性认识，为人们对工程进行取舍提供依据。它不像本能反应那样，只是对当下的短时刺激的反射活动；也不像心理水平的评价，只是一种未经思考的欲望、情绪或意志等，而是主体对工程的属性和功能及工程实践活动有了确切的了解和把握后，根据社会的价值需要和人们的价值理想作出明确判断，形成理性的评价性认识的过程。

工程价值评价是自觉的、理性的认识活动。它超出了感性认识的范围，是对感性认识的总结和上升，是人们有理由、有根据的理性认识活动。它是不断演化的动态过程，而不是静止不变的观照，它对过去和现实价值关系的客观实际及规律进行反思并把握，又对现实和未来作出预想和计划。这种评价具有持久、稳定、深刻、理智感强等特点。在此基础上形成的评价性认识及价值信念、信仰、理想，乃至整个工程价值意识系统，是完整的、理性的意识系统。因此，工程价值评价是综合、整体的理性意识及活动，是工程价值意识的核心。理性的、自觉的价值评价在工程价值意识中起着理智地选择工程价值目标、调节工程价值活动方向的智能作用。没有价值评价，人类根本不会给自己提出任何认识世界和改造世界的任务，也没有对工程技术的追求。因此，价值评价在科学认识活动和工程价值实现过程中，始终是一个能动的因素。

工程活动是价值创造与实现的过程，与工程的价值相对应，必然离不开工程的价值评价。工程的价值评价或工程评价就是对工程中各种价值关系的存在与否以及定性或定量的揭示和所作出的价值判断。它作为工程的价值认识，来源于、服务于工程实践，并接受工程实践的检验。也就是说，工程的价值评价具有客观性和真理性，即主体对于客观价值的评价有

① 袁贵仁：《价值学引论》，北京师范大学出版社，1991，第207页。

对（符合客观价值）错（不符合客观价值）之分，有肯定的评价与否定的评价之别。

如果说工程活动是创造价值、实现价值的价值运动，那么工程的价值评价恰恰作为这一运动的中间环节发挥着极其重要的作用。一方面，在工程的决策之前，工程的价值评价通过发现、揭示工程的价值，对该工程活动作出有无意义的肯定或否定的价值判断，进而作出工程决策；另一方面，在工程活动中，管理者通过对下属和员工行为的肯定或否定评价，把各方面的积极力量协调到工程最终目标的实现中来，并及时消除不协调因素和不良影响。此外，在工程的消费阶段，公众通过对工程活动的产品——实存的工程——的价值评价，逐渐接受其价值，甚至在消费中逐渐地发现、开发、实现工程应有的价值。“总之，从工程理念中的价值预设，工程决策中的价值判断，到工程实施中的计划调整以及员工行为的调节，再到工程消费环节的价值实现，都贯穿着作为前提条件和依据的工程的价值评价。”①

三　工程价值评价的标准和原则

为保证价值评价的合理性和客观性，评价活动要求以某种客观的来源和基础作为其评价的根据，排除作为主观意识活动的评价的主观随意性。大凡历史上曾经具有的有一定共同社会方式的价值评价及其观念，不论它们有多少片面性和极端性，都必定具有一定的依据。

我们认为，工程的价值评价必定取决于两个最根本的前提：社会主体的需要和价值事实。

人们作出价值判定，首先要以实践基础上社会的需要为出发点。社会需要是决定评价原则和价值标准的最起码的尺度。即使工程具有一定的功能和属性，但在现实的主体那里如果并不存在某种需要，那么工程对他们来说就并不存在某种现实的价值。在古希腊，人们对工程技术的需求在于解释常识、认识自然的奥秘，虽然也有利用工程技术创造物质价值的实践，但仍然缺乏对工程的社会价值需求，缺乏利用工程技术提高生产力的

① 张秀华：《工程价值及其评价》，《哲学动态》2006 年第 12 期。

巨大动力。因此，人们对工程技术的认知价值评价自然就高于对它的社会功用价值的评价。

主体对工程的价值进行评价时，考察的另一个内容是具体的、客观的价值事实，即价值关系运动的现实或可能的结果。主体必须考虑工程的功能和属性是否能满足社会的需要，以及这种可能性能否转化为现实性。评价不是一种主观随意的行为，而是受着价值关系客观存在制约的活动。只有当工程具有某种属性或功能时，才存在某种价值关系发生的可能，才具备人们对工程价值评价的可能和必要；也只有当主体具有客观的社会需要，工程的属性和功能能够满足这一需要时，工程价值评价才具有可能性和必要性。在科学—技术—工程高度发展的现时代，工程的客观价值已经普遍为人们所认可。在这种历史背景下，工程的价值评价事实上一般应以社会和人们是否存在某种价值需求为评价的依据。譬如，工程有很大一部分被用于破坏目的，而且由于应用现代科技，战争已经变得空前可怕，并带来了比历史上任何战争都更可怕的未来战争的威胁，以至于工程技术在战争上的应用问题引起了全世界的极大关注，激起了人们对工程本身的强烈不满和憎恶，极大地助长了悲观主义运动。但是，尽管如此，在目前这种世界形势下，为了防御外来侵略，保卫自己的国土和人民，对于具体国家和地区而言，工程在军事事业上的应用仍然是具有极大价值的。因此，我们应从自己国家和人民的军事需要出发，对工程的军事价值进行具体的评价和选择。

总之，工程价值评价总是以主体的价值需求为出发点和依据。只有在工程能满足主体需求的前提下，评价性认识才能得到客观性、合理性的保障。

那么，工程的价值评价的基本规范和原则是什么呢?

价值评价原则是主体在价值评价过程中对客体价值作出总体把握的规范。目前，人们提出了一些工程价值评价的原则，如客观性原则、整体性原则、实践性原则、动态性原则等。这些价值评价原则无疑是工程价值评价过程中必须遵循的普遍原则。但是，我们认为，在具体的工程价值评价过程中，根本的、基本的评价原则是社会需要原则。

把社会需要原则作为工程价值评价的基本原则，并不是要排斥其他原则的存在，只不过是应把它们都置于应有的地位上。实际上，它们是工程价值评价过程中自始至终应该遵循的原则和要求，而社会需要原则是最基本的原则。

社会需要原则指工程评价应以具体的、历史的社会需要为基础，依赖于人们共同的、历史发展着的社会实践，对工程的价值进行具体的评价。具体地说，社会需要原则包括如下含义。

第一，社会需要原则是主体性原则。这里又包含两层意义。其一，社会需要指各个特定历史阶段上的社会主体的需要，即指一定的社会形态和作为这一社会形态主体的人们的需要，而不是指个人或群体的需要。其二，不同的历史阶段，不同的社会，不同的国家和地区，具有不同的价值需要。马克思指出："假如我们想知道什么东西对狗有用，我们就必须探究狗的本性。这种本性本身是不能从'效用原则'中虚构出来的。如果我们想把这一原则动用到人身上来，想根据效用原则来评价人的一切行为、运动和关系等等，就首先要研究人的一般本性，然后要研究在每个时代历史地发生了变化的人的本性。"[①] 正像评价衣服的优劣不能不考虑穿衣服的人、评价药的效用不能不考虑病人一样，工程价值评价必须根据具体的社会主体的需要，把对社会主体需要的考察置于中心地位，而不是提供一套万能的、普遍适用于一切主体的绝对的、永恒不变的单一标准。

第二，社会需要原则是审美性原则。人们常说工程是科学又是艺术，恰恰表明工程活动不仅应遵循科学原理和客观规律，而且应考虑不同时代的审美理想。从工程的范畴演变也可以看出，审美是人们对工程的内在要求和基本规定。1828 年英国土木工程师协会章程最初正式把工程定义为"利用丰富的自然资源为人类造福的艺术"。1852 年美国土木工程师协会章程将工程定义为"把科学知识和经验知识应用于设计、制造或完成对人类有用的建设项目、机器和材料的艺术"。因此，人们对建筑师或建筑工程师给出这样的描述："建筑师是这样一种人，他把一大堆杂乱无章的材料（有机、无机和金属等各种材料）按照他的意图整理出一种建筑秩序（Order），一种道，一种人造空间的美。"[②] 由此可见，工

---

① 《马克思恩格斯全集》第 23 卷，人民出版社，1979，第 669 页。

② 赵鑫珊：《建筑是首哲理诗》，百花文艺出版社，1998，第 78 页。

程不只是真理与价值的统一，还是真、善、美的协调和统一。缺乏了审美功能的工程，就是丑的、恶的，丧失了人文关怀的工程。实际上，美是一种解放的尺度，“美学的改造是解放”①。远离美的工程就是束缚人、压抑人的自由精神的异化了的工程。所以，任何工程主体在进行工程活动的过程中都应自觉地坚持审美原则，也就是要按照美的标准设计工程、实施工程、评价工程。

第三，社会需要原则是效率性原则。这是过程性与手段性评价，讲“效率”。工程的效率性要求着眼于工程活动的过程与手段性评价。它讲求实现工程目标过程中或工程实施过程中的时间节约，追求效率。一般在工程决策的过程中，不仅要对工程的最终目标和将实现的总体的工程价值进行评价，比较正效应（正价值）的大小，衡量负效应或工程的代价（负价值）的多少，以便尽可能增加正价值、减少负价值（降低代价）和规避风险，而且评价工程实施手段、方式或途径的有效性与合理性，主要包括技术手段、运行程序和规则（简称规程）以及奖罚措施与管理模式（主要是决策方式）等。对工程中技术手段的评价或技术评估，主要衡量技术的类型、先进性、可靠性、可行性、风险性、安全性以及投入产出等；对工程运行规程的评价，主要考察其简约性、可操作性、合理性、有效性，目的是优化规程，提高效率和效能；对奖罚措施的评价，就是对工程活动中的激励与约束机制的评价，主要看其奖罚是否适度，确保起到鼓励促进目标实现的积极行为，抑制并调整与目标冲突的消极行为，协调工程行动者网络的步调，减少内耗；对管理模式的评价，由于工程中管理模式尤其是决策方式本身对工程目标的最终实现起着至关重要的作用，所以，必须当做工程实现的手段来加以评价。

第四，社会需要原则是可持续性原则。这是维持类生存的根本尺度和最高原则，蕴涵着“终极关怀”。“可持续发展”概念的经典定义是在《我们的共同未来》的报告中提出的：可持续发展是既满足当代人的需要，又不对后代人满足其需要的能力构成危害的发展②。以该概念为基础的可持续性原则要求对资源开发和利用的工程活动，要有节制和限度；要求工程

① 〔美〕马尔库塞：《单向度的人》，张峰译，重庆出版社，1988，第202页。

② 世界环境与发展委员会：《我们共同的未来》，王之佳等译，吉林人民出版社，1997，第52页。

考虑环境的容量，保证人与自然的协调发展，以保持其永续性。世界因人的态度不同而分为两种：一种是“被使用的世界”（the world to be used），另一种是“被相遇的世界”（the world to be met）。前者必然导致人对自然的剥夺与宰制，后者是万物一体、天人合一的境界，能带来人与自然的和谐相处。人的活动不仅是使用对象的活动，更重要的是把一切都当成“您”而不是他，相互尊重，这才是生命的摇篮；人类的不幸不在于都有使用对象的态度，而是把使用当成最高原则[①]。沿着马丁·布伯的思路说，人不仅“筑居于‘它’之世界”，更为重要的是，人应该“栖身于‘你’之世界”，因为“人无‘它’不可生存，但仅靠‘它’则生存者不复为人”[②]。由于工程活动主要是解决人与自然的矛盾（当然也要处理人与人以及人与己的关系），信守天人合一的观念和原则理应成为理想的选择。只有走人与自然和谐相处的可持续发展道路，才能确保人类的生存境界及生存质量不断提高。所以，任何工程主体都应该自觉地引入和遵守工程的可持续原则，应该自主地担当维护自然生态系统的社会责任，让工程回馈自然。

但是，把工程技术的内在价值仅仅归结为提高效率，并不全面。昆坦尼拉（Quintanilla）提出，技术发展不只是效率一个维度，而是两个维度，即除了效率外，还有创新。梅森认为，技术的含义是“创造从前不曾存在的新的可能性”。我国学者也认为，工程是以追求效用为目标的理性活动，而效用既包括功用，也包括效率的意思。但是，无论是功用还是效率，工程的内在价值都具有这样的特点：它本身并不直接就是道德意义上的善。正如米切姆所指出的那样，与科学追求真理、医学促进健康和法律保证公正不同，工程专业没有自身的内在的道德理想。德国学者波塞尔也指出，技术——不管是发展一项专门的技术还是制造一个产品，其目的都是外在的，而不是像在经验科学中那样是内在的。科学的内在目的在于求真，一个科学家提出的理论成果是否正确要由科学界同行来检验，看他们是否接受和承认。与此不同，一个工程师的创造、发明是为了满足公司、最终是社会的实际需要。一项发明成果能否成功并不取决于工程专业同行的评

① 张世英：《哲学导论》，北京大学出版社，2002，第275～282页。

② 〔德〕马丁·布伯：《我与你》，陈维纲译，三联书店，1986，第6～9页。

价，而是看这一创新能否在专业之外的市场上得到认可，被消费者接受。也就是说，在现代社会里，工程的内在价值的道德性究竟如何，不是由其自身来决定的，而是取决于外界环境。

第五节　工程的伦理维度

工程活动是现代社会存在和发展的物质基础。它不反涉及人与自然的关系，而且必然涉及人与人、人与社会的关系，因此内在地存在许多重要的伦理问题。

工程活动既是一种包含决策、规划、施工、监管、验收等各个环节在内的技术活动，也是一种包含经济、管理、社会、生态等诸多非技术因素在内的复杂系统。可以说，在工程活动的各个方面和各个环节都渗透着伦理因素。因此，工程伦理学所关注的问题，不仅包括工程技术活动本身的伦理问题，而且包括工程活动中非技术方面的伦理问题。其中，一以贯之的是技术、利益与责任问题。技术伦理、利益伦理和责任伦理构成工程伦理研究的三个基本维度①。

一　技术伦理：质量与安全

我们认为，工程活动首先是一种技术活动，因而技术伦理是工程伦理学必须关注的首要问题。技术伦理就是技术活动本身所涉及的伦理问题，即在技术活动中产生并用以约束和调节技术行为及其所涉及的内外关系的伦理精神、道德规范和价值观念。

长期以来，在技术活动是否应该进行道德评价和道德干预的问题上一直存有很大争议。技术工具论者认为，技术只是一种手段，它本身并无善恶。一切取决于人从中造出什么，它为什么目的而服务于人，人将其置于什么条件之下。技术自主论者认为，技术是自主的，技术的特点在于它拒

① 朱海林：《技术伦理、利益伦理与责任伦理——工程伦理的三个基本维度》，《科学技术哲学研究》2010 年第 6 期。

绝温情的道德判断。技术绝不接受在道德和非道德运用之间的区分。

的确，工程技术活动是一个技术系统与包括伦理因素在内的外界因素相互作用的过程。虽然，工程技术活动作为人类改造自然的一种造物活动，必须遵守和服从自然规律，从这个意义上说，工程技术活动的确具有一定的自主性，要达到最高度的技术完善，人必须使自己服从他的创造物的要求。但是，人是道德主体，人有进行道德选择的自由，技术活动说到底是由人控制的，它反映的是人的价值诉求。在工程技术活动中，基于何种价值目标、选择何种技术方案都是由人根据一定尺度自由选择的结果。可见，工程技术活动本身具有浓厚的伦理意蕴，技术发展离不开道德的干预和调节，道德标准应该成为工程技术活动的一个基本评价标准。

一般地说，工程师在工程技术活动中有两个方面的道德要求：一方面是对雇主忠诚；另一方面是坚持工程师的职业操守，对公众和社会负责。工程师这两个方面的道德要求，体现在技术伦理上，对雇主忠诚就是要服从决策和管理，用自己的技术为雇主创造最大的工程价值；坚持职业操守，对公众和社会负责，就是要坚持工程活动的技术标准和伦理标准，把好工程质量和安全关。

"在一般情况下，雇主的要求与工程本身的技术标准和伦理标准是一致的。但是，工程活动中的工程师和管理者有不同的职业要求和标准：工程师最关注的是工程的质量和安全，而管理者最关注的是企业的经济效益；衡量工程师技术行为最重要的标准是技术标准，而衡量管理者管理活动最重要的标准则是经济标准。工程师和管理者两种不同的职业要求和标准在特定情况下可能发生冲突。"① 比如，雇主为了降低工程成本、提高经济效益，可能希望削减投资，甚至使用廉价的劣质材料，这一做法无疑会危害工程质量和安全，甚至直接危害公众利益或者造成环境污染，从而在管理标准和技术标准、伦理标准之间发生激烈的冲突。在这样的情况下，工程师应该坚持技术标准、伦理标准优先的原则，至少管理标准不应该超过工程标准，尤其是在事关安全和质量的问题上。

当管理者的要求与工程活动的技术伦理要求发生冲突时，工程师应该

---

① 朱海林：《技术伦理、利益伦理与责任伦理——工程伦理的三个基本维度》，《科学技术哲学研究》2010 年第 6 期。

秉承自己的职业良心，突破对雇主忠诚这一工程伦理准则，坚持工程的技术标准和伦理标准。这是工程技术伦理的基本要求。显然，要做到这一点，需要工程师付出巨大勇气甚至重大代价。

二 利益伦理：效益与公平

工程活动不仅是一种技术活动，从某种意义上说也是一种经济活动，因而利益伦理也是工程伦理学必须关注的一个重要维度。由于工程活动的复杂性，工程活动中的利益主体并不完全一致，因此，有效协调工程活动中的各种利益关系，也是工程伦理学所要解决的基本问题之一①。

从总体上看，工程活动中的利益关系包括工程内部不同主体之间的利益关系和工程与外部环境之间的利益关系两个方面。其中，工程内部不同主体之间的利益关系表现在工程活动的决策、规划、施工、监管、验收等各个阶段和环节。工程与外部环境之间的利益关系又可以分为工程与社会环境之间以及工程与自然环境之间的关系两个方面。

正因为工程活动中的利益关系非常复杂，能否有效协调各个方面的利益关系、实现效益与公平的统一，就成为工程活动的一个重要评价标准，而这也是工程利益伦理所要解决的核心议题。众所周知，效率与公平是人类经济生活中两个最基本的价值原则。工程活动从一定意义上说也是一种经济活动，因而也必须坚持效率与公平这两个基本价值尺度。在工程利益伦理的视阈内，效率表达着工程活动目的的价值实现，用以衡量一项工程在资源利用效率，特别是通过技术进步来降低工程成本进而提高效益等方面所达到的水平。因此，最大限度地获取经济效益就成为判断工程活动的一个重要依据。它包括相互联系的三个因素。一是成本因素，创造经济效益是工程活动的重要目标之一。在其他因素不变的情况下，降低成本就成为工程项目提高经济效益的重要途径。二是技术基础，包括工程质量、资源的有效利用等。三是道德基础，包括人的主动性、积极性的发挥、人际关系的协调等。在成本和技术条件一定的情况下，道德基础具有决定性的

① 朱海林：《技术伦理、利益伦理与责任伦理——工程伦理的三个基本维度》，《科学技术哲学研究》2010 年第 6 期。

意义。正如厉以宁教授所说，效率的任何增长都是离不开物质技术条件的。但我们要知道，假定没有道德力量、信念、信仰等在这些场合发生巨大作用，依靠物质技术条件，人们仍然只能产生常规的效率，而不可能产生超常规的效率[①]。

在工程利益伦理的视阈内，公平主要是指工程活动中的权利与义务、利益与风险的公正分配，它表达着工程活动中利益分配的伦理理想，用以衡量一项工程在协调各个方面的利益关系、尊重和保障各个方面的基本权利等方面所达到的水平，因而是评判工程活动中利益分配是否正当合理的基本尺度[②]。从范围上看，工程活动的公平问题既涉及工程活动内部不同利益主体之间的利益分配，也涉及工程与外部社会环境和自然环境之间的利益分配。可见，实现工程活动内外各个方面利益的合理分配，是工程利益伦理坚持公平原则的一个基本要求，它不仅关系到工程本身的质量与安全，而且关系到经济、社会与生态文明的建设和发展。

三 责任伦理：主体及限度

责任伦理是工程伦理学研究最集中的问题，它贯穿于工程活动内外的各个方面和各个环节，构成工程伦理的灵魂和内核[③]。

1. 工程责任伦理主体：职业责任与共同责任

一般地说，工程活动的主体是有组织的集团或群体（现代社会最基本的是企业），一项工程的建设者少则数十人，多则上万甚至上百万。在集团或群体内部的人员有严格分工，如职业经理人、投资人、工程师以及工人等，由此形成工程决策者、设计者、管理者、实现者等各种不同的社会角色，在工程活动中分别承担相应的职业责任：工程决策者的职责是确定工程的目标和约束条件，把握工程的进展情况；设计者的主要职责是根据工程目标和约束条件来设计实施方案；管理者的主要职责是对人员和物资进

① 厉以宁：《超越市场与超越政府》，经济科学出版社，1999，第 81 ~ 82 页。

② 朱海林：《技术伦理、利益伦理与责任伦理——工程伦理的三个基本维度》，《科学技术哲学研究》2010 年第 6 期。

③ 朱海林：《技术伦理、利益伦理与责任伦理——工程伦理的三个基本维度》，《科学技术哲学研究》2010 年第 6 期。

行调度和管理；实现者即工人的职责是承担工程的施工操作。

工程活动内外所有相关者，包括决策者（政府）、法人（企业）以及广大公民，都是工程责任的主体，他们要与工程活动的主体一道承担工程共同责任。以环境污染为例，工程师无疑要对工程活动带来的环境污染问题负责，但同时企业、政府也负有相应的责任，甚至负有更为重要的责任。正如尤纳斯所说，我们每个人所做的，与整个社会的行为整体相比，可以说是零，谁也无法对事物的变化发展起本质性的作用。当代世界出现的大量问题从严格意义上讲，是个体性的伦理所无法把握的。“我”将被“我们”、“整体”以及“作为整体的高级行为主体”所取代。这就是说，在工程活动的责任问题上，企业、政府负有更为重要的责任，因而是更为重要的责任主体。

2. 工程责任伦理限度：有限责任与无限责任

工程责任伦理的限度，经历了一个从工程活动内部本身的有限责任向对经济、社会的可持续发展以及整个人类福利负责的无限责任逐步延展的历程。各国最初制定的工程伦理准则主要限于对工程专业的内部事务进行规定，特别强调工程师对雇主的义务、忠诚以及自己的职业良心。后来，随着环境、资源、核问题等全球性问题的日益凸显，各国工程学会开始强调工程师对社会的普遍责任。从工程责任伦理的限度看，前者主要是一种有限责任，即针对工程活动本身特别是其内部提出的基本责任要求，后者是一种无限责任，是对工程活动对经济和社会发展的长远影响进行反思的结果。

有限责任作为工程责任伦理的基本要求，是工程活动的主体对工程技术活动本身应该承担的责任，包括对自身、对雇主以及对公众安全等方面所负有的责任。20 世纪早期，一些职业工程学会制定的职业伦理准则，主要对工程师与雇主、工程师与同事、工程师个人对工程职业等工程专业内部事务的伦理准则进行了规定。这些规定从工程责任的范围上看，实质上是一种有限责任的规定。其中，保证工程质量、维护公众安全是工程技术活动的一项最基本的责任要求，一般的工程规范都把它作为工程活动的基本价值目标之一，因而成为工程活动有限责任的核心内容。

无限责任则是工程技术活动对经济与社会及其可持续发展所应承担的普遍责任。从宏观整体看，自觉承担对人类健康、安全和福利的责任，是工程伦理的实质和灵魂。美国工程师专业发展委员会制定的伦理准则第一条就明确规定，工程师应该利用其知识和技能促进人类福利，把公众的安全、健康和福利置于至高无上的地位[①]；德国工程师学会制定的工程伦理的基本原则也规定，工程师应明白技术体系对他们的经济、社会和生态环境以及子孙后代生活的影响[②]。2004 年召开的工程师大会发表的《上海宣言》更是强调为社会建造日益美好的生活是工程师的天职。这些文件无一例外都把工程师对人类社会的普遍责任摆在了最崇高的地位。应该说，工程伦理准则从早期主要强调工程师对雇主的义务、忠诚以及自己的职业良心，到后来更加重视对经济、社会的可持续发展以及整个人类福利负责，显示了工程责任伦理从一种有限责任向无限责任延展的基本轨迹[③]。

① Kristin Shrader, *Frechette Ethics of Scientific Research*, Rowman & Littlefild Publishiers Inc, 1994, p. 156.

② 德国工程师协会：《工程伦理的基本原则》，大连理工大学出版社，2002，第 155 页。

③ 朱海林：《技术伦理、利益伦理与责任伦理——工程伦理的三个基本维度》，《科学技术哲学研究》2010 年第 6 期。

· 第四章 ·

工程技术的伦理基础

第一节　工程技术伦理的本质与特征

一　工程技术的伦理本质

关于工程技术伦理的本质问题，国内研究目前已经基本趋于一致：工程技术伦理可以界定为“作为工程师职业伦理的狭义的工程伦理与研究和讨论工程活动中的伦理问题的广义的工程伦理”①。即工程技术伦理可分为针对工程师而言的责任伦理和针对工程实践而言的团体伦理，并且认为后者因为工程的复杂性而更应该成为工程技术伦理的主要研究内容。

由此可以看出，国内学者对于“工程伦理”本质的界定，最初借用或沿用西方的“工程”的研究成果，最后将工程伦理研究内容作为工程伦理本质界定的起点。而且从本质界定到内容规划，许多学者套用了以美国为首的西方发达国家的工程伦理内容和脉络传承：工程伦理建制、工程伦理章程、工程伦理教育方式等②。

梁漱溟很早就痛陈了东西方相互借鉴方面的弊病：“以为西洋这些东西好像一个瓜，我们仅将瓜蔓截断，就可以搬过来。”③ 全然没有看到这些

① 潘磊、王伟勤：《展望中国工程伦理的未来》，《哲学动态》2007 年第 8 期。

② 王伟勤、任姣婕：《中国工程伦理事业的新起点——2007 年工程伦理学学术会议综述》，《伦理学研究》2007 年第 7 期。

③ 梁漱溟：《东西方文化及其哲学》，商务印书馆，1999，第 13 页。

造物和制度背后的文化根基。中国是个伦理型的社会，美国是个制度化的社会，关于工程技术伦理的内涵、建构，两者虽有共性却也会因此存在着很大的差别：我国没有工程文化的氛围，在工程意象上，工程活动的性质被曲解，工程活动的主体被歧视为工人、劳力；我国的工程技术伦理不但要求工程行业内人士具备工程伦理意识，更需要相关行业、部门的行政领导具备工程伦理意识。忽略国情和文化习惯，将西方工程技术伦理体系略作修改，从形式到内容的"照搬"，是会毁掉我们的工程技术伦理研究的[①]。

实际上，对于工程行为而言，人类生存和文明发展存在着一个二律背反的悖论：工程活动一方面满足着人类狭隘的短期利益，同时又破坏着人类自身的长远需求。工程技术伦理文化的目的和任务就是将自然生态与人类文明客体化统一，在工程满足人类需求的同时又不破坏人类生存的基础。因此，可以这样考量工程伦理：第一，工程技术伦理是工程活动的灵魂。工程伦理文化与工程活动实质上是一个统一体，一为精神一为物质。在某种意义上，工程伦理本质上是工程活动诞生、实施乃至工程发挥实效作用、避免偏差的源泉和始动力。作为物质实践活动，工程活动的各个环节都要围绕工程伦理进行，工程活动实质上就是工程伦理的具体化和体现。第二，工程伦理是工程活动的道德要求。现代世界是一个被工具理性"祛魅"化的世界，愈演愈烈的工具理性使得人类本身逐渐丧失了固有的主体性，逐渐被客体化、对象化，人被异化为这个被测量可计算的世界中的一个可控制的符号。工程活动中价值理性缺失到如此地步，以至于弗洛姆叹息道：19 世纪尼采宣称上帝死了，然而 20 世纪的问题是人也死了。没有伦理维度的工程活动是形而下的低级器具活动。"乾道变化，各正性命，保合大和，乃利贞。首出庶物，万国咸宁。"[②] 只有达到天人合一、物我合一，才能够真正体现工程活动服务于人类的目标，即工程伦理是工程活动的道德要求，只有达到类似于中国传统文化所要求的天人合一的工程伦理境界，才能使得工程活动摆脱工具理性的偏执而向工程活动的真实目标回归。

---

① 郑文宝：《从本质与特征看工程伦理研究的新视角》，《西北农林科技大学学报》（社会科学版）2010 年第 5 期。

② 《乾卦·彖辞》。

综上，工程伦理是指在实施工程行为时，工程主体所具备的真善美的道德精神，以及具体化为对工程行为的使命感、责任心、自觉心理与习俗等一系列道德心理与道德规范。它是考察工程活动的价值维度，是以工程活动中的道德问题为研究对象的，其核心是一种职业伦理和社会精神。

二　工程伦理的特征

正确地阐述工程伦理的特征是工程伦理学得以良性发展的必然起点，因此有必要对工程伦理的特征进行探究。

第一，工程伦理的社会性特质。工程道德精神和工程行为的价值取向受到人们所处的历史、社会、人文等各种条件的影响和制约，体现出浓郁的社会性和历史性。经济落后、科学文化不发达，人们文化程度低，道德觉悟和工程道德意识就较低，各种传统观念和习俗也会潜意识地渗透到工程道德意识之中，影响工程伦理，使工程伦理体现出一定的社会性。同时，政治状况和社会生存方式也直接影响着人们对待工程的伦理态度和伦理方式：制度文明落后、社会组织约束方式松散，社会行为者往往很少考虑行为的伦理问题，贯彻先发展后治理的工程政策，一味追求高指标的经济增长，出现社会弥漫性腐败、工程污染日益严重的后果，会严重妨碍工程道德意识的提高和工程设计道德原则的进步。

工程伦理虽然有着共性的任务和目标，有着共同的伦理价值追求，但也因世界各地经济发展状况不同、政治文明不同、文化状况不同，而存在着巨大的差异，极具各地的地方特色，体现出社会性。

现代意义上的工程始于北欧，可是现代意义上的工程伦理却发轫于北美，这不得不引起人们的思考。工程伦理学产生于美国有其深厚的思想文化渊源：专家治国思想、职业伦理传统①。这些深厚的思想文化传统是其他国家没有或者缺乏的。这个不争的事实说明了工程伦理的诞生、发展以及内容制定受着社会条件的制约。作为东方文化圈典型代表的中国的本土文化与英语国家的传统文化截然不同，也缺乏鲜明的职业传统。因此，美

① 唐丽、陈凡：《美国工程伦理学：一种社会学分析》，《东北大学学报》（社会科学版）2008 年第 1 期。

国工程伦理学科的建设和实践应用只是为我国提供了一个很好的参照视角，我们的确应该善于移植和吸收其他民族文化的精华，但是更不应该忽略工程伦理的本土社会性，将根基不同的异质性的伦理文化范式生硬地照搬照抄。

第二，工程伦理的系统性特质。中国社会科学院李伯聪教授在提出"科学—技术—工程"的"三元论"观点基础上区分了两种不同意义上的工程伦理学：作为工程师职业伦理的狭义工程伦理学——责任伦理，研究和讨论工程活动中的伦理问题的广义工程伦理学——团体伦理。此后，许多研究者在界定工程伦理的时候便认为工程伦理学的研究内容应该由前者转移到后者，甚至可以说这是目前工程伦理学研究领域的一致呼声①。

责任伦理属于传统伦理学范畴，其行为主体是个体；团体伦理属于现代伦理学范畴，其行为主体是团体。工程伦理的研究向度从传统转向现代、研究主体从个体转向团体、研究内容从责任伦理转向团体伦理，的确是一种进步。作为"个体论"的责任伦理的确在研究上留有遗憾，但是作为"整体论"的团体伦理是否可以成就工程伦理的研究呢？

工程伦理主体实质上是一种具体存在及其要素互相关联、具体存在之间互相关联而构成的整体存在系统。它有自己特定的组织形式（结构）和展示方式（功能），是关于工程伦理本体的个体论（责任伦理）和整体论（团体伦理）以及两者的简单相加所不能代替的。"每个事物都是系统或系统的一部分，它既不同于个体论（或原子论）也不同于整体论。个体论只见树木不见森林，而整体论只见森林不见树木。与之相反，系统方法使我们既能看到树木（以及它们的组成部分），又能看到森林（以及它的大环境）。对树木和森林适用的这一原则，在细节上稍做一些修改后，也适用于其他每一事物。"②

工程伦理研究既不能局限于作为个体的责任伦理，也不能局限于作为整体的团体伦理。即工程伦理的确应该是团体伦理，但其研究不应该停留在某一静止的点上（即便是团体这一超越某一工程行业范围的大伦理主体），而应该是以动态系统性的研究。因为工程伦理主体范围涵盖了专家、

---

① 王伟勤、任姣婕：《中国工程伦理事业的新起点——2007 年工程伦理学学术会议综述》，《伦理学研究》2007 年第 4 期。

② M. 邦格：《无处不在的系统》，《哲学译丛》1990 年第 5 期。

相关行政人员、普通参与者甚至是群众，客体范围涵盖了政治、经济、管理、生态等各个行业，我们必须承认这是一个庞杂的系统，工程伦理学具备系统性的特征，其研究应该是系统性的研究①。

工程伦理是由多元要素构成的系统伦理，这个系统在“伦理”的维度下必须呈现开放、平等的“交往理性”，系统内要素由于“理性的交往”突破了“我—你”、“主—客”的本体论视角，使“主体间性”置于工程伦理的中心，“有了主体间性，个体之间才能自由交往，个体才能通过与自我进行自由交流而找到自己的认同”②，避免了工具理性的单向度的强制。因此，基于系统性的维度，马克思主义的工程伦理研究必须避免片面、孤立、静态式的点式研究，必须沿着康德、马克思规定的主体间性方向，在哈贝马斯的主体间性理论精华的规范下进行系统性研究才能健康成长。

海德格尔指出，理解的本质就存在于人的理解活动这一不断变动的历史过程之中，这也便是我们对工程伦理进行研究探讨的意义所在。

第二节 工程技术伦理的生存基础

一 工程技术伦理的生存论出发点

一般工程伦理主要关注的是工程师的角色行为。它包括工程师的职业伦理和工程师的环境伦理。前者涉及主体间性，反映的是工程师与道德共同体——社会公众、客户、雇主、用户和其他工程师——之间的互惠关系；后者反映的是工程师与环境之间的关系。

工程伦理概念是随着现代工程实践的发展，尤其是工程实践中遇到的实际问题和解决问题的需要而提出的。这在美国土木工程师协会的伦理规

① 郑文宝：《从本质与特征看工程伦理研究的新视角》，《西北农林科技大学学报》（社会科学版）2010年第5期。

② 〔德〕哈贝马斯：《交往行为理论》，曹卫东译，上海人民出版社，2004，第375页。

范的历史演变中可见一斑[①]。正如余谋昌教授在《关于工程伦理的几个问题》中指出：工程伦理，它是从"工程问题"提出来的[②]。在他看来，一般工程伦理是指工程技术活动中的人际道德研究，包括：①工程技术人员之间、工程技术人员与工人之间的道德原则和规范。②在工程技术的研究和实践中，追求真理，勇于探索，敢于攻坚，不畏艰险，尊重事实，坚持真理，修正错误，以保证工程设计和建设的质量。③工程技术人员在处理与企业和社会之间的关系时，既要忠诚于雇主，努力工作，对企业负责，又要忠诚于人民和社会，不能以损害他人和社会利益的形式追求企业的利益；当两者的利益发生矛盾时，以人民和社会的利益为重；等等。

可见，工程伦理不同于一般的伦理学，而属于应用伦理，是随着工程实践的展开而开始，随着工程实践的变化发展而不断完善的未完成的且永远不会完成的伦理规范。维西林德（Vesilind）和岗恩（Alastair S. Gunn）指出："环境伦理学仍然处于发展的早期阶段；某个著述者或任何其他人企图为工程师制定一套环境伦理原理的全面清单，这将会是愚蠢和专横的。即使有这样一套规则清单，它也不可能是永远全面的，因为会出现新的不可预见的形势，而且总会要求选择适当的原则、解释它并应用到实际情况以及处理不同规则之间的可能矛盾。"[③]

肖平教授认为，作为应用伦理学的工程伦理，它的着眼点不是建立一套完整系统的理论，而是具体地探讨和解决工程实践中提出的道德问题。而解决这些问题虽然有一些共同的原则和思路可以遵循，但往往又因不同个案具体情况的差异使人难以作出简单一律的判断。这需要对具体情况开展个案研究。为此，首先需要承认，这将是一项以实证为基础的研究。我们所提出的主要原则和结论，大多不是来自理当如此的逻辑推理，而是来自对大量真实案例的分析与总结。所以，重视例证和从工程实践中提出问题的讨论将成为本学科的特色[④]。

工程伦理不仅是一种应用伦理，而且是一种境域伦理。它来源于人类

---

① 〔美〕岗恩：《工程、伦理与环境》，吴晓东等译，清华大学出版社，2003，第62~72页。
② 余谋昌：《关于工程伦理的几个问题》，《武汉科技大学学报》（社会科学版）2002年第4期。
③ 〔美〕岗恩：《工程、伦理与环境》，吴晓东等译，清华大学出版社，2003，第62~72页。
④ 肖平：《工程伦理学》，中国铁道出版社，1999，第33~36页。

生存需要，并为了更好生存而选择现实实践方式和生存方式——工程方式。这种工程师伦理规范具有民族性和地域性，即文化的差异性。这种文化差异性的最明显表现就是：往往不同的信仰会有不同的工程伦理要求①。但这不等于说工程伦理没有普遍的共通性，其共通性的最后根据或基础恰恰是生存本身。因为，生存是工程的根本维度，没有人的生存和生存需要，工程不可能发生；没有人的生存和生存方式的寻求，不可能有今天人们实证地把握世界的科学、技术和工程方式以及哲学、审美、宗教、道德等人文的理解世界的方式；没有人类的工程实践引发的生存环境危机和人类精神的危机，工程伦理也就无从谈起。因此，我们说工程伦理的出发点不是别的，而恰恰是生存论的②。

张秀华认为，生存论首先是基于对生存的理解。在海德格尔看来，生存是"此在（Dasein）"的存在方式，就是向着存在方向对存在者的超越，而存在不同于存在者，此在的存在显现为生存，即"去存在"。一切非此在的存在者之存在的意义只有通过能领悟的特殊存在者此在才能得以通达。对存在的追问不能等同于对存在者的追问，而对任何存在的本体论考察或意义论问题必须建基于此在的生存论分析之上③。因此，这种生存论被叫做生存论存在论或有根的存在论、基础存在论。它把对事物、世界和人的理解建立在对"生存"的理解与观照之上，是对人的生存结构、方式和境遇的形上之思。更为重要的是，这种生存论言明，此在是"在世界中"的，不仅具有被抛在世的实事性，以及与其相伴的先验性所表明的人与其他存在者与物的先在关系，而且此在总是拥有可能性进而筹划着去存在。因此，时间性和历史性是此在的始源性"生存论性质"。就是说人是时间性和历史性存在者。"操心"是此在基本的生存论建构，彰显出作为人的切近生存方式的造物的工程实践和伦理实践向度。

工程伦理就是工程共同体以工程方式"去存在"的历史境域中的自我超越、自我规范。由于这种生存方式更为直接的承担者和提供者是工程共同体中的工程师，因而学界尤其是西方学者通常把工程伦理简约为工程师的职业伦理与环境伦理。问题是这种工程伦理建构的生存论根基何在。

---

① 张秀华：《信仰与工程》，《江海学刊》2006 年第 2 期。

② 张秀华：《工程伦理的生存论基础》，《哲学动态》2008 年第 7 期。

③〔德〕海德格尔：《存在与时间》，陈嘉映等译，三联书店，1999，第 58 页。

二　工程技术伦理建构的生存论根据

工程技术伦理主要包括两大块，一块是工程师的伦理规范，另一块是工程师的环境伦理。那么，这种工程伦理的哲学基础是什么？肖恩指出："在传统伦理学那里找不到真正的药方，诉诸灵性的各类宗教伦理找到的只是对环境态度的正当性，而作为工程师的职业伦理规范遭到了使工程师责任面临两难的非难，甚至被称为牛虻的哲学家约翰·拉德都给予了致命的丧失其存在合法性的否定。至于论证从工程师的职业伦理衍生而来的工程师的环境伦理就更是困难重重了。"①

因为，在传统伦理学那里，其哲学基础是近代笛卡尔以来主客二分的主体性哲学，即传统的认识论。这种哲学的时代意义在于确立起人的主体性，把人从宗教神学和自然的控制中解放出来。这种成就可简要地概述为近代哲学创始人笛卡尔的著名命题"我思故我在"。沿着笛卡尔开辟的方向，经唯理论和经验论哲学之争，特别是康德、费希特、谢林、黑格尔、费尔巴哈，他们的哲学都在论证和确立人是人自身的根据，人的本质在人自身当中。

康德把人的理性划分为理论理性和实践理性。因此，人不仅为自然立法，而且通过自由意志为自身立法，确立了人是人自身的根据。高清海先生认为，康德"开创了哲学注重于高扬人的自由本性的理论趋向"，这为后来的德国哲学家所继承②。费希特在康德之后"进一步推进了从'理论上'解放人的工作"（高清海语）。如果说康德明确地肯定了人不同于物，人以自身为目的，那么费希特则明确区分了"人性"和"物性"，人则是一个"独立的"、"自己规定自己的"、"自由存在物"③。费希特在《人的使命》中，对人本身发问："我自己是什么呢?""我应该成为什么，我将是什么?"同时明确作答："我发现我自己是一个独立的存在物，自由的存在物。""我要自由……这就意味着我自己要把自己造就成我将成为的东

① 〔美〕岗恩：《工程、伦理与环境》，吴晓东等译，清华大学出版社，2003，第152～155页。
② 高清海：《"人"的哲学悟觉》，黑龙江教育出版社，2004，第202页。
③ 高清海：《"人"的哲学悟觉》，黑龙江教育出版社，2004，第204页。

西。”“我完全是自己的创造物。”“意志绝对自由，是我们生活的原则。”就是说，我“自己是我的规定性的终极根据”，因此，“我不能设想人类的现状会一成不变”，“我的整个生命都不可阻挡地奔向那未来的更好的事物”[①]。谢林试图消除自笛卡尔以来的思维与存在二元论的鸿沟，思维就是存在、实体或本质自身，并提出“自由应该是必然的，必然应该是自由”。他再次以理论的方式确证人是自由的、自我规定的，只是这种规定仅凭借人的思维活动。黑格尔在前人的基础上使意识哲学达到巅峰。黑格尔的哲学致力于“从理论上充分论证‘精神’的自由本性。在他看来，自由的概念是‘精神’的最高规定……所谓精神的自由也就是‘于他物中发现自己的存在’，‘在仿佛是他物里面回归于自身’，这也就是精神‘自己依赖自己，自己决定自己’的本性。这样，他就把确立精神的自由归结为必须走出主观性局限，解决思想的客观性问题”[②]。费尔巴哈在对宗教、黑格尔的批判中，把人重新确定为主体，用他自己的话说就是：“我的第一个思想是上帝，第二个是理性，第三个也是最后一个是人。神的主体是理性，而理性的主体是人。”[③] 至此，在德国古典哲学里，人是人的根据、人具有自为本性的观念被牢固地确立起来。

这种旨在解放人的主体性哲学或意识哲学，仅仅反省人的认识能力的可能性，而不反省人的实践行为的合理性。这样“知识犹如原始森林中落下来的枯叶，把地面牢牢地遮蔽起来了，人们再也看不见地面本身”[④]。更为严重的缺陷是，这种张扬工具理性的理性主义哲学和主客二分的认识论确认的是人与自然的主客体关系，即人是主体，自然是客体；人是主动者，自然是受动者；人是自然的征服者、主人，自然是人的被征服者、奴仆；人类是中心，自然是非中心；等等。显然，此种逻辑必然把人与自然对立起来，成为控制与被控制、宰制与被宰制的关系，人与自然的和谐是不可能的。这样，生命伦理学、大地伦理学、生态伦理学、环境伦

---

① 〔德〕费希特：《费希特著作选集》第3卷，梁志学译，商务印书馆，1997，第514～543页。

② 高清海：《“人”的哲学悟觉》，黑龙江教育出版社，2004，第210页。

③ 〔德〕费尔巴哈：《费尔巴哈哲学著作选集》（上卷），荣震华等译，三联书店，1959，第247页。

④ 俞吾金：《问题域外的问题》，上海人民出版社，1988，第16页。

理学，以及工程师的环境伦理学都将是不可能的，是缺乏哲学基础的、无根的。

那么，工程伦理真的没有哲学基础因而也没必要存在吗？回答是肯定的，工程伦理有其存在的合法性和哲学基础，但这个基础不是传统的认识论，而是生存论[①]。

海德格尔的生存论，首先打破了传统认识论主客二分的思维方式，确立起人在世生存的生存结构，而且把生产（我们可以理解为生产工程）作为此在的生存论特性，表明工程是人的一种生存方式，在这种生存方式下，人不是孤立地进行生产，而是有所操持——与他人打交道、有所操劳——与世内存在者和器物打交道[②]。这种生存方式又被他表述为“以栖居为指归的筑居”，而且只有“以栖居为指归的筑居”，才是人应有的存在方式。而所谓的“栖居”就是让天、地、神、人同时到场，构成不可分割的“四重整体”结构。因为大地与苍穹、众生与诸神是四重整体，由元初的一者性而统归于一。栖居通过把四重整体的在场带到万物中来对它进行保护，但对万物自身来说，只有当它们作为物而自由地在场时，它们才能起到保护四重整体的作用。而这一点要通过人养育生物尤其是建造非生物的活动来实现。不过养育和建造只是狭义的筑居，由于栖居把“四重整体”保持或保护在万物之中，所以栖居才是筑居[③]。

由此，我们可以说，生存论就是让一切不到场者提前到场，让一切存在者之存在起来。人有义务通过自身的存在和领悟、筹划与建造去生存，进而来通达世界上存在者的存在，让一切存在者是其所是地存在，还其存在的内在价值和本体论根据。

实际上，在《存在与时间》中，海德格尔就把追问存在问题与考察“人是什么”当成两个同等重要的任务，而且试图通过对此在先验的生存论结构的分析来完成。用他的话说就是：“在导论中已经揭示过：在此在的生存论分析工作中，另一个任务也被连带提出来了，其迫切性较之存在问题本身的迫切性殆无逊色。要能够在哲学上对‘人是什么’这个问题进行讨论，就必须识见到某种先天的东西。剖析这种先天的东西也是我们的

---

① 张秀华：《工程伦理的生存论基础》，《哲学动态》2008 年第 7 期。

② 〔德〕海德格尔：《存在与时间》，陈嘉映等译，三联书店，1999，第 58 页。

③ 〔德〕海德格尔：《诗·语言·思》，张月等译，黄河文艺出版社，1989，第 15 页。

迫切任务。此在的生存论分析工作所处的地位先于任何心理学、人类学，更不消说生物学了。”① 正是通过此在的生存论分析，才得以洞见到此在的本质是去存在，而一切非此在的存在者的存在是通过此在对自身存在意义的理解来通达的，此在之存在得到理解的同时，也使世界上其他存在者的存在是其所是地存在起来。

这样，认识论仅仅作为客体的自然（环境）、被认识和被改造的自然界、被作为资料库而仅对人有用的自然，再次找回了已经丧失的自身存在论、本体论根据，由被动的任人宰制的持存物变成了富有生命和活力，养育万物、众生的独立的存在者，进而由祛魅的自然变成附魅的自然。它的直接推论就是，剥夺自然就是剥夺人自身，自然的危机就是人生存的危机，自然之死就会招致人之死。于是，人保护自然、呵护众生，对自然（环境）、众生负起责任就是必然的、天然合理的了。因此，无论是生命伦理学、大地伦理学、生态伦理学，还是环境伦理学乃至工程师的环境伦理，就都有了生存论的根据与哲学基础。

那种传统认识论和它所支撑的传统伦理学，以及他们共同成就的征服自然、宰制自然、促逼自然的现代工业工程，在创造物质财富的同时，也必然导致环境污染、生态危机等生存危机。与此相反，生存论就是要寻求人与自然的和谐，试图给出人类走出生存危机的方案。因此，它支持为此付出努力和行动的任何有效尝试，也必然能成为工程伦理的合谋与支持者。

三　工程伦理评价的生存论原则

工程伦理评价就是从生存论出发，看一种工程伦理是否恰当、有效。这种评价不在于是否完备，实际上只要工程实践还发展着，就永远达不到完备、完善的程度，而在于它是否体现了下述生存论的基本价值准则和思维方式：

一是学会用生存论解释原则解读工程，把握其人文向度和意蕴。一方面要走出线性的、非此即彼的思维模式，用复杂性思维来把握工程；另一

① 〔德〕海德格尔：《存在与时间》，陈嘉映等译，三联书店，1999，第32页。

方面，不仅要看到工程包含着科学、技术、制度和人文等多个向度以及人、财、物等多种要素，而且要看到其内部固有的运行机理和操作规程。也就是说，不仅要“求真”，而且要“向善”和“臻美”；不仅要遵从理性的逻辑，而且要充满人文关切。实际上，工程的“操作运行过程，以人为起点，以人为归宿，而以物为中介”，是“一个‘人——物——人’的辩证复归过程”①。因此，工程应该以人（类）之生存为根本价值尺度，并让一切存在者存在起来。

二是凸显审美性原则，重“人性表达”，以尽可能满足人们对美的需要②。从工程的范畴演变也可以看出，审美是人们对工程的内在要求和基本规定。1828 年英国土木工程师协会章程把工程定义为“利用丰富的自然资源为人类造福的艺术”。1852 年美国土木工程师协会章程将工程定义为“把科学知识和经验知识应用于设计、制造或完成对人类有用的建设项目、机器和材料的艺术”③。“建筑师是这样一种人，他把一大堆杂乱无章的材料（有机、无机和金属等各种材料）按照他的意图整理出一种建筑秩序，一种道，一种人造空间的美。”④ 事实上，一个好的工程，除了质量优良、用途广泛外，还要具有一定的审美效果。缺乏了审美功能的工程，就是丑的、恶的、丧失了人文关怀的工程。换句话说，如果工程中没有考虑满足人审美的精神需求向度，也就疏离了工程对人的终极关怀的价值与意义，必然是非人性化的工程。因为美是一种解放的尺度，“美学的改造是解放”⑤。远离美的工程就是束缚人、压抑人的自由精神的异化了的工程。

三是确立“以人为本”的工程旨趣。这里所说的“以人为本”不是传统人道主义提倡的确立征服自然、宰制自然绝对合理性的以人为本，而是首先保守、维护“天道”——整体自然生态系统规律，依循、尊重“物道”——局部自然之物的运行规律的“新人道主义”⑥，主张“人道”的以人为本。从实证意义来看，就是要坚决取缔那种危害人的生存的反人性

---

① 萧琨焘：《科学认识史论》，江苏人民出版社，1995，第 786 页。
② 张秀华：《工程价值及其评价》，《哲学动态》2006 年第 12 期。
③ 王沛民、顾建民、刘伟民：《工程教育基础》，浙江大学出版社，1994，第 21 页。
④ 赵鑫珊：《建筑是首哲理诗》，百花文艺出版社，1998，第 78 页。
⑤ 〔美〕马尔库塞：《单向度的人》，张峰译，重庆出版社，1988，第202 页。
⑥ 刘福森：《西方文明的危机与发展伦理学》，江西教育出版社，2005，第 78 页。

的工程，使工程的目标转向人，把提升人的生存质量等品性作为工程活动追求的真正目标。

四是培养完整的工程意识。张秀华认为，所谓完整的工程意识，就是对工程有全面的理解，特别是对于工程的反思性理解。由于工程意识是与工程文化密切相关、互为表里的，因此，要树立完整的工程意识，就必须健全工程文化。所谓健全工程文化，就是建设以生存论范式或人文范式为基础的工程文化——以“自由的逻辑”为价值取向的工程文化，或者说是人类学意义的工程文化。在这个工程文化的大系统中，不仅包括技术层面的内容，而且包括制度和观念层面的内容。如果说技术范式的工程文化过于偏重效率，所造就的是“单向度的人”，那么生存论范式的工程文化在顾及效率的同时，更注重公平和自由个性的发展。只有建立和健全生存论范式的工程文化，才能引导人走出纯功利化的误区，而转向精神境界的提升和个性的全面发展。

五是优化工程思维。着眼于树立“和谐发展的工程观”[①]，强化人与自然的和谐这一根本，而传统主体性形而上学确认的是人与自然单纯的主客体关系、控制与被控制的“暴力的逻辑”，因此，必须调整和优化思维方式。生态伦理学等主张非人类中心主义，把人与人之间的伦理关系延伸到人与自然的关系，自然由“它”变为“他”，应该说这在理论上有利于人与自然和谐关系的建立。然而，现实中人类的工程行动总是从人的利益出发，人的主体地位不是丧失而是强化。因此，我们不能不重视这一理论与实际的冲突。刘福森教授的发展伦理学，则认为调节人与自然的关系，是否消解人类中心主义无关宏旨，关键是要规范人类的实践，变现代实践论为规范实践论，解决好作为类存在的人应该怎样去存在的问题，期望通过对人类行动的自我约束——走可持续发展的道路，来协调人与自然的关系。

基于此，张秀华提出，必须限制认识论或知识论发挥作用的地盘，为生存论留出更大的空间，从而把对工程知性的认识论考察放置在生存论基础之上。只有这样，我们才不至于完全否定和抛弃认识论，使人类的工程行动丢

① 张秀华：《从生存论的观点看和谐发展的工程观》，2007 年 11 月 20 日《光明日报》（理论版）。

掉科学、技术的支撑，而返回到前科学的盲目顺从自然的原初状态，而是让生存论去规范和约束认识论下的工程实践，使技术化的工程走向人文，用审美意识整合工程思维和非工程思维，凸显工程的生存论价值[①]。

第三节　工程与伦理的互动

工程和道德，是同属于客观世界的两种事物与现象。两者之间存在着相互影响、相互作用、相互制约的互动关系，正是这种互动关系影响着各自的存在状态和变化发展规律。探讨工程活动对人类道德的影响，不仅可以深化人类对客观世界的认识，而且对于科技发展战略、目标和政策，推动工程伦理学发展和人类道德进步具有重要的指导意义。

一　工程技术活动的伦理意蕴

工程自古以来就是人类以利用和改造客观世界为目标的实践活动。工程是人类将基础科学的知识和研究成果应用于自然资源的开发、利用，创造出具有使用价值的人工产品或技术活动的有组织的活动。它包括两个层次的含义：①它必须包含技术的应用，即将科学认知成果转化为现实的生产力。②它应当是一种有计划、有组织的生产性活动，其宗旨是向社会提供有用的产品。如果从系统角度分析，工程作为一个系统具有如下特征：①工程是科技改变人类生活、影响人类生存环境、决定人类前途命运的具体而重大的社会经济、科技活动，通过工程活动改变物质世界。换言之，工程是科学技术转化为生产力的实施阶段，是社会组织的物质文明的创造活动。科技的特征和专业特征是工程的本质基础。②工程活动历来就是一个复杂的体系，规模大，涉及因素多。现代社会的大型工程都具有多种基础理论学科交叉、复杂技术综合运用、众多社会组织部门和复杂的社会管理系统纵横交织、复杂的从业者个性特征的参与、广泛的社会时代影响等因素的综合运作的特点。③工程活动能够最快最集中地将科学技术成果运

① 张秀华：《工程伦理的生存论基础》，《哲学动态》2008 年第 7 期。

用于社会生产，并对社会产生巨大而广泛的影响。这一影响是全方位的，不仅有社会政治的、经济的、科技的，也有社会文化道德的。这就形成了工程的价值特征①。下面着重分析其对社会伦理秩序的影响。

工程和道德分属两个不同的社会系统。在道德系统的结构中，一般可分为三个层次。第一个层次为道德观念层次，即在社会道德实践活动中形成并影响到道德活动的具有善恶价值的各种观念形式。第二个层次是道德规范层次，即在一定历史条件下，指导和评估社会成员价值取向的善恶准则。第三个层次是道德实践行为层次，即人类生活中一切具有善恶价值的活动。道德系统的实践行为层次和规范层次处于系统结构的外围，道德价值观念则处于道德系统结构的核心。

工程活动作用于道德的过程，首先表现在行为层次上，其次在规范层次，最后涉及观念层次。这种影响过程可以用图 4－1 来表示。

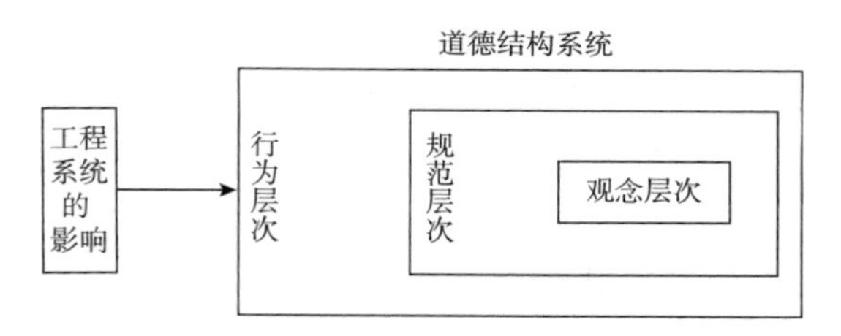

图 4－1　工程活动作用于道德的过程

下面对其加以具体分析。

在道德实践行为层次，道德的特征以活动表现出来，这包括道德行为选择、道德评价、道德教育、道德修养等。在一般情况下，工程活动的影响首先作用于道德行为层次。当它作用于道德行为层次的时候，从两个方面改变人们行为的选择性。它一方面表现为工程活动的影响可以更新人们社会行为选择项目的内容，为人们的社会行为制造新的机会。另一方面，工程技术的发展使人们在选择自己的行为时增加了新的选择项目。例如，医学技术特别是生物工程技术的应用，人类的自然生殖的行为方式可以改变为人工操纵的过程。人工操纵生殖主要有三种形式，一是人工受精，二是体外受精，三是无性生殖（即克隆）。人们可以选择其一。又如，互联

① 肖平：《工程伦理学》，中国铁道出版社，1999，第 30 页。

网技术的出现，使得异性的交往增加了一种虚拟形式。人们既可以选择现实生活中的恋爱方式，也可以选择虚拟的“网恋”形式。

工程活动影响与深入渗透的第二步是作用于人们的道德规范层次。道德规范是一种非制度化规范，它是人们在长期道德实践中形成的，它一旦形成就具有相对稳定性而存在下去。但是，道德规范并不是一成不变的。在工程活动的影响下，道德规范通过人们行为方式改变来达成自身形式的改变。例如，遗传工程、生物技术的发展，试管婴儿的试验成功，使婚姻家庭的传统的社会功能丧失，在科学技术指导下，现代化避孕工具和手段的产生，使人类有更大能力控制自己的增长，这一切使得离婚率上升，婚前同居行为方式出现，并且日益作为一种道德规范逐渐为社会所接受。

上述分析是为了把问题简单化而作的抽象理论分析。事实上，在工程活动的影响下，人们的道德行为方式、道德规范和道德观念三者的变化不是截然分开，而是相互影响和渗透的。因此，在工程活动作用于道德行为、道德规范的时候，伴随着人们的道德价值观念的变迁，当然这种变迁更具有深刻的意义。这就是说，道德行为、规范的变迁在很大程度上取决于人们价值观念的变迁，一定的社会行为规范总是要求相应的价值观与之相适应，有什么样的价值观念就会产生什么样的行为规范。对于这个问题，马克斯·韦伯在其名著《新教伦理和资本主义精神》一书中作过精辟的分析[①]。工程活动对道德观念的影响首先通过改变或增加人们的行为选择影响或改变人们的价值观念，进而作用于道德的文化价值观念层次。其次，工程技术转移带来道德价值观念的变化。技术转移伴随观念的转移，影响到原有的价值观念，从实质上说，技术转移的引进，是一种价值观念的引进和转移。

工程活动作用于道德以后，会产生两种截然不同的伦理后果。其一是工程与伦理道德整合，从而更导致道德的更新、进步与发展。其二是工程与道德（特别是传统道德）发生尖锐冲突，从而导致道德的变态、异化的产生。

工程与道德整合的社会过程，大致上经过适应、消化、吸收、更新四个步骤。当工程活动的影响作用于道德的时候，道德总是首先作出被动的

① 李汉林：《科学社会学》，中国社会科学出版社，1987，第244～245页。

适应性反应。面对工程活动的要求与影响，伦理道德无论在主观上还是在客观上都不能熟视无睹，而必须努力调整内部的相互关系，以保持与环境的平衡。这恰恰是道德作为系统生存的需要。道德消化工程活动的影响主要是全面认识和理解这种影响。这就是说，不仅要看到工程活动所具有的道德价值观念的特征，也要看到工程活动对道德行为、道德规范的影响；不仅要看到工程活动对伦理秩序的良性影响，也要注意工程活动对伦理秩序的负面影响。只有全面认识和理解工程活动对道德的影响，才能使工程与道德的整合更有目的、有选择性。工程活动在消化科学技术影响的基础上就要有选择地吸收这种影响。选择性吸收的前提条件是充分比较和分析。也就是说，道德在吸收工程活动影响之前，首先要认真分析应该吸收什么，应该扬弃什么。道德吸收工程活动的影响，改变与调整自身结构，抛弃其糟粕，就使道德产生了更新与发展的社会效应。从实质上说，道德的进步意味着道德观念、道德规范和道德行为都在不同程度地发生变化，同时也在不同程度地吸收工程技术的影响。一旦道德在工程影响的基础上得到更新，工程与道德的相互整合过程也基本完成。必须指出的是，工程与道德的社会整合是一个不断反复的过程，唯其如此，工程对道德的影响才真正被道德吸收而使道德在前进道路上不断攀升。

现代工程活动与道德发生了尖锐的冲突，这种冲突一般在以下几种情况下变得非常尖锐。

第一，随着现代工程活动对社会影响的增长，使人们对事物的道德价值取向和价值判断持双重标准时，工程与道德的冲突就不可避免。第二，工程活动的影响不顾及道德传统而强行作用于道德的时候，工程活动与道德的冲突也不可避免地发生。第三，当以科学技术传播为主体的现代化进程太快，超过社会与文化的容忍程度时，工程与道德也会发生尖锐的冲突。

二　技术共同体（工程师集团）对社会伦理秩序的影响

科学共同体是从事科学认识活动的主体，是生产科学知识的集团。在科技哲学史上，库恩较早地提出了“科技共同体”这个概念。他认为：“科学共同体是由一些学有专长的实际工作者所组成。他们由他们所受教育和训练中的共同因素综合在一起，他们自认为也被人认为专门探索一些共同目标，也包括培养自己的接班人。这种共同体具有这样一些特点：内部交流比较充分，专业看法也比较一致。同一共同体成员在很大程度上吸收同样的文献，引出类似的教训。”“共同体显然可以分评多级。全体自然科学家可成为一个共同体。”“低级是各个主要科学专业集团，如物理学家、化学家、天文学家、动物学家等的共同体。”[①] 科学事业就是由这样一些共同体所分别承担并推向前进的。

那么，在技术领域是否同样存在一个“技术共同体”呢？我们认为应该存在。原因是：技术和科学分属不同的领域。科学的目的是认识自然，技术的任务是改变自然。技术共同体是改造世界（自然）的主体，是对科学知识进行物化的特定的社会集团。技术共同体主要就是指工程师集团或称工程师共同体。技术共同体对社会伦理秩序的影响是通过技术规范进行的。

在技术共同体形成之前，也就是说，当工程师还没有形成为一个专业集团之前，显然不存在约束该共同体的特定的技术规范。当技术共同体形成以后，相应地产生了规范技术共同体的规范。特别是近代工业革命以来，技术共同体成员数量急剧增加，其成员的行为产生广泛而深远的影响的时候，技术规范无论在形式上还是内容上都必然改变自己，以适应技术共同体发展的需要。例如，近代以来，工程技术领域法规增多，这就表明技术规范的产生、形成、发展受技术共同体的制约。这就是技术规范的适应性。从更深层次看，技术规范的适应性与当时的政治经济状况以及统治阶级的需要和支持有密切相关性。

技术共同体影响技术规范构建，并以此为中介作用于社会伦理秩序。这种作用表现在三个方面。第一，如果当社会技术变化迅速，而技术规范来不及作出反应，规范尚未建立或构建不及时，则出现技术共同体行为空白失序状态，即技术规范的作用丧失，技术共同体直面社会伦理秩序，这种冲击可能会直接打破传统伦理秩序，例如，克隆技术、信息技术出现后，社会还来不及建立相应的技术法规、道德规范。第二，技术规范已经

① 〔美〕托马斯·S. 库恩：《必要的张力》，纪树立等译，福建人民出版社，1981，第292～293页。

建立，但传统的技术规范和新的技术规范之间，这种技术规范和那种技术规范之间存在冲突和矛盾，在所难免，普遍的为技术共同体所认可的技术规范尚未确立，技术共同体行为突破局部技术规范对社会伦理秩序产生影响。例如，技术共同体成员产生违法现象，迫使技术共同体建构起制度化、法规化、结构化的伦理体系。第三，成熟的完善的符合技术共同体根本利益也符合整个社会共同利益的技术规范确立，它引导和约束技术共同体朝着人类的方向发展，从而对社会伦理秩序的构建产生良性影响。

默顿认为，有四种规范指导科学家的行为，它们构成科学的“精神气质”：普遍性、有条理的怀疑主义、公有主义和无私利性[①]。那么，现代工程师的“精神气质”是什么呢？美国工程师协会提出了工程师的五大基本准则：①工程师在达成其专业任务时，应将公众安全、健康、福祉视为至高无上，并作为执行任务时服膺的准绳。②应只限于在足以胜任的领域中从事工作。③应以客观诚实的态度发表口头意见、书面资料。④应在专业工作上，扮演雇主、业主的忠实经纪人、信托人。⑤避免以欺瞒的手段争取专业职务[②]。台湾的“中国工程师协会”提出了四大“中国工程师信条”：一是工程师对社会的责任（守法奉献，尊重自然），二是工程师对专业的责任（敬业守分，创新精进），三是工程师对雇主的责任（真诚服务，互信互利），四是工程师对同僚的责任（分工合作，承先启后）[③]。这些提法有一些道理。我们认为，工程师共同体在科技时代的特殊地位决定了其成员必须为其科技行为承担较传统社会更多的道德责任。工程师集团应具有如下“精神气质”。

（1）人道原则。人道原则要求工程师必须尊重人的生命权。这是对工程师最基本的道德要求，也是所有技术伦理的根本依据。天地万物间，人是最宝贵、最有价值的。善莫过于挽救人的生命，恶莫过于残害人的生命。尊重人的生命权而不是剥夺人的生命权，是人类最基本的道德要求。

---

① 转引自〔美〕杰里·加斯顿《科学的社会运行》，顾昕等译，光明日报出版社，1988，第20页。

② http：//www. fju. edu. tw/ethics/rule/6 - 10. htm.

③ http：//www. fju. edu. tw/ethics/rule/fram#20rule. html.

（2）安全无害原则。这是人道原则在技术活动中的进一步延伸。安全无害原则要求工程师在进行工程技术活动时必须考虑安全可靠，对人类无害。工程活动是人类利用自然、改造自然为人类自身服务的活动。人既是工程技术活动的主体也是工程活动的客体，安全原则体现了这种目的和手段的统一，目的性价值和工具性价值的统一。

（3）生态主义。生态主义是对工程师新的道德要求。它要求工程师进行的工程活动要有利于人的福利，提高人民的生活水平，改善人的生活质量，要有利于自然界的生命和生态系统的健全发展，提高环境质量。

（4）无私利性。在这一点上，与科学共同体相同。无私利性要求工程师为"工程的目的"而从事工程活动，要求工程师不把从事工程活动视为名誉、地位、声望的敲门砖，谴责运用不正当的手段在竞争中抬高自己。

三　工程师个体对社会伦理秩序的影响

工程师个体对社会伦理秩序的影响，首先与工程师的社会角色有关。约瑟夫·本－戴维认为，科学家是一种独特的智力角色、专业角色[①]。同样，工程师也是一种独特的专业角色。这种角色具有独特的责任并具备存在的可能性。在古代社会，工程师前身多是巫师。工程师的社会角色并未得到公众的认同。西方文艺复兴时代出现了"engineer"。他们摆脱了行会的束缚，用大胆的想象开发新技术，被称为"天才"。他们中的大多数人都像达·芬奇那样是军事工程师。在民族国家形成前后，国家办学培养工程师，成为国家官僚。随着教育机构的完善，进行技术科学教育，工程师也就是工程学家。在民用工程中工程师数量激增。可见，工程师作为专业角色是近代才出现的。

现代工程活动使工程师扮演了一个极其重要的专业角色，工程自身的技术复杂性和社会联系性，必然要求工程技术人员不仅要精通技术业务，

① 〔以色列〕约瑟夫·本－戴维：《科学家在社会中的角色》，赵佳苓译，四川人民出版社，1988，第1页。

能够创造性地解决有关技术难题，还要善于管理和协调，处理好与工程活动相关的各种关系。最重要的是，工程活动对社会和环境越来越大的影响要求工程师打破技术眼光的局限，对工程活动的全面社会意义和长远社会影响建立自觉的认识，承担起全部的社会责任。因此，现代工程要求工程师除具备专业技术能力外，还要具备在利益冲突、道义与功利矛盾方面作出道德选择的能力，除对工程进行经济价值和技术价值判断外，还必须对工程进行道德价值判断；除具备专业技术素养外，还应有道德素养，除了要对雇主负责外，还要对社会公众、环境以及人类的未来负责。

工程师个体对社会伦理秩序的影响主要是通过工程师个体行为进行的。工程师个体道德行为是工程师作为道德主体出于一定的目的而进行的能动地改造特定对象的活动。其中工程师道德行为选择是工程师道德行为的核心和实质部分。工程师道德行为选择是指工程师面临多种道德可能时，在一定的道德意识的支配下，根据一定的道德价值标准，自觉自愿、自主自决地进行善恶取舍的行为活动。与其他个体道德行为选择一样，工程师进行道德选择必须具备两个前提条件。第一，从工程师实践看，工程师在工程决策、工程实施、工程后果等阶段都存在诸如“义”与“利”的抉择、“经济价值”与“精神价值”的两难抉择、国家利益民族利益与全人类共同利益冲突矛盾、经济技术要求与人权保障矛盾冲突等。第二是工程师主体意志自由，这是选择的主体前提。工程师是一个相对独立的道德主体，在一定程度上他的主体意志是自由的，如果没有主体意志自由，主体的行为就是被动的，也就无所谓选择。上述两个条件缺一不可，可见工程师道德行为选择不可避免。工程师在道德行为选择中还存在着目的和手段的关系问题。目的和手段都存在着善与恶的问题。只有善的目的和善的手段才能达成工程师的道德的行为；善的目的和恶的手段抑或恶的目的和善的手段都会把工程师的行为引向不道德的行为途径上去，从而产生消极影响，破坏社会伦理秩序。

工程师之所以承担社会责任，首先是因为工程师的社会职责事关人类自己的前途和命运的选择，其次是因为工程师行为选择决定的。选择和责任是分不开的，选择将工程师带进价值冲突之中，使他们在多种可能性中取舍。那么，工程师具有什么样的社会责任呢？工程哲学家塞缪尔·佛洛曼认为，工程师的基本职责只是把工程干好；工程师斯蒂芬·安格则主张，工程师要致力于公共福利义务，并认为工程师有不断提出争议甚至拒绝承担他不赞成的项目的自由。“过去，工程师伦理学主要关心是否把工作做好了，而今天则考虑我们是否做好了工作。”这表明，传统观点认为，工程师的社会责任是做好本职工作。实际上这种看法是片面的。如前所述，当代工程技术的新发展赋予科技工作者前所未有的力量，使他们的行为后果常常大到难以预测，信息技术、基因工程等工程技术在给人类带来利益的同时，还带来可以预见和难以预见的危害甚至灾难，或者给一些人带来利益，而给另一些人带来危害。可见，在现代社会，工程师的伦理责任要远远超过做好本职工作。

· 第五章 ·

工程活动的伦理分析

关于工程活动的全过程有三段论，也有五段论。李伯聪先生在其《工程哲学引论——我造物故我在》中，把工程活动过程划分为三个阶段：计划设计阶段、操作实施阶段和成果使用阶段[①]。美国的马丁和辛津格认为，一个工程项目的整个过程应该包括以下几个阶段：①提出任务（理念、市场需求）；②设计（初步设计和分析、详细分析、样机、详细图纸）；③制造（购买原材料、零件制造、装配、质量控制、检验）；④实现（广告、营销、运输和安装、产品使用、维修、控制社会效果和环境效果）；⑤结束期任务（衰退期服务、再循环、废物处理）[②]。

笔者把工程活动的全过程分为三个阶段，即工程决策、工程实施、工程运行（主要指以产品生产为目的的动态工程）三个环节。其中，决策是工程活动的主线，其正确与否直接关系到工程的成败。美国著名工程伦理学专家马丁曾指出："工程是社会实验，是涉及人类主体在社会范围内的一个实验。"[③] 在实验的整个过程中都蕴涵着道德问题或伦理因素。马丁等人指出，从概念设想一直到产品出厂，在整个过程中都发生着许多具有伦理性质的问题。工程过程实际上是一种技术—伦理实践过程，是内在于技术的独特的价值取向与内化于技术中的社会文化价值取向和权力利益格局之间互动整合的结果。下面对此进行分析。

---

① 李伯聪：《工程哲学引论——我造物故我在》，大象出版社，2002，第 20 页。

② Mike W. Martin, Roland Schinzinger, *Ethics in Engineering*, New York: McGraw-Hill, 2005, p. 17.

③ Mike W. Martin, Roland Schinzinger, *Ethics in Engineering*, New York: McGraw-Hill, 2005, p. 89.

第一节　工程决策伦理分析

所谓工程决策就是工程决策者针对所要完成的工程任务和需要解决的工程问题进行权衡和设计，并对将来工程活动的方向、程序或途经、措施等作出选择和决定。在传统的工程决策中，决策者所主要关注的是经济效益问题和技术问题，对其中的伦理问题常常忽略不计；工程伦理学家也习惯于将工程伦理主要定位于工程施工中个体工程师的职业道德，对工程决策中的伦理问题考虑很少。今天，和谐理念日益成为共识，工程伦理学愈加受到关注，工程决策中的伦理问题正逐渐进入人们的视野，成为管理学和伦理学共同关注的首要问题。“工程决策不应是在无知之幕后面进行的事情，在决策中应该拉开无知之幕，让利益相关者出场。”①

一　工程决策及其过程

在人们的生产与生活中，从日常生活到国家发展，都经常要面对各种各样的决策问题。决策一般是指为了实现某一目标，搜集处理各种相关信息，并通过决策者的分析判断，对行动方案作出选择。决策是行动的前提与指南，缺乏决策的行动是盲目的。工程决策是指建造一个什么样的工程、在哪里建造以及如何建造的问题，也就是在工程的计划、设计、审批阶段，对一个工程进行可行性论证。李伯聪指出：“所谓决策，它首先表现为一种权力——决策权；其次表现为一定的方法或程序——决策方法与决策程序，而‘谁拥有决策权’和‘应该根据什么程序进行决策’则是决策的关键。”②“工程决策指为了实现特定的工程目标，运用科学的理论和方法，系统地分析主、客观条件，在掌握大量有关信息的基础上，分析评估若干预选工程方案的优劣并从中选择出最佳实施方案的抉择过程。”③决策问题，归根到底是一个选择问题。没有多种途径或多种方案供选择，就

① 李伯聪：《工程伦理学的若干理论问题》，《哲学研究》2006 年第 4 期。
② 李伯聪：《工程伦理学的若干理论问题》，《哲学研究》2006 年第 4 期。
③ 齐艳霞等：《试论工程决策的伦理维度》，《自然辩证法研究》2009 年第 9 期。

无所谓决策。决策规定着工程的整体，是工程实施与使用的基础。

工程决策一般包括两个层面的内容：一是工程建设的总体战略部署，二是选择具体的实施方案。工程建设的总体战略部署，主要是根据问题与机会，确定在什么时间、什么地方，建造什么工程。战略部署需要考虑工程的可行性，但重点在于工程总体布局的合理性、协调性与经济性。工程具体实施方案的选择，是要对多个可能的实施方案进行综合评价与比较分析，从中选择最满意的方案。工程的总体战略部署和具体实施方案选择是紧密相关的，前者指导后者进行，后者不断修改、补充前者。工程决策过程的九大要素为：①认识问题；②确定目标；③收集有关数据：④确认可行性方案：⑤选择判断方案的准则；⑥内在关系的模拟；⑦预测各方案结果：⑧选择达到目标的最好方案；⑨成果的事后审计[①]。

对工程建设而言，决策包括工程实施前分析问题、解决问题的全过程。不同于将决策定义为"特指从多种可能方案中进行选择"的狭义理解，工程决策包括三个步骤：针对问题确定目标，处理信息并拟制多种备选方案，方案选择。如图 5－1 所示。

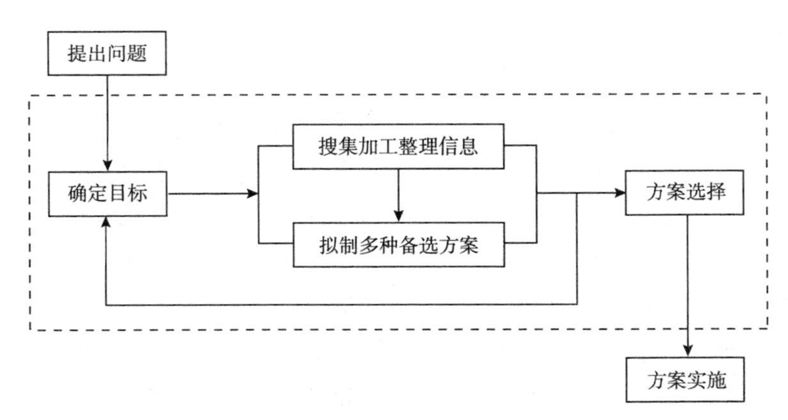

图 5－1　工程决策的步骤

确定目标是指针对所面临的问题，分析问题的性质、特征、范围、背景、条件及原因等，确定工程要实现的目标，即确定要建造什么工程，并作出战略部署。工程决策中至少要确立如下目标：①功能目标，即项目建

① 〔美〕唐纳德·G. 纽南：《工程经济分析》，张德旺译，水利电力出版社，1987，第12 页。

成后所达到的总体功能；②技术目标，即对工程总体的技术标准的要求或限定；③经济目标，如投资回报率等；④社会目标，如对国家或地区发展的影响等；⑤生态目标，如环境目标、对污染的治理程度等。

信息处理与方案提出是指，根据确定的工程目标和战略部署，广泛收集自然、技术、经济、社会等方面的相关信息，对这些信息进行加工整理，提出可能的工程实施方案。通常，由于工程将带来社会、经济和生态环境等多方位的影响，因此往往会出现多种可能的实施方案，这些方案各有所长，决策者需要对它们进行系统分析，权衡选择。方案选择主要是指在一系列确定与不确定约束条件下，全面客观地评价、比较各个方案，选择最满意的。由于各种工程方案往往各有所长，现实中极少存在一种从各项准则来看都是最优的理想方案。因此，无论选择哪种方案，都可能舍掉其他方案中的合理成分。森（Pratyush Sen）和杨建波（Jianebo Yang）在《工程设计中的多准则支持》中指出："各种决策都牵涉到从多种方案中选择。这些备选方案对于需要处理的问题都具有或多或少的可接受性，而且都具有某种后果，这些后果中有好的也有坏的，这些后果来自选择的经验。因此，理性的决策的目的就是将积极的后果最大化，并尽可能地减少消极的后果。既然这些后果直接关系到决策或方案的选择，那么我们就有理由把这些后果看做执行决策的某个方面。决策问题就变成了考虑执行决策后果的问题，而有意义的决策又与决策者的选择密切相关。"

工程决策的三个阶段不是完全线性的，而是存在着多重反馈。信息处理、运筹分析等行为始终存在于工程决策的各个步骤中。机会研究、初步可行性研究、可行性研究、评估与决策等工作环节，互为条件和补充，在决策过程中经常会发生调整。甚至在决策制定后的工程实施中，也会根据实施中遇到的实际问题反馈，对原来的工程决策进行某些可行的调整。

工程决策的制定，经常通过网络化决策进行。一要自觉地抵御单要素决定论或少数要素决定论，尽量避免工程决策或工程决策咨询中的片面性，特别是单纯的利益决定论或领导意志决定论。二要尽可能地兼顾工程建设中的所有相关因素，全面筹划社会、文化、环境、技术、国力等多种要素。三要在多种工程要素的决策中，尽可能地遵循人与自然的和谐，以及人与人之间的和谐。工程决策的理性与价值决策是由决策者作出的。"决策者"可能是一个人，也可能是一个集体。那么，决策者要作出正确的决策需要具备哪些方面的能力？有哪些因素影响决策？从决策过程来看，决策能力可分解为如下四种：确定目标的能力，收集与处理信息的能力，拟定多种可行方案的能力，择优选择的能力。决策者的决策活动是很复杂的，它受到许多方面和许多因素的影响。其中，最重要的因素是理性、价值、情感和意志。帕金（James Parkin）在《工程师的决策管理》一书中认为，先前的决策和行为、特定信念、个人价值、社会和职业标准、认知偏好、个性与环境压力等都影响着决策的作出。工程决策需要以理性为基石。对工程的初始条件与环境条件的调查与辨识、工程方案的运筹设计、方案比较与综合评价等，都是基于理性的行为。当代决策理论，包括运筹学、系统分析、最优化理论、理性选择理论等，都充分展现了理性在决策中的力量。这里需要强调的是，理性在决策中是重要的，但现实中的理性是有局限的。西蒙把理性的约束因素归结为五条：不完备和不完全的信息，问题的复杂性，人类处理信息的能力限制，决策的时间限制和针对组织目标的争议。基于对有限理性的分析，西蒙提出了决策中不同于“最优”原则的“满意”原则，即人们很难选择一个从各个角度而言都是最优的方案，这样的方案往往是不存在的，人们只能根据需求和目标，选择最满意的方案。理性的局限性，意味着理性并不能解决所有问题。工程决策必须要理性，但也需要理性之外的因素。

二　工程决策的伦理问题

工程决策中的伦理问题是工程伦理学中最重要的问题之一。这是因为，工程决策决定工程整体，大型工程的决策事关国家命运，像南水北调工程、西气东送工程等那样的正确决策可以造福千秋万代；反之，工程决策的失误会给人类带来巨大的伤害，像尼罗河上的阿斯旺水坝，它给人类带来的福祉远远小于它带来的灾难。因此，对工程活动中决策主体的伦理责任研究，具有重要的现实意义。“工程决策的核心不是技术问题而是价值问题，工程决策的价值就是工程决策所追求的目标是私人利益还是社会利益。”[1]

---

[1] 安维复：《工程决策：一个值得关注的哲学问题》，《技术与哲学研究》2007 年第 8 期，第 53 页。

在工程决策中首先要考虑技术问题，没有无技术的工程，技术是工程的支撑。因此，需要强调的是工程决策必须以技术的可行性、可靠性为前提。同时，没有纯技术的工程，工程决策的过程是价值的分配过程，工程决策主体必然要承担法律责任以及道德评判。因此，在工程决策中不但要主动考虑社会公认的伦理道德规范，使决策理念、决策程序、发展目标、治理权限等符合公认的伦理要求，而且还应考虑到作为工程项目特殊的伦理诉求。要实现这样的伦理目标，就要求在工程决策中不仅正确处理好决策主体与客体的关系，提高决策主体的责任感，而且注重决策效益和效率，维护生命财产安全，促进社会的稳定，彰显公正原则，保护生态环境，实现可持续发展。这就需要探讨分析工程决策的伦理维度及伦理特性，进而作出正确的工程决策。

程新宇认为，工程决策中存在的主要伦理问题有：第一，工程的目的和目标是否将造福人类；第二，工程的目标是否能实现；第三，是否有合理的“代价—收益”比；第四，是否符合可持续发展原则；第五，是否威胁到公众的健康和安全；第六，是否将造成环境污染和危害生态平衡；第七，是否将毁坏文化遗产和名胜古迹等；第八，是否与周围的环境和谐相处；第九，是否对不可避免的损失有公正合理的补偿措施。以上工程决策中的九个方面的伦理问题实际上涉及传统伦理、可持续发展伦理、生态伦理、环境伦理、责任伦理等多个方面①。综观世界各国的各种工程师协会的章程和原则，它们也都从不同角度和不同侧面，或多或少地认同以上提及的九个方面。例如，美国土木工程师协会的伦理规范的第一条基本原则是：工程师“运用他们的知识和技能来提高人类福利和保护环境”。其基本标准就是：“工程师应该把公众的安全、健康和福利放在首要位置，并在履行他们的职业责任时，努力遵守可持续发展原则。”其实践指南是：“工程师应该认识到大众的生命、安全、健康和福利与体现在建筑物、机器、产品、工艺和装置中的工程判断、决策和实践息息相关。”② 英、德、美、日的土木工程师协会、电气工程师协会、机械工程师协会、化学工程师协会的章程和规则也都有与此相似的内容。世界工程组织联盟 1985 年通

---

① 程新宇：《工程决策中的伦理问题及其对策》，《道德与文明》2007 年第 5 期。

② 〔美〕岗恩：《工程、伦理与环境》，吴晓东等译，清华大学出版社，2003，第 248 页。

过的《工程师的环境伦理规范》指出，工程师应该“尽最大的能力、勇气、热情和献身精神”，“增进人类健康和提供舒适环境（不论在户外还是户内）”；“努力使用尽可能少的原材料和能源，并只产生最少的废物和任何其他污染”来达到工作目标；要特别讨论其方案和行动所产生的后果“对人们健康、社会公平和当地价值系统所产生的影响”；充分研究和评价环境和生态系统所可能受到的静态的、动态的和审美上的影响，“并选出有利于环境的和可持续发展的最佳方案”；要求工程师“拒绝任何牵涉不公平地破坏居住环境和自然的委托，并通过协商取得最佳的可能的社会与政治解决方法”；等等①。

程新宇认为，如果一项工程的计划和设计在以上第一、第二、第三、第四、第八、第九这六个方面的回答都是肯定的，同时，在第五、第六、第七这三个方面的回答都是否定的，那么该工程的决策者批准立项是符合伦理道德的。② 但在现实生活中，有许多工程的计划和设计都不是这样理想，都可能存在这样或那样的问题。那么，决策者应该如何应对呢？在这种情况下，决策中有两个要考虑的关键因素，一是要有合理的可接受的“代价—收益”比。这里的“代价”和“收益”不是仅指经济因素，而是包括政治的、经济的、社会的、文化的、环境的、生态的、教育的、健康的、安全的等各个方面的因素。简单地说，工程将带来的所有好的效应都是“收益”，工程将带来的所有不好的效应都是“代价”。二是“代价”和“收益”的分配要公平。那些在代价和收益的分配中歧视和漠视弱势群体的做法显然是不公平的。也就是说，既要用功利主义的方法，又要避免功利主义的弊端，达到效率和公平的和谐、目的和手段的统一。

处理工程决策中的伦理问题的关键是谁参与决策和如何进行决策的问题，即决策主体和决策程序的问题。以往，人们习惯把重大的工程决策仅仅作为政府部门、管理阶层、决策者或大股东等少数人的事情，但随着时代的发展，当前的理论潮流也发生了根本性的变化，主要集中于两个视角来探讨：一方面，在理论上，决策应该表现为一种民主化的决策；另一方面，在程序上，固然是一种能够找到和实行某种使利益相关者参与决策的

① 〔英〕贝尔纳：《科学的社会功能》，陈体芳译，商务印书馆，1982，第43页。
② 程新宇：《工程决策中的伦理问题及其对策》，《道德与文明》2007年第5期。

适当程序。故此，在工程活动中，简单地把个人主体当做决策主体，已经不符合当前的理论发展潮流，因为从根本上决策主体已经由“个体主体”演变为“相应的组织机构及群体主体”，这就说明了决策主体具有多重性，而不是单一的。

这两个方面直接决定着工程决策的好坏。

在决策主体的问题上，好的工程决策，显然不应单凭良好的愿望，由管理人员说了算，也不应推崇技术主义，由专家说了算，而是要跳出工程师决策还是管理者决策的狭隘圈子①，让利益相关者都参与决策，甚至成为公众决策。

在决策程序问题上，好的工程决策应特别强调决策程序的民主化。由于不同领域的人和不同利益相关者的价值观不同、看问题的立场和角度不同、拥有的信息不同、利益偏好也不同，因此通过沟通，在利益相关者的利益博弈和磋商与妥协中，既可能促成计划和设计方案的变更，也可能促进新技术或新材料的应用，还可能促成技术的改进或革新，从而避免某些伦理两难问题。这就是一种良性互动。通过良性互动、利益博弈、变更设计、更新技术或材料、沟通协调和多方妥协等方式，重新衡量收益和代价，并力求公平，努力寻求经济上、技术上和伦理上大家都可以接受的最佳方案。

程新宇认为，有两个问题必须引起重视②。第一，民主决策并不必然等于最佳决策，因此，建立一种鼓励不同意见的机制非常重要。政府部门代表有责任鼓励和重视不同意见，而不是为不同意见者设置障碍，打击批判性思维。对于来自工程专家技术层面的不同意见，要特别重视，给予充分论证和谨慎行事，避免类似“挑战者”号的悲剧发生；对来自利益相关者方面的意见和要求也要充分考虑，反复磋商，力求公平；对来自生态、环境、文化、美学等方面的不同意见，也要提高认识，有时可以采取适当增加成本的方式来避免这些问题或减少损害。第二，树立科学的风险观，建立合理的风险评估机制，尽量将风险减少到最低限度。在观念上，既要摒弃零风险的乌托邦式的观念，也要摒弃只计算经济风险不考虑其他风

---

① 〔美〕查尔斯·E. 哈里斯：《工程伦理：概念和案例》，丛杭青等译，北京理工大学出版社，2006，第147页。

② 程新宇：《工程决策中的伦理问题及其对策》，《道德与文明》2007年第5期。

险，甚至轻视弱势群体的权利的轻率观念和行为。在风险评估的方法上，“事件树形图分析法”[1] 值得借鉴。在实践中，由于对可接受风险的阈值的界定十分困难，因此，风险承担者的知情同意是必要的，公平分担和合理赔偿也是必不可少的。

工程决策对工程活动的发展方向起决定性的作用。要使工程朝着“善”的方向发展就要对工程决策进行伦理规约，分析工程决策与伦理的内在关系是对工程决策进行伦理规约的前提和基础。

齐艳霞、刘则渊从责任性、功利性、公正性及生态性四个维度入手，分析了工程决策的伦理维度，并且指出，在这四个维度中，责任性是最为重要的维度[2]。只有工程决策主体对各利益相关者及人类社会负责，才能实现工程活动的长期效益，促进社会的公正，保护生态环境。责任是工程决策主体建立自律机制和他律机制的基础。因此，工程决策主体需要依据一定的道德规范准则体系及精神上的自制力，对决策活动过程和结果作出善恶判断，并且主动对自己的过错或过失行为承担不利后果。功利维度则将功利作为衡量人类行为的价值标准，强调道德行为的实际效果，为工程决策提供了简单易行的操作标准，并且能够有效地促进社会及其经济的发展，因而也是决策中需要考虑的重要维度。在工程决策中，弱势群体的利益往往被忽略，而弱势群体利益的受损也会引起严重后果，这不能不引起人们的重视。追求公正是社会各群体的愿望。工程决策公正与否不仅直接关系到大众阶层的福祉，而且对于社会矛盾的抑制和社会的发展起着明显的推动作用，必须引起决策主体的重视。越来越突出的生态环境问题是工程决策必须考虑的又一问题。在对生态环境的破坏中，工程活动曾起到了推波助澜的作用。现代工程应以全新的面貌面对人类，面对自然。推进绿色工程，关注人类的整体利益，促进可持续发展，将人际伦理扩大到人与自然方面的伦理，是现代工程活动的发展方向，也是规约工程决策的重要伦理维度。

---

① 〔美〕查尔斯·E. 哈里斯：《工程伦理：概念和案例》，丛杭青等译，北京理工大学出版社，2006，第 147 页。

② 齐艳霞等：《试论工程决策的伦理维度》，《自然辩证法研究》2009 年第 9 期。

三　马丁的工程伦理决策策略及其启示

美国工程伦理学家马丁总结了以往工程伦理决策研究的观点，结合伦理学与现代管理理念特别是决策论，提出了解决工程中伦理困境的步骤[①]。①道德清楚，识别相关的道德价值；②概念清楚，澄清关键概念；③了解相关事实，获得相关信息；④了解各种意见，考虑所有意见；⑤合理推理，合理决策。以下按照大致的决策步骤对具体的策略进行详细的阐述[②]。

1. 识别道德问题：价值分析方法

只有在道德清楚和概念清楚的情况下，才能更好地识别出工程中的道德问题，这也是工程伦理决策问题研究的针对性所在。首先，应尽可能将道德问题条理化，并将其转化为伦理价值的冲突；然后，应用价值分析方法解决冲突。阿伦提出应用价值分析方法中的同心环模型来解释价值的排列次序[③]。

在价值分析的同心环模型中，核心价值被排列在中心，外围价值在边缘，权威价值在两者之间。这种价值排列是共识的结果，每一文化中都存在着共识性的核心价值，不同文化间的差异主要体现在这种核心价值中。在西方文化中典型的核心价值包括诚实、生命的价值、家庭之爱、尊重他人、一般公理和宗教的基本精神信仰。典型的权威价值包括政治联系、对国家的效忠、对公司的忠诚、组织宗教的联系。典型的边缘价值包括个人偏好，如流行品位、喜爱的娱乐和口味等。当各种价值出现冲突时，应优先选择核心价值。当两个核心价值发生冲突时，我们的选择取决于两个因素：一是问题境遇，即问题如何呈现于利益相关者；二是是否一种核心价值比另一种更核心。当出现核心价值冲突时，可能是出现了认知差异，这与文化背景的差异有关。

不同文化或不同生活背景中的人，对于核心价值和等级价值的排列次

---

① Allen. L. etc., *Ethics in Technical Communication*, New York: Wiley Computer Publishing, 1997, p. 24.

② 唐丽、陈凡：《工程伦理决策策略分析》，《中国科技论坛》2006年第6期。

③ Allen. L. etc., *Ethics in Technical Communication*, New York: Wiley Computer Publishing, 1997, p. 24.

序和选择方式都会有一些不同。道德冲突不是简单的对和错的问题，有很多冲突是灰色的，很难区分。价值分析方法，可以应用于工程伦理问题的识别，亦可以解决部分工程中涉及的伦理问题。但是对于更复杂工程中的伦理问题，只是进行价值分析还不够，还需要了解和掌握更多相关事实和信息。了解相关事实和获得相关信息是进行道德判断的事实依据，能使我们作出比较明智的决策。对于工程实践中的个体来说，收集相关事实材料和进行相关调查是比较困难的，这就需要利用组织的力量和制度化的措施来保证。

2. 相关事实清楚：伦理审计方法

伦理审计能确保潜在的冲突在形成之前成为技术开发过程的一部分，从而避免不必要的冲突。伦理审计是为了建立有关境遇的事实，并与相关的计划相比较，具体实施时对工程实践的每个阶段作出详细的记录，做到有案可查，并使这些事实为相关人员所知，使参与者了解情况，尽量达成一致的理解，这将确保工程项目的结果会对受关注和被影响的个体有价值，满足授权者的需要，增进社区生活质量并不会对环境造成不良影响。伦理审计对项目所作的详细记载，不仅包括开发之初，还包括在整个工程过程中被展开和改变的部分。在项目各阶段中建立伦理“文档”或数据库并定期更新[①]。

伦理审计一般包括五个阶段的内容：①人——所有相关各方的种类、责任和目标；所有相关各方的信息，包括姓名、地址等；每一组织的管理结构和关键代理人；所有主要“行动者”的责任和报告途径。②项目纪要——项目纪要的内容和定义；对所有项目部分的纪要概述，包括程序限制，应被归入伦理文档。③背景——项目的社会、政治、经济和法律参数。④项目设计——对背景之中备选方案的发展，任何关于可逆性、可持续、能源保护方面的特殊要求都应有记录。⑤执行——设计的组织和管理，项目建造与控制等。项目实际执行过程中要注意与地方社区和项目执行者之间的关系，并定期就伦理或工作情况交流。

3. 综合实施：公司伦理质量管理

综合实施是在了解各种意见并考虑所有意见的基础上所进行的合理推

---

① Armstrong J. etc. , *The Decision Makers: Ethics for Engineers*, Thomas Telford, 1999, pp. 119, 122 - 124.

理与合理决策。权衡所有相关的道德理由和事实才能达成一个经过认真推断的判断。这不是一个机械过程，不是计算机或简单运算法则能够做的。它是一种将所有相关理由、事实和价值都考虑在内的成熟结果。20 世纪 60 年代以来，在美国兴起的一种商业的“社会责任运动”提高了公司对产品质量、工人福利、更广阔的社区和环境的关注。这个运动反映在“利益相关者理论”之中：公司对所有与公司利益攸关的群体都负有责任，包括雇员、顾客、经销商、供货商、地方社区和普通公众①。为了确保好的工程、好的商业和好的伦理会合在一处，对于工程和公司来说，形成“道德联盟”是非常必要的。当专业人员、所在公司、客户和一般公众的目标相适合时，工程设计才有可能在质量和社会责任方面俱佳。那么，什么样的伦理决策才能增强公司的社会责任呢？朱里亚德认为，需要将技术的发展和应用视为社会过程中的一部分，不能只是通过有关伦理准则的个人视角来讨论工程伦理问题。一种将伦理决策制度化的伦理质量管理方法②体现了在增强和培养伦理决策可能性的过程中项目管理与责任分配的关系，它将全面质量管理方法调整于伦理反思过程中。这种伦理质量管理试图通过定义技术开发和应用过程中相关各方的伦理责任，在理论和实践之间开辟一条道路。将技术与社会的关系转化为企业产品与市场的关系，使抽象的问题具体化，以顾客满意为中心价值来改变技术管理范式。伦理质量管理旨在将全面质量管理的范围扩展到有关一个公司的社会意义，或多或少地从一种股东的视角转向更大范围利益相关者的视角。

在伦理质量管理的视野中，工程中的伦理冲突可以区分为商业惯例的冲突和工程伦理冲突，它们要求不同的解决策略。商业惯例的冲突是指社会规范框架不受影响和价值选择清楚的境遇类型。在这种情况下不需要反思新的伦理范畴或策略，冲突可以由经典的价值分析方法的区分次序和通过直接的伦理规则来解决。商业惯例意味着对于竞争价值的判断，伦理决策是基于规则和优先次序的策略。工程伦理冲突是指开发新技术和技术创新过程中带来的新问题，这些问题不是简单应用优先规则就能解决的，它

---

① Martin Mike W., Roland Schinzinger, *Ethics in Engineers*, The Megraw-Hill Companies, Inc., 2005, p. 23.

② Julliard, Yannick, “Ethics Quality Management”, *Techne*: *Journal of the Society for Philosophy*, 2004 Fall, http: //scholar, lib. vt. edu/ejournal/SPT/v8nl/julliard html.

需要反思伦理价值和策略本身，并且有可能涉及对伦理理论的反思。在这种情况下，所有的冲突都会影响到社会规范的框架，或是使第三方卷入冲突。这需要社会群体参与到解决冲突的过程中，冲突不能由公司单独来解决。这需要一种跨学科的反思和决策，需要进一步发展社会规范框架和开发技术来获得合理的解决方案。这表明了工程师要参与到政治决策过程中，因为这种工程伦理冲突需要社会参与。

伦理质量管理通过公司高层管理者建立社会可接受的企业文化，来解决商业的冲突。对于工程伦理型的冲突，公司要参与到社会冲突解决过程中，包括向社会通报技术创新可能产生的新问题，告知政策制定者和社会成员新技术可能带来的益处和风险。此时的设计工程师们实际上承担了在更大范围内对技术设计进行社会和伦理反思的任务①。

第二节　工程实施伦理分析

工程活动的核心在于实施即工程设计、招投标和施工，有必要从这三个方面研究工程活动中的伦理问题。

一　工程设计中的伦理意蕴

“设计”一词源于拉丁语“designare”，其意思是“标出”（mark out），是指足够详细地说明某一物质对象以便能够把它制造出来，也就是指行动的程序、细节、趋向以及达到某种新境界的步骤和过程。广义地讲，所谓设计是指运用科学技术知识和实践经验，通过分析、综合与创造，形成满足某种特定功能系统的一种活动过程。设计包括改造、创造发明的思维、拟订计划、改造计划、安排活动等内容，其涉及的领域非常广泛。“设计”是人类有目的的活动，是人类特有的能动性的表现。马克思曾指出：“蜜蜂建筑蜂房的本领使人间许多建筑师感到惭愧。但是，最蹩脚的建筑师从一开始就比最灵巧的蜜蜂高明的地方，是他在用蜂蜡建蜂房以前，已经在

---

① 唐丽、陈凡：《工程伦理决策策略分析》，《中国科技论坛》2006 年第 6 期。

自己的头脑中把它建成了。”

什么是工程设计？关于工程设计的定义曾先后有不少人从不同角度研究过，莫里斯·阿西莫曾作过这样的概括：工程设计是“以满足人类需要——特别是可以用当代文明的技术因素来满足的需要——为目标的有目的的活动”。这个定义突出强调了三个方面的内涵，即有目的的活动，以满足人类需要为目标和基本技术因素。工程设计就是运用科学技术知识和实践经验，根据预定项目的需要，以及环境限制条件，创制技术开发的构思图纸和说明书的有目的的活动。工程设计是人类创造物质文明的活动，它伴随着人类文明的起源和发展，并受自然、社会环境的科技发展水平的制约和社会需求的推动。工程设计是工程技术工作的中心环节。

美国著名工程伦理学家卡尔·米切姆（Carl Mitcham）通过对比工程设计与工匠设计，指出工程设计是为了省力（主要是物理上的力）而费力（主要是精神上的“费力”）。工程设计是这样一种努力，即在已有知识的基础上，在思维中解决在所要制造的物品里和/或生产该物品的过程中节省劳动（以及材料和/或能源）的制造问题[①]。当代美国权威工程教育家史密斯（R. J. Smith）在《作为职业的工程》（1983 年，第四版）一书中，给工程下的定义是：“工程是为了人类的利益应用科学实现自然资源的最优转化的艺术。”“以最优的方式构思和设计结构、装置或系统以满足特定条件，这就是工程。”他强调指出：“正是对效率和经济性的期望使陶瓷工程区别于制陶工的工作、纺织工程区别于纺线织布（weaving）、农业工程区别于农耕（farming）。”史密斯还进一步指出：“在广义上讲，工程的实质是设计，即在头脑里计划出一个将有效地解决问题或者满足需要的装置、过程或系统。”实际上，几乎所有关于工程的导论性质的教材或者论文都把设计视为工程的核心（essence）。在工程高等教育中，关于设计的课程是其精华和顶峰。

陈凡认为：“在工程哲学的解读中，设计是包括人的思维、想象、目的、意志及手段等采取的计划过程。”[②] 可见，设计是一种带有目的性的人类思维活动。由于目的性的存在，客观地决定了设计活动必然具有伦理意

① 朱勤：《米切姆工程设计伦理思想评析》，《道德与文明》2009 年第 1 期。

② 陈凡：《工程设计的伦理意蕴》，《伦理学研究》2005 年第 6 期。

义，必然涉及对实现目的所需要采取的手段的道德伦理考量，关涉目的的正当性及触及目的的道德意义。如果把设计与人类应用技术服务人类的实践活动相联系，设计的结果又同样显示出设计的伦理意义。也就是说，人类按照这样的设计去行为，就会对人与自然、人与人及人与社会的关系产生某种影响。

1. 工程设计的伦理旨趣

工程是技术的应用和使用技术建造人工物的过程。设计作为工程的起点同时也是技术过程性的体现，设计不是单独的个人行为，而是富有文化意蕴的社会性的系统行动。

（1）工程设计的价值诉求。工程设计首先以人类的认识思维活动来展现价值诉求，它既有目的性，同时也具有预见性。李世新的研究表明，工程风格影响工程设计。工程和工程设计是一个决策过程。设计者在设计过程中的任何一点上都有选择的余地，而作出任何选择都需要标准，这就涉及价值决定。所以，设计仍然是一门艺术而不是严格的科学或完全客观的，它还带有许多个人的、文化的未言明的关于如何完成特定设计目标的假定。这些假定便构成一种工程风格。不同国家、不同文化的价值观会导致不同的工程风格，作出不同的方案选择，从而影响到最终的产品。例如，瑞典的沃尔沃（Volvos）汽车造得像坦克一样结实，因为斯堪的纳维亚文化重视保护性和系统的安全性（这在他们完善的社会福利系统中得到体现），而意大利的法拉利（Ferraris）汽车则突出机动性，因为意大利人喜欢通过采取个人行动来保证安全（他们的社会保障系统不健全也反映了这一点）[①]。

任何一项工程都是具有目的的过程，而目的的设定本身又是设计的起始和动因。以此推导，可以得出“是什么决定了目的”的问题；此种目的是否正当及符合事物发展的规律；如果按照这种目的来进行工程设计，产生的结果及社会影响的价值意义又会如何。这样一些伦理问题表明，工程设计是有伦理意义的计划活动。目的与手段是对立统一的关系。目的决定手段，手段又必须服从目的。一定的目的必须通过一定的手段才能实现，

① 李世新：《工程伦理学及其若干主要问题的研究》，中国社会科学院研究生院博士学位论文，2003。

目的与手段的一致性是人类工程设计伦理行为选择的根本要求。而要做到两者一致就必须坚持将价值原则渗透到工程设计活动的全过程之中。具有价值因素的工程设计目的则在工程实践的全过程中规定工程设计的手段的采取，从而在工程实践的结果上表现出价值的终极目标。

（2）工程设计的伦理精神。工程设计是富有人类文化的精神活动，这是人类的目的性行为区别于动物的根本之处。一般地说，动物也有“计划性”的行为模式，如蜜蜂造出“六角形”的蜂房、蜘蛛吐丝结网等，但这些行为并非出于意识，表现为一种精神活动，而不过是动物本能的展现。人类的意识现象是社会存在的产物，意识是客观事物在人的主观头脑中的影像，离开社会存在的决定和影响，人类的意识就不会产生。

工程设计在表现人类的目的性和计划性的同时，也紧密地与社会发展的文化因素相结合，它在人工建造自然的过程中既包含着社会需要和社会利益，同时也展现着人类的器物文化和精神风貌。历史上许多著名的工程如埃及的金字塔、中国的万里长城，都是世界文明和文化的辉煌成就。对人类社会的“现代文明有重要意义的并不是天然自然的状况，而是自然的人工化和人工自然的创造，也可以说，文明化与人工化是成正比的关系”①。

任何一项工程设计本身都蕴涵着社会文化和人类文明的精髓。工程设计的文化意涵其实质是社会伦理精神的展现，这种社会伦理精神既表现在通过工程的建造所创造的新文化之中，又是对已存文化的肯定和继承。工程设计理念绝不是在创造“新文化”时破坏“旧有文化”，这一点恰恰是人类文化和文明延续和发展的历史继承性和发展性的体现。

2. 工程设计的道德原则及标准

工程设计的伦理原则是贯穿于工程活动全过程的根本的行动指导准则。生态保护原则是工程设计伦理的基本原则，工程设计的伦理评价标准是“以人为本”的人文主义精神②。

（1）“保护生态”是工程设计伦理的道德原则。工程设计的生态保护伦理原则旨在具体指导人类协调人与自然的关系。人与自然是相互依存

---

① 陈昌曙：《技术哲学引论》，科学出版社，1999，第62页。

② 陈凡：《工程设计的伦理意蕴》，《伦理学研究》2005年第6期。

的，人类是自然界的改造者，也是自然界的一部分；人对自然的依存通过人类的主观能动作用，在改造自然的同时控制自然，为人类服务。正因为人类在自然面前具有主体地位，同时人类对自然具有能动作用，使得技术成为改造物质世界的决定力量。工程作为技术的应用和实践，在展示技术力量的同时，则从更高的意义上展示出人类的无穷智慧和人类的道德责任和精神。

（2）“以人为本”是工程设计伦理的主要评价标准。工程设计伦理评价首先是对工程设计的行为进行评价。工程设计主体在今天已经与过去有较大不同，这是技术本身及技术的应用变化所引起的。如果说在“技术时代”工程设计主体主要是指工程师，那么在“高技术时代”，由于工程具有复杂性和系统性，工程设计主体应该是工程师团队及与决策相关的运筹管理者群体。工程设计不仅关注技术方法设计和图样设计，还应该包括运筹决策在内的为实现目的的手段的设计，包括工程建造过程中的手段与目的统一的行为选择设计。这样，责任就内在地融入工程设计之中。总之，开展工程设计伦理价值评价，就要清楚工程设计主体是否应该承担责任、应该承担什么责任以及怎样承担责任。而要解决这样的问题，工程设计主体必须清楚工程设计要坚持“以人为本”的标准，利用客观规律为人类的正当需要和目的服务。

二　工程招投标的伦理考量

在工程招投标的过程中，也客观存在诸多伦理问题。由于我国市场经济尚不完善，没有全国统一的建设工程产品交易市场，竞争不够充分，招标人与投标人之间、投标人与投标人之间存在严重的信息不对称性，因而在招投标过程中，必然会出现违背伦理的败德行为。

黑格尔曾说过：“伦理的东西不像善那样是抽象的，而是强烈的现实的。”在工程招投标过程中，也存在实实在在的伦理问题。工程项目建设推行招投标制，在我国已有近30年的历史了，招投标已成为建设市场的主要交易方式。1999年8月30日第九届全国人大常务委员会第十一次会议通过了《中华人民共和国招投标法》。2000年，国家发展计划委员会颁布了《工程建设项目招标范围和规模标准规定》。2003年国家发展计划委员会联合建设部、铁道部、交通部、信息产业部、水利部、民用航空总局颁布了《工程建设项目施工招投标办法》。法律法规的实施使工程招投标逐步走向规范化。但是，由于我国市场经济尚不完善，全国统一的建设工程市场尚未建立，竞争不够充分，工程建设管理体制还不完善，因此在工程招投标过程中，还存在许多违背伦理的败德行为，如避标、假标、串标、陪标、舞弊、行贿受贿等现象时有发生。这些败德行为严重影响了工程招投标的公正性与合理性，制约了建设市场的有序发展。因此，在工程招投标过程中，需要有些相互有联系的、有约束力的准则、价值、理想与目标。

1. 工程招投标中的伦理追求

在工程招投标过程中，招投标双方应遵守公平、公正、公开和诚实守信的基本伦理道德。只有这样才能规范招投标工作行为，规范经济秩序，促进工程活动的良性发展。

对招标人而言，凡是符合国家或地方有关法律规定的招标项目，都必须进行招标，不得将项目化整为零或以其他任何方式规避招标。招标人不得限制或歧视投标人的地区或部门。招标人应当如实载明与招标项目有关的必要的信息。招标人不得私下与投标人或评委会成员串通，进行投假标、陪标、受贿等不法行为，也不得向他人透露已获取招标文件的潜在投标人的信息。标底必须严格保密，评标必须在严格保密的环境下进行。

对投标人而言，应如实编写投标文件，文件中的有关内容必须真实可靠。投标人不得相互串通，相互传递信息，不得排挤其他投标人的公平竞争。投标人不得与招标人及评委会成员私下接触，搞舞弊行为①。

此外，评委会成员应当客观、公正地评审，并严格保守秘密；不得与投标人私下往来，更不得收受投标人的财物。招标代理机构也应当对与投标活动有关的情况和资料加以保密，不得与招标人、投标人串通，搞舞弊行为。

2. 工程招投标过程中的败德行为分析

“从经济生活领域来看，利益是道德的基础。”在工程招投标过程中，

---

① 付晓灵、张子刚：《工程招投标中的伦理及经济分析》，《工程建设与设计》2003 年第 10 期。

如果双方没有利益基础就谈不上遵守道德了。招标与投标是一种特殊的交易活动，在这种特殊的交易活动中，双方的利益目标是不同的。招标人希望以合理的标底获得最优的中标单位；而投标人则希望以最接近标底的报价，以最低的成本中标。招投标双方在利益目标上既有一致性又有矛盾性。从某种程度上看，双方都希望交易成本最小化、利益最大化。但双方的利益内容却不同，如在合同的实施过程中，中标人的收益是招标人的支出，即双方的利益目标存在对立性。在招投标中，双方都希望交易公平合理，但是，由于双方所处的地位不同，竞争机制不健全，交易市场还存在某些弊端，因而双方对公平交易的理解及倾向有所不同。招标人认为公平合理的，投标人不一定认为合理，反之亦然。中标人希望从中标项目中获得期望的收益，而招标人则希望项目建成后从项目的经营中获益。在招投标过程中，双方的竞争地位也是不平等的，对招标人而言，竞争和风险较小，有多个目标可供选择。但投标人则存在与竞争对手之间的激烈竞争和风险。

此外，在整个招投标过程中，存在着严重的信息不对称。例如，标底、资金筹集情况、评标委员会成员、潜在的投标人信息等，只有招标人知道，而这些信息在一定程度上又影响了投标中标率。又如，投标人的技术力量、经验、资金垫付能力、信用等级等信息招标人也不十分清楚，只有投标人自己清楚。此外，投标人之间也存在信息不对称性。每个投标人对招标工程的相关信息的了解程度是不同的，投标人的技术力量、资金力量、经验、投标技巧等只有各投标人自己清楚，其他投标人也不十分清楚。在这样的环境下，投标人为了中标，招标人为了满足某些个人的利益，违背伦理的败德行为就可能产生。

3. 工程招投标过程中败德行为的博弈分析[①]

（1）投标人败德的博弈分析。假定有两个投标人参与投标，分别是投标人 A 和投标人 B，双方只进行一次交易。双方的目的是相同的，即在投标中中标。因此，假设双方有两种行动的决策，即实事求是、公平竞争和采取不正当的竞争手段——舞弊——参与竞争。又假设 A 和 B 都选择不舞

① 参见付晓灵、张子刚《工程招投标中的伦理及经济分析》，《工程建设与设计》2003 年第 10 期。

弊即诚实策略时需花 8 个单位的成本，获得中标的可能性均为 50%（定量化为 50 单位的收益）。在一方不舞弊另一方舞弊的情况下，舞弊的一方获得中标的可能性为 70%（定量化为 70 单位的收益），需花 10 个单位的成本，不舞弊的一方获得中标的可能性为 30%（定量化为 30 单位的收益），需花费的成本仍为 5 个单位。若双方都选择舞弊，则获得中标的可能性也均为 50%，花费的成本均为 10 个单位。根据以上假定，我们可以得出下面的支付矩阵（见图 5－2）。

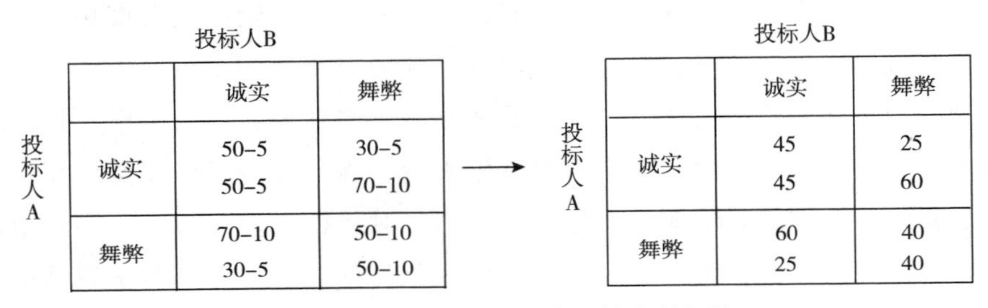

投标人B

投标人A	诚实	舞弊
诚实	50–5 50–5	30–5 70–10
舞弊	70–10 30–5	50–10 50–10

→

投标人B

投标人A	诚实	舞弊
诚实	45 45	25 60
舞弊	60 25	40 40

图 5－2　投标人与投标人间的支付矩阵

现在来寻找 A、B 双方的纳什均衡。假定 A 诚实，B 的最优选择是舞弊，因为舞弊可以获得比诚实更高的收益，此时收益为 60 单位。同样，假定 A 舞弊，B 的最优选择也是舞弊，获得 40 单位的收益。又假定 B 诚实，A 的最优选择是舞弊，可获得 60 单位的收益；假定 B 舞弊，A 的最优选择也是舞弊，可获取 40 单位的收益，于是双方的纳什均衡就是（舞弊，舞弊）。由此可见，在信息不对称下的招投标过程中，投标人很容易采取败德行为。

（2）招标人败德的博弈分析。假定 R 是招标人，现选定一个投标人 A 与其进行博弈。R 需要 A 的“产品”，A 又需要从 R 那里获得项目，他们需要进行一次交易。假定他们都诚实，本着实事求是、公平合理的原则进行招投标，则 R 可获 100 单位的收益，需支付成本 20 个单位，A 可获收益 50 单位，需支付成本 5 个单位。若一方诚实，另一方舞弊，则情况是：若 R 舞弊、A 诚实，R 可获 120 单位的收益，需支付成本 15 个单位，A 可获 50 单位的收益，需支付成本 5 个单位；若 A 舞弊、R 诚实，A 可获 70 单位的收益，需支付成本 10 单位，R 可获 100 单位的收益，需支付成本 20 单位。若双方都舞弊，则 R 可获 120 单位的收益，需支付成本 15 单位，A

可获 70 单位的收益，需支付成本 10 单位。根据以上假定，可得如下的支付矩阵（见图 5－3）。

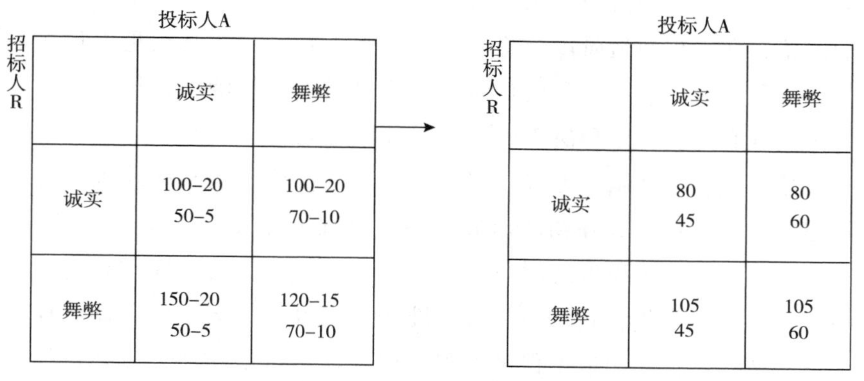

图 5－3　招标人与投标人间的支付矩阵

现在来分析 A 和 R 之间的纳什均衡。假定 R 诚实，则 A 的最优战略选择是舞弊，获 60 单位的收益。假定 R 舞弊，则 A 的最优战略选择也是舞弊，获 60 单位的收益。即不管 R 怎样行动，A 的最优选择都是舞弊。同样，假定 A 诚实，则 R 的最优战略选择是舞弊，可获 105 单位的收益；假定 A 舞弊，则 R 的最优战略选择也是舞弊，可获 105 单位的收益。即不管 A 怎样行动，R 的最优战略选择都是舞弊，所以说 A 和 R 之间的纳什均衡就是（舞弊，舞弊）。

综上所述，在工程招投标过程中产生违背伦理道德的败德行为不仅有人的本性、价值取向和双方经济地位的原因，还有更深层次的经济博弈的原因。因此，必须建立约束机制，以约束招投标过程中各方参与者的行为，使招投标工作真正规范化，真正体现公平合理的交易。

三　工程施工中的道德深思

工程的本质是人类各种利用和改造自然的群体性造物活动方式的总和，是人的本质力量的彰显。工程建造迄今经历了三个阶段：起步阶段、成长阶段、成熟阶段。工程建造是工程活动和工程系统的核心单元或环节，作为工程的实施阶段，也是最复杂、最突出的工程实践活动。工程作为人类开发利用自然、改造自然的造物活动，是依靠工程建造来实现的。

工程决策、工程设计和工程评价都是围绕工程建造来开展的。工程建造作为工程的实施阶段，是最突出、最复杂的工程实践活动，也是人力、物力和财力最集中的阶段。从造物意义上讲，工程决策或工程设计不算工程的开始，在工程建造阶段，签署工程开工报告，这才真正是工程造物的开始，工程作为人类开发利用自然、改造自然的造物活动，得以依靠工程建造来实现和完成。工程决策、工程设计只是处于一种知识或观念形态的精神产品、思想、文献、方案或图纸，它们的价值和构想必须也只有通过工程建造这一造物（存在物的形成）活动过程才能展现出来。换言之，工程即为物质要素和知识形态的统一，是人与自然、社会之间进行物质、能量和信息变换的载体，其核心是将二维变成三维、方案变为实体或存在物的建造活动和过程。如果工程决策和工程设计不付诸建造，就是再好的决策和设计也只能是纸上谈兵。在工程实践中，唯有工程建造（特别是大型工程）时间跨度长，风险繁多，影响面广，责任重大，工程建造不允许产生“失败工程”，工程失败就意味着罪孽，所以必然要引起政府和工程界的高度重视。工程评价作为工程的最后一个过程单元或环节，主要针对工程过程、工程实体或存在物作出评判，旨在总结经验，吸取教训，为同类工程或后续工程提供依据。

任何一个工程建造活动都在一定的约束条件下实施，这对工程成功与否至关重要。没有无约束的工程，其约束条件主要包括：时间约束，即建设工期目标；资源约束，即资金、材料、设备等投入目标；结构安全和使用功能约束，主要是指质量目标和水平（如合格工程、优质工程），预期的生产能力等；费用约束，即成本或投资控制目标、效益指标；安全约束，即工程安全指标；环境约束，即环保目标。

应该看到，作为造物活动，工程建造涉及工程科学、工程技术及管理原理指导和应用最多、最集中的工程活动领域，没有工程科学技术的指导和应用，工程就不可能全面实现其目标，就很难建成建好。以土木工程为例，这里所指的工程科学主要有材料力学、理论力学、结构力学、流体力学、工程测量学、房屋建筑学、水工学、土力学、项目管理学、工程经济学等。工程技术主要指工程形态中的技术、工艺、方法和技巧，它不是技术的简单堆砌，而是系统集成技术，是集成技术的综合应用，如高性能混凝土、钢结构焊接工艺、预应力施工技术、大跨径桥梁悬臂浇筑技术、

GPS定位技术、工程网络计划技术、盾构法、CAD设计与CAM制造技术、智能建筑工程检测、液压自动爬模技术、信息化标准技术、高边坡防护、地下工程自动导向测量技术、防渗堵漏技术等。可以说，现代工程凝结了相当高的工程科技含量。反过来说，工程科学和工程技术的应用又往往是以工程为依托的，离开了工程实践活动，工程科学和工程技术就成了无本之木、无源之水，工程科学技术理论和方法只有运用于工程实践活动中才能得以检验和发展。从哲学上看，这是一个认识和实践的辩证关系。从这个意义上讲，工程与工程科学和工程技术密不可分，工程与工程科学和工程技术的这种紧密联系反映了科学技术工程一体化，反映了工程与科学技术的融合、统一及互动作用。

现代工程是一个多目标、多变量、多输入、多输出、多参数、多干扰的复杂系统，具有复杂系统共同的规模庞大、结构复杂、功能综合、因素众多等性质，况且工程又要遇到一些难题困扰，如不确定性、不确知性等。因此，怎样找到解决上述这类复杂系统难题的路径和方法，如何对工程这样的复杂系统进行控制、管理，就成为了工程建造的主要任务。

具体而言，在工程建造阶段，要着力对工程质量、进度、费用、安全和风险进行控制。工程控制的目的就在于对工程的物质流、能量流、信息流、资金流等通过信息方式进行定性分析和定量分析、监控、纠偏、调整及优化，使工程始终处于一种受控状态，最终实现工程目标。具体地说，工程控制通过反馈进行闭环控制，控制者了解和掌握被控对象的运行状态、变化特性；比较控制的目标值与实际值，了解和掌握施控作用的效果；分析控制过程的运行品质；判断控制目的是否达到；从而进一步修改、校正控制参数或目标值，改善控制过程品质，提高控制效果，达到预期控制目的。概言之，工程控制就是对工程的被控对象、影响因素所进行的控制。工程控制贯穿于工程建造的始终，在工程建造活动和过程中的意义尤其突出。现代工程控制需要应用和吸收包括哲学、运筹学、控制理论、大系统控制理论、计算机科学与技术、信息论、系统工程学、协同学、复杂科学、行为科学、人工智能等在内的多学科理论知识。

我们经常讲，工程是社会的工程，现代社会是契约社会，在工程建造活动中，许多工程涉及的经济关系、社会关系要通过法律来调整和规范，以保持正常的工程秩序和良好的法治环境，合同关系也是一种法律关系。

工程建造过程涉及业主、投资商、承包商、分包商、咨询单位、设计单位、监理单位、政府职能部门、材料设备供应商及相关者（如运营商）等，工程参与者众多，他们是不同的利益主体，有矛盾有冲突，其关系既对立又统一。为了有效实现工程总目标和子目标，各主体及当事人都要通过签订合同来明确其双方的权利和义务关系。一般来说，工程所涉及的合同数量较多，如一个大型工程各种合同可达数百上千份，必须加强合同管理和组织协调。严格履行合同是保证工程建造顺利进行的重要措施，在当今社会，一个没有合同约束的工程建造活动（尤其是大型工程）其结果是很难想象的。

工程通过"人的群体性实践活动"表现出来，单靠一个人或少数人是无法完成的，任何一项工程建造活动都需要大量的工人（技工、技师）、工程技术人员（包括建造师、研发工程师、造价工程师、质量工程师、安全工程师、设备工程师、监理工程师）、管理人员（如人事管理师、会计师、经济师）、后勤保障人员及相关人员等在项目负责人（或机构）统一指挥下，严格分工和协作，大规模协同配合工作。工程强调组织和管理的作用，对管理的要求更高、更严格，特别讲究团队精神和团队建设，工程凝聚了众多单位和人员的智慧、劳动和心血。例如，曼哈顿工程仅参与的科技人员就有15000人，阿波罗登月工程达20万人，三峡工程有近10万建筑大军参与建设，100万移民动迁。工程管理既包括人或人—机的管理，也包括物的管理、资金的管理，还包括时间的管理等。

为了从整体上提高工程建造项目管理能力，在土木工程等工程领域（涉及14个专业），我国也与国际接轨，从2008年2月起在大中型工程项目中全面实行国家注册建造师执业制度，规定工程领军人物——项目经理——必须从取得国家注册建造师资格的工程技术人员中选任，促使项目经理真正成为懂技术、会管理、善经营、精法律、通外语、具有相当理论素养和实践经验的复合型帅才，逐步诞生一批新一代的工程家，推进国家工程造物水平跃上新的高度，跻身世界工程强国行列。

马克思指出："哲学家们只是用不同的方式解释世界，而问题在于改变世界。"工程建造就属于改变客观世界和人的主观世界的"实践哲学"，是一本打开人的本质力量的书，这本书需要我们认真研读并有所创新。

第三节 工程运行伦理分析*

工程实施阶段结束之后，作为工程目标或者蓝图的项目即作为模式被创造了出来，这个模式不能仅仅只局限于实物的存在，更大程度上是一种性质的规定和确认。往往在一般的意义上工程实施阶段结束之后，人们就认为工程已经完工。但是，同样是完工，由于工程项目自身性质的不同，其后对工程本身的使用、管理便会有极大的不同。一类工程完工以后即交付使用，工程实体不再从事直接的生产功能，如博物馆、住宅、体育场、公路、桥梁等都属于此类。另一类工程在工程实施阶段结束之后，其交付使用不像前述工程那么直接，它必须通过调试并以能够完成特定的生产任务和目的为其指向，工程实体一般要承担直接的生产功能，如工厂的生产线、发电厂、大型水坝等都属于此类。这样，由于要涉及直接的生产任务，这类工程就必然要管理有序、顺畅运行。如何协调工程顺畅运行中的多种价值因素，就是工程运行伦理所要处理的问题。

一 工程模式及其伦理问题

1. 工程模式的分类

如果把工程完工后不再进行生产的工程实体称为静态的工程，那么把工程完工后必须进行特定的生产活动的工程实体称为动态的工程。工程模式主要是针对工程项目在实施阶段结束之后，实体投入使用后的行为状况来划分的。只有那些属于动态模式的工程实体，才涉及一系列运行过程，对运行过程中不同层面的价值选择和道德追问使得关于工程运行的伦理得以凸显。当然，即使是所谓的静态工程，也牵涉了维护和日常使用的问题，但相比于动态的工程，道德伦理的论域要简单得多。进一步来说，区分静态工程和动态工程的一个主要标准在于工程实体是否有新的生产功能。

* 参见梁军《刍论工程运行伦理》，《自然辩证法研究》2007 年第 10 期。

工程运行的伦理广泛地存在于现代产业活动之中，凡是有产业行为，就必然有工程运行伦理。所以这个问题与产业模式的联系非常密切，因为产业的具体模式与该工程在决策、实施阶段之后的产物——工程实体——紧密相关，不能也无法割断工程运行阶段的产业模式与工程实体产生之前的决策阶段、实施阶段道德指向一脉相承的延续性。因此，研究工程运行阶段的伦理问题，须从现代产业模式及其历史发展开始。

2. 产业模式及历史沿革

真正意义上的大规模的产业活动发端于工业革命之后。由于动力技术革命性的变化，人类从人力、畜力、有限的风力和水力的利用到突破时间、空间限制的蒸汽机动力的全面应用，拉开了第一次工业革命的帷幕。自此给工程活动突破个人和小作坊的局限提供了动力条件，工程活动走向工厂化、规模化、机械化，从而也实现了产业化。有学者认为，在最近100多年的世界经济和产业的发展中，产业方式出现了两个具有历史意义的“分水岭”，产生了三种不同类型的“产业模式”。

首先，第一次工业革命之后，现代工厂制度逐步建立。现代工厂制度下的产业模式的主要特点是，生产的规模扩大了，机器操作代替了手工加工，生产活动的主导模式是工人使用机器进行单件产品的加工制造。于是，这种产业模式要求更多技艺精湛的全能型技术人才和劳动者，只有这样，才能利用有限的机器、有限的材料，多快好省地制造出合格产品。

其次，20世纪初，自从“福特制”把流水线作业革命性地引入现代工厂之后，独具特色的流水线作业的“摩登时代”来临了。伴随“福特制”的流水线作业，对技艺精湛的全能型工匠的要求发生了变化，这种作业方式只要求对某一个工序熟悉的工匠，而且随着机械化、自动化程度的提高，对其技艺的要求越来越低。每一个劳动者都演绎为流水线上的一颗螺丝钉，重复化、简单化、密集化和高强度是这种产业模式的主要特征。在大规模的流水线生产中，工人只承担了非常简单的作业任务，只需要很低的技术水平和能力就可以上线工作。德鲁克曾经这样说：“19世纪的没有技术的工人只是一个辅助工。他是真正的工人的必要助手，但没有一个有技术的人会把他叫做‘工人’。”“真正的工人，乃是具有一切能工巧匠的自豪感、理解力，以及技术和身份的匠人。”可是，在福特制的生产模式中，“没有技术的机械式操作的工人是真正的工人。能工巧匠倒成了辅助者”，流水线上的工人“既不懂得汽车工作的原理，也不拥有别人几天之内学不会的技术。他不是社会中的一个人，而是一台无人性的高效率的机器上一个可随意更换的齿轮”①。

再次，20世纪60年代末，由于“精益生产”、“灵捷制造”的出现，进入了现代工厂的“后福特制”时代。在“后福特制”的生产模式中，由于必须依赖劳动者专业性知识和能力的长期积累，于是，又大幅度地提高了对工人操作水平的要求。从古代的手工作坊工匠到现代的产业工人，从福特制下的工人到后福特制下的工人，再到未来生产模式和未来社会中的工人，工人在社会中的地位和作用以及工人自身的“水平”和特点，都在不断变化。于是，由于主体在变化，在变化着的主体主导下的工程运行及其伦理要求便有了不同的特征。

3. 工程运行及伦理问题的焦点

（1）工程运行过程中的伦理要求及其协调。在以生产为目的的动态工程的运行过程中，不同的生产目的，便决定了不同的产业类型。但是，不管怎样的产业类型，其基本的运行模式都具有一定的伦理上的可通约性。譬如，在原材料和能源动力、人力资源的安排使用等成本控制上，节俭原则无疑是一种道德要求。不管怎样的大公司和企业，都不会以浪费为合理。同时，在生产过程中，不同环节和程序之间的协调、配合要符合效率要求，如果运转效率低下，必然导致产能低下。还有投入产出比的最大化、固定设备的加快折旧等都是现代产业工程运行中的伦理要求。这些伦理要求都具有一个共同的指向，即利益的最大化。

同样，这些不同的伦理要求也会产生冲突，比如当我们强调效率的时候就可能加大成本，加快折旧的时候就可能要加大工人的劳动强度，等等。所以，工程运行过程中的诸多伦理要求要互相协调，协调的表层标准是经济利益的最大化，因为现代社会是经济高度发达的社会。但是，经济利益仅仅只是工程运行中不同伦理要求协调的表层尺度，工程运行中人与人、人与社会、人与自然的和谐才是所有伦理要求统一的根本准则。

（2）工程运行伦理的焦点是运行顺畅。在工程运行阶段，有各种不同环节的伦理要求，不管这些伦理要求如何协调和统一，都有一个最大的道

① 〔美〕德鲁克：《工业人的未来》，黄志强译，上海人民出版社，2002，第84页。

德要求即运行过程中的焦点伦理：工程的运行顺畅。如果工程运行停滞了，那么所有的节俭、高效、折旧等问题就没有了基础。所以，工程的顺畅运行是工程运行伦理的焦点。只有工程正常运行，工程运行中的道德反思才有意义，否则，所有的关于道德的思考都丧失了现实基础。如果一个工厂倒闭了，我们再探讨如何增强安全生产和提高劳动效率都是没有意义的。也正是在这个意义上，我们说运行顺畅是工程运行伦理中的焦点。

二　工程运行中的伦理主体及其职能

在动态的工程亦即产业运行的过程中，每一个伦理要求都指向不同的人员，这和传统伦理学有着很大的区别。比如，就运转顺畅、提高效率的伦理要求而言，不光是负责机器操作的工人有责任，原料供应、能源动力提供维护等方面的人员都有责任。在传统中，伦理学中的主体都是“个人”，但是在工程伦理的研究领域里，伦理学的主体却发生了从“个人”向“团体”的飞跃。在工程运行的系统考察中，这种特征尤其明显。在工程运行过程中，其伦理主体涉及投资人、工程设施管理者、操作者、采购与销售人员等，甚至与工程周边的居民、生态环境变化等也具有紧密的关系。

1. 工程运行中的伦理主体的范围及职能

有些学者在研究和分析工程伦理问题时，提出了在伦理主体问题上从“个体”到“团体”变革的重要意义。尤纳斯认为：“我们每个人做的，与整个社会的整体相比，可以说是零，谁也无法对事物的变化发展起本质性的作用。当代世界出现的大量问题从严格意义上讲，是个体性的伦理所无法把握的，‘我’将被‘我们’、整体以及作为整体的高级行为主体所取代，决策与行为将‘成为集体政治的事情’。”[①] 美国学者理查德·德汶（R. Devon）更直接而尖锐地批评了传统的个体伦理学（individual ethics）的局限性，提倡进行与个体伦理学形成对照的社会伦理学（social ethics）的研究。他批评一些学者在研究工程伦理问题时“总把问题归结为个别的工程师的困境”，指出应该把对工程师个人伦理困境的研究作为一个起点，

① 甘绍平：《应用伦理学前沿问题研究》，江西人民出版社，2002，第5页。

而不应把对个体伦理学的研究当成伦理学研究的全部内容[①]。当前许多西方研究工程伦理学的学者都意识到，如果不超越个体伦理学的樊篱，工程伦理学的大厦就无法建立。据此，我们全面分析动态的工程在运行过程即产业化过程中的伦理主体，一般至少存在以下几个方面：投资人、管理者、工程师、操作工人、后勤保障、原料供应及市场营销等环节。作为投资人，要为工程运行筹集和准备足够的资金，足以支付原材料的供应款项和人员工资、能源动力费用等。

作为管理者，要在生产管理、人员管理、统筹管理等方面合理安排，运转有序。作为工程师，要根据客户和市场的需要设计科学的产品，并在产品的发展上不断创新，提高性能，降低成本。

作为操作工人，要立足岗位，不断提高技术水平，提高产品合格率。作为后勤保障部门应该围绕生产部门的需要，提供全方位的保障服务。作为采购和销售人员应该保障供应足够连续生产需要的原料，同时努力开拓市场，使产供销良性循环，提高资金利用率等。这些不同环节的职能要求其实是一种保障产业系统或者工程运行运转有序的伦理要求。把它系统化就是工程运行伦理的主要内容，这些内容一致指向工程运行伦理的焦点即运行顺畅。

2. 责任心和负责精神

工程运行过程中不同环节包含的大量伦理要求在客观上使得工程运行过程中的伦理主体始终面临道德选择的境地。他们能否进行正确的价值判断并作出适当的抉择，在保证工程运行顺畅的同时又符合“人与人、人与社会、人与自然的和谐”的要求，关键取决于“工程共同体”成员的责任心和负责精神。

（1）责任心和负责精神的第一个层次是工程运行的主体对自身工作认真的态度，这是工程运行过程中一个基本的道德指标。众所周知，态度决定一切。在工程运行过程中，不管是哪一个产业部门，哪一个市场环节，有一个人态度不认真，就会人浮于事，不负责任，运行过程中上下环节的连续就会出现问题。西方伦理学发展的一个重要内容就是提出了责任伦理。责任不仅包括事后责任和追究性责任，而更重要的是事前防患于未然

① Devon R.，“Towards Social Ethics of Technology：A Research Prospect”，*Techne*，2004：8（1）.

的责任。责任和做事的负责精神紧密相关。只有对工程运行过程中的各个环节的工作有高度的责任心和负责精神，才会全力以赴，尽职尽责，也才能最大限度地减少失误。苏联的切尔诺贝利核电站泄漏事故就与缺乏责任心和负责精神导致操作失误密切相关。

（2）责任心和负责精神的第二个层次是工程运行的主体对人—社会—自然的和谐充满良知。如果说第一个层次是在微观层面，对责任心和负责精神在具体的工程运行过程中的重要性予以解读的话，那么第二个层次则是对其从宏观层面的重要性予以阐释。正如有的伦理学家所说，工程主体不但要做好工程，还得做好的工程。如果说，做好工程是对具体的工程项目而言的，那么做好的工程则是对工程存在的社会和自然环境等影响而言的。在以生产为目的的工程运行过程中，具有由工程本身的规律和经济规律所决定的程序。规律本身是客观存在的，不以人们的主观意志为转移。但是，不能以工程运行中规律的客观性，而忽视工程天然的社会属性和服务于人类的本质。不论何种工程，都必须以造福社会和公众为根本目的。绝不能因为少数人和某些本位主义的利益考虑，而损害人类的长远利益。因此，工程运行过程中必须始终对社会公众和自然环境的协调高度负责，这是工程活动的终极目的。如果丧失了这一点，其他利益都无法保证。即所谓“皮之不存，毛将焉附”。

3. 技能素质与公民素质

陈毅元帅在1962年曾经写过一首风趣幽默的短诗：“一切机械化，一切自动化，一切按钮化，还得按一下。”这首诗形象地说明，即使是在现代化的生产设备条件下，操作工人的直接的操作活动在工程运行活动中仍然占据和发挥着一种核心性的、必不可少的地位和作用①。肩负操作职能的工程人员是“工程共同体”的重要组成部分。从古代的手工业工匠到现代的产业工人，从福特制下的工人到后福特制下的工人，再到未来生产模式和未来社会的工人，虽然工人在社会中的作用以及工人本身的“技能”和特点都在不断发生变化，但是工人的技能素质一直是一个基本的话题。其实，社会的发展早已经给我们发出了信号。

近年来，我国劳动力市场连续出现工人短缺。这种短缺不是总量不

① 李伯聪：《工程共同体中的工人》，《自然辩证法通讯》2005年第2期。

足，而是结构性不足，主要表现为高级技术工人数量严重不足。有不少人感叹："现在聘请高级技术工人比聘请硕士和博士更难。"在后福特制之下，对工人的个体综合素质有了新的要求，既不像福特制之下仅仅需要工人掌握流水线上简单的操作技能就行，也不像工业革命时期要求工人成为只能动手的、技术全面的能工巧匠。在现代，对工人的要求是指具有较高知识、较强创新能力、掌握熟练技能的人才，是既能动脑又能动手的复合型人才。特别是在自动化程度较高的产业和信息技术产业，从业工人的技能素质是保证工程项目顺利进展的首要条件。

实际上，在工程运行阶段，要使得工程运行顺畅和谐，并符合各项伦理要求，不光工人的技能素质，整个工程共同体成员的技能素质都极为重要。只有这样，才能在各个环节都提高效率，不误事误工，以较小的投入获得最大的收益。不过，由于工人是工程共同体中支撑大厦的不可或缺的"大梁"，所以工程运行过程中对工人的技能素质的伦理要求就显得极为强烈。但是，工人技能素质的提高是一个系统工程，它与一国全体公民的素质息息相关。产业工人首先是公民，然后才是工人。很难想象一个在大街上随地吐痰、随意闯红灯的人在生产车间里是一个严格遵守操作守则、工艺精益求精的操作工。为什么德国、瑞士、日本的产品质量广受信赖，就是与全体公民严谨、细致的一贯素质有关。因此，不断加强公民道德素质，是有效提高工人技能素质的基础。

三　工程运行的伦理要求与品牌战略

工程伦理表面上是人与工程、工程与环境的关系之反思，实际上，所有的关系最后都指向人与人的关系和人本身。因为当人与自然的张力大到无法维系而崩溃的时候，人也就失去了存在的根本。同样，工程运行过程中不管是关于责任心和负责精神还是劳动者技能素质的要求，其实都是为了人类的利益。如果工程人员责任心不强、负责精神不够，导致工程运行中断或者产生巨大的生态灾难和社会动荡，就会产生道德追问的案例。如果工程运行过程中的工程参与者技能素质不过硬，出现问题无法解决，或者产品不合格流入市场，最终祸害的还是人类自己。

当前我们正在大力加紧工业化和现代化，这个过程中一个重要的历史使命就是自主品牌的打造。如果没有自主品牌，我们只能永远充当发达国家和地区的加工制造商，处于利润分配链条的末端。要发展自主品牌，除了要勇于开展自主创新之外，还有一个重要内容就是要着力提高工程共同体中所有与工程运行的终端产品有关联的工程人员的责任心和负责精神，以及技能素质。再好的创意要变为现实，都得靠实实在在地干。

德国的产品依靠其无与伦比的工艺水平和可靠质量受到全世界人们的青睐，许多国际品牌大家耳熟能详。诸如德国大众、梅塞德斯·奔驰、西门子电器等，靠了其众多大品牌的引导，德国的工业品在全世界的竞争中占尽先机。如果我们考问德国产品优良品质后面的原因，相信许多人都绕不过一个事实，就是德国的工程技术人员和产业工人以其认真严谨负责的工作态度和精神，加上不断精益求精的技能素质在世界上赢得了极高的声誉。同样，瑞士手表业和军刀闻名遐迩，与瑞士技工认真负责、精湛细致的技能素质密切相关。

从某种意义上讲，品牌战略的首要任务是要从生产过程中工程共同体的责任心、负责精神和技能素质的培养抓起，这也是工程运行伦理的主要内容。

· 第六章 ·

工程师的良心与责任

第一节 工程良心

我国正处在经济高速发展期，各种各样的“工程项目”频频“破土动工”。但是，繁荣的背后有隐忧，尤其是一些“豆腐渣”工程、设计不良的工程时时紧绷社会的神经。2004年中、日、韩三国工程院院长在苏州发表倡议，要求三国工程师要“凭良心行事”。2004年9月上海世界工程师大会也提出了工程师的良心问题。的确，工程建设的现实呼唤着工程道德底线——“工程良心”。

一 工程活动的道德底线——“工程良心”——的作用

历史上，人们对良心的一般作用作了许多富有启发性的阐释。传统儒家认为，良心是万化之源，众善之本；良心使人不断趋近圣贤的人格，追求一种道德上的尽善尽美①。在西方，卢梭给了西方人所能给予的对良心的最高赞词。工程活动作为人类认识世界和改造世界的一种重要活动，涉及各种各样的利益关系，而良心作为“人们行为道德调节器”，对人们的工程行为选择和评价必然发挥重要作用。所谓“工程良心”，就是指工程活动主体在工程实践中形成的一种深刻责任感和自我评价能力，是主体个人意识中各种道德心理因素的有机结合，其独特的成分首先是义务感或责

---

① 何怀宏：《良心与正义的探求》，黑龙江人民出版社，2004，第37页。

任感。工程良心在工程活动中具有十分重要的作用。

首先，从工程活动的主体看，良心是工程活动主体行为的调节器。工程活动是一项十分复杂的实践活动，它包括工程勘察、工程决策、工程设计、工程施工、工程验收等各个环节。费尔巴哈曾经把良心区别为“行为之前的良心、伴随行为的良心和行为之后的良心”①。据此，我们可以从三个方面考察工程良心的作用：行为之前的作用，行为之中的作用，行为之后的作用。在工程活动开始之前，良心对工程活动主体行为动机起着制约作用，对工程行为行使“预审权”：“这样的行为合适吗?”“这样的行为有益于社会、国家吗?”在工程活动进行之中，良心起着监督作用，对工程行为行使“监察权”：“预期的行为有应有的效果吗?”如果没有，良心会引导工程活动的主体采取措施进行调整。工程活动结束后，良心会行使“鉴定权”：对特定工程行为或褒或贬，工程主体或自豪或忏悔。可见，在整个工程活动中，良心帮助主体自觉约束和调节自己的行为，使人们作出合乎“善”的工程实践行为。

其次，从工程活动的客体看，良心是建设质优高效工程的道义保证。经济因素似乎是决定工程质量的关键：投资越多，工程质量越好。其实不然，无数的工程实践证明，经济因素仅仅是建设优质工程的必要条件，而非充要条件。科技含量在工程建设中的作用毋庸置疑，现代一个优良的工程必须有科技作为其质量的保障。同时，有关工程的政策因素、制度因素、管理水平等都在某种程度上影响工程建设的质量。然而，上述因素都不是决定性因素。工程实体是人的本质力量的对象化，是人的知识、情感、意志、行为的对象化，因此，工程质量的决定因素是人，是从事工程建设的决策、咨询、勘察、设计、实施和管理的人。一个工程决策的拍板、工程投资效益的好坏、工程勘察设计的优劣、工程进度的快慢、工程实施管理的水平的高低乃至最后整个工程实体的形成，其中的每一个环节、每一个步骤，都是与工程建设有关的人员在运作和实施。这些人——主管工程的政府官员、设计工程师、造价师、建造师等——的工作态度、工作热情、办事效率，特别是工作的责任感和义务感即职业良心具有十分

① 〔德〕费尔巴哈：《费尔巴哈哲学著作选集》（上卷），荣震华等译，三联书店，1959，第585页。

重要的作用。例如，一个设计工程师为了逃避工程事故法律责任，违背职业良心，可能会无限扩大设计费用，造成工程投资费用膨胀。又如，建造师在规避法律责任后，使用假冒伪劣材料牟取暴利，却堂而皇之地说他是照章办事。可见，工程良心确实关乎建设工程的质量。

再次，从人类未来发展看，社会可持续发展呼唤工程良心。人类社会已经进入追求可持续发展的新时期。几个世纪以来，人类通过工程技术将天然资源转换成物质财富，促进了社会、经济的发展和劳动生产率的提高。但是，随着工业化的进程，不可再生资源大量消耗、环境严重污染、对生态的无情破坏，给人类的生存和发展造成了严重的威胁。因此，有人提出了“发展的极限”的概念。1992 年在里约热内卢召开的联合国环境与发展会议制定了《21 世纪议程》，标志着人类社会进入了追求可持续发展的新时期。工程活动是关系人类可持续发展战略的一个大问题。换言之，工程活动中人们必须把可持续发展观、科学发展观纳入自己的视野，要求人类在工程活动中把节约资源、保护环境放在重要位置。例如，在工程活动中要实行全过程的污染控制，发展清洁技术、清洁生产和生产绿色产品等。这就要求工程活动中的人们着眼于人类社会的可持续发展，守法自律，“凭良心办事”。

二 工程良心的三重性结构

工程良心具有自身内在的规定性，它与教师良心、医生良心、军人良心等职业良心的不同之处在于：从作用领域看，它是与工程技术活动联系在一起的道德意识，它引导、监督人们进行工程技术活动，主要在工程技术领域发挥其作用；从主体角度看，由于现代工程技术活动是一项涉及社会政治、经济、科技和文化等多方面的活动，各种利益主体参与工程活动，因此，工程良心的主体也具有十分复杂性的特点。政府的工程良心、企业的工程良心和工程师的职业良心构成了工程良心的三重性结构。

1. 政府的工程良心

在古代社会，工程建设无论在数量、规模还是在质量上和今天人们所从事的工程建设相比不可同日而语。但是古代社会的工程无疑达到了那个时代的最高水平，无论是西方古希腊、罗马的建筑群落还是东方的中国的长城、都江堰工程，工程建设大多是由奴隶制国家或封建制王朝进行规划、出资进行修建。换言之，古代社会政府是工程建设的最主要的规划者和建设者。在现代社会，政府的管理同古代一样贯穿各国工程建设的全过程，而良心也同样发挥重要作用。在工程规划和决策阶段，良心要问：政府的工程设计方案是否可行？各种设计方案中哪一个最优？该工程的目的和手段是否合乎善的要求？在工程实施的管理阶段，良心要问：政府的管理是否尽职？管理的方式和手段是否以人为本？是否有暗箱操作和盘剥工程？在工程的竣工和验收阶段，良心要问：政府对决策失误的工程是否敢于承认错误？对所谓的“豆腐渣工程”是否敢于说“不”？事实上，政府在工程建设的过程中，把不合乎善的要求的工程上马，小工程故意做成大工程，各种“政绩工程”、“献礼工程”频频出现，表明工程道德的“守护神”——工程良心——发生了危机。政府工程良心具有以下特点：①主体身份的双重性，即政府既是道德良心的倡导者，又是良心的实践者。作为前者，政府必须在全社会树形象，造舆论，唤起全社会的道德良知；作为后者，政府必须言行一致，做有良心的道德典范。②地位的重要性，政府道德良心构成了政府形象和政府威信的重要内容，政府工程良心发生危机，甚至可能会诱发政府的执政危机。

2. 企业的工程良心

在近代，从古代社会末期就已经萌芽并且生长起来的资本主义企业，开始承担起工程建设的重任并日益成为工程技术社会中的中坚力量。而此时的政府在工程建设中的作用发生了巨大的转向，由工程建设的主要规划者、建设者转变为工程建设的管理者，政府通过制定和审批工程建设的发展规划、颁布工程法律制度来行使其管理者的职责，其作为工程的直接建设者的职能已经弱化了。当然，一些重大的有战略意义的工程还是要由政府来直接参与。换言之，现代工程建设主要是在政府的管理下，由企业去独立承担完成的。企业在工程建设的过程中必然关涉良心问题。这是因为，一方面，企业作为独立的经济实体，本质上追求利益的最大化；另一方面，社会要求企业在追求利益的同时，要兼顾国家、社会和他人的利益。这就是说企业在工程建设中必然涉及义利抉择问题。面对这种选择，企业的行为不外乎三种情形：①恶行，即不顾国家和社会的利益，见利忘义，抛弃了起码的企业良心。在现实社会生活中，部分工程类企业为了集团利益，置法律、道德于不顾，铤而走险，陷于“不义”的泥潭，这是完全丧失良心的表现。②合法行为，即遵纪守法，以不破坏国家法律为底线，这是企业有一定道德良知的体现，但离“大善”还有一段距离。③善行，即面对工程实践，企业不仅守法，而且严格自律，在较高程度上实现企业自身利益和社会利益的有机结合，成为对国家、对社会和对人类未来负责的企业典范。企业的工程良心的特点是：企业工程良心与企业诚信等一起构成了企业的“精神生产力”，成为一个企业的核心竞争力和企业文化的重要组成部分。

3. 工程师的职业良心

到了现代，随着工程技术发展到电子、信息时代，大规模的技术设备被用于机器化大生产，生产的发展又为技术革新提供了物质基础，工程技术与经济的紧密结合成为时代的要求。这时，从近代工匠中分离出来的工程师，获得了现代意义：从构思工程技术、设计工艺、制定标准，到规定操作程序等，工程师的作用在工程创造中得到了很大的提高。工程师这一职业获得比较独立的社会地位，形成了工程师共同体。可见，现代社会工程建设已经大大凸显了工程师的作用。现代工程建设归根到底是由人去完成的。特别是工程中具体的勘察、设计、施工和操作都是由技术人员即工程师去完成的。工程师在工程活动中占有举足轻重的地位，他们的技术水平、工作态度、职业道德都关乎工程的质量、进度和效益。工程师的社会角色决定了工程师的职业良心的重要性。工程师职业良心之不同于政府和企业的工程良心在于：①主体身份不同，工程师的职业良心的主体是工程师个体，而政府和企业工程良心的主体是社会组织。②发展程度不同，工程师的职业道德早已引起了人们的普遍关注，并且已经有相当多的研究，而人们对后者特别是对政府工程良心问题重视不够，研究还刚刚开始。③工程师职业良心是工程师人格自我完善的精神力量。良心“对于人的最高意义，就在于成就一个完善的人格。良心不向人许诺健康、财富、权力、地位、荣誉、知识这些常常被人视为幸福要素或价值目标的东西，它只许诺一个高尚的人，一个纯粹的人”[①]。工程师人格是指工程师做人的尊严、价值和品格的总和。工程师人格的完善，是工程师作为人格主体不断

---

① 何怀宏：《良心与正义的探求》，黑龙江人民出版社，2004，第30页。

追求，是求真、求善、求美的统一。在工程师人格真、善、美的完善过程中，良心不仅推动工程师求真求美，而且作为工程师道德生活中的一种“特殊的设定者，规定者和决定者”①，推动工程师个体道德由他律走向自律，从而实现人格的完善。

综上所述，工程良心就形成了图 6－1 所示的主体结构：

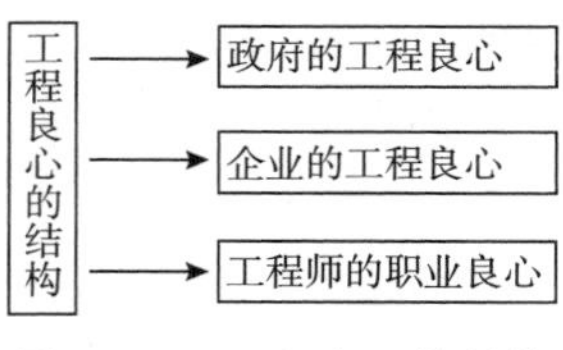

图 6－1　工程良心的结构

在工程良心的培养和建设过程中，工程师的职业良心具有十分重要的意义。

三　工程师职业良心教育和培养

前已述及，现代工程良心具有三重性结构模式，与此相适应，人们可以从三个方面入手培养和建设工程良心。笔者认为，由于工程良心的主体在构建过程中具有各自不同的特点，现代政府集立法、行政、司法三权于一身，因此，政府工程良心的建设在于自律；企业工程良心的构建必须在立法基础上进行，而且立法越完善，执法越严格，越有利于企业良心的构建。近几年来，随着国内工程立法步伐的加大，《建筑法》、《合同法》、《招标投标法》、《安全生产法》、《建设工程质量管理条例》、《建设工程安全生产管理条例》、《安全生产许可证条例》等一系列法律法规的出台，工程立法达到了前所未有的完善程度，这就为企业工程良心的培养和形成奠定了坚实的基础。而工程师良心的建设具有特别重要的意义。这是因为，工程师是现代工程活动的核心。现代社会各个国家在国家发展和经济发展的过程中，大量的项目几乎都由工程师亲手建成。工程师在经济发展中处于中心位置。这就要求他们具有高度的责任感和工程良心。工程师具备了应有的工程良心，就会在工作中重视效率问题，就能够在能源利用、资源

---

① 〔德〕黑格尔：《法哲学原理》，贺麟译，商务印书馆，1961，第 139 页。

的再生循环利用等方面体现效率，使经济发展、国家发展，最终实现可持续发展，进而对人类文明的发展都起到至关重要的作用。正如中国工程院科学道德建设委员会主任委员、中国工程院副院长沈国舫院士所说："一个工程建设得不好，也许是道德出错，也许是能力不足。应当说，工程师的创造性劳动不断地改进世界的面貌和人类的生活，社会应当对他们表示尊重。但由于工程师的'作品'随时都在'改变面貌'，所以一定要小心再小心，即使你的心灵没有受到追求金钱权力等不良习气的污染，但如果你在节约能源、保护环境上做得不太好，你建设的项目走的不是可持续发展之路，不能促进人与自然和谐相处，反而对自然造成新的伤害，那么你的道德水平仍旧不够高，你仍旧算不上一名合格的工程师。"① 特别是在当前中国社会，工程良心更具有现实的意义。中国经济经过多年的发展，已经不再处于起步阶段，要形成良性循环，更需要讲究"生态发展模式"。因此，中国工程师的责任重大、任务艰巨。因为中国工程师既要完成社会经济高速发展的任务，又要考虑人口的增长、资源的利用以及环境的保护，这就对工程师的良心道德提出了很高的要求。可见，工程师的职业良心是非常重要的。那么，工程师良心如何培养呢？

马克思说："良心是由人的知识和全部生活方式来决定的。"这就是说，第一，良心是后天形成的而非先天的；第二，人们的生活方式（包括职业活动的方式）及其对道德责任和义务的认识，对人们形成职业良心起着决定性的作用。可见，马克思肯定了教育对人们良心的形成起着至关重要的作用。笔者认为，工程师良心的构建主要依靠科学的工程伦理教育。目前我国工程伦理教育存在三大难题：①在校工科类大学生基本上没有开设工程伦理教育课程，没有相应的教材，其直接后果是我国未来的工程师没有接受系统的职业道德教育；②在职的各级各类工程师中，部分工程师是通过各种考试（如造价工程师、注册工程师、建造师等考试）取得资格，部分是通过岗位的晋升或在职进修取得资格，可以说，他们大多也没有接受系统科学的工程伦理教育；③更为严重的是，在国外对工程伦理教育开展得如火如荼的今天，国内教育界对工程伦理教育方面却还没有取得共识。要克服这些问题，构建工程师职业良心和道德意识，就要统一认

---

① 《"可持续发展"应成为工程师的必修课》，2004年11月17日《光明日报》。

识，在高校普遍开展工程伦理教育。如何开展工程伦理教育？到目前为止这仍然是一个崭新的课题。笔者认为，必须重新思考大学教育，转变教育观念，在教学内容、课程设置、教学环节、教学手段和方法上全面贯穿工程伦理的培养。

在教育观念上，长期以来，我国高等教育强调以学科专业为中心，着重于专业知识的传授。因此，必须把单纯培养知识技术型人才观念，转变为培养求实、创新型人才的观念。与此同时，还应清醒地认识到，工程伦理教育培养，不是一般教育方法的改革或教学内容的增减，而是教育功能上的重新定位，是带有整体性的教育创新和价值追求。

在教学内容上，结合面向21世纪的教材建设，删除陈旧、过时的知识，既要增加理工科学生的前沿新知识和现代科学技术内容，又要加大文科学生知识的科技含量，在此基础上向全国高校推广。

在课程设置上，结合素质教育，在本科阶段的必修课或选修课中要增开有助于培养科学素养的系列课程，如科学技术史、现代科技基础、自然辩证法（科技哲学）、科学社会学、科学学、科学方法论等。

在教学环节中，无论是理论教学还是实验课教学，都要注重培养科学精神。科学精神最根本的就是去伪存真，实事求是。一堂充溢着批判、怀疑和实证精神的理论课必定会使学生受益无穷。要加强理论课教学对学生科学精神、科学态度、科学思维的训练。而实验课教学同样重要。科学史表明，科学精神是在科学实践中培养出来的，因此要特别注重科学实践对学生科学精神的培养。高校应该给学生提供尽可能多的机会，使学生在科学实践中激发创新的灵感，培养务实求真的品格，在实践中萌生科学精神。

第二节　工程师的社会责任

在现代生产中，科学技术转化为生产力是通过其物化在生产工具中和人格化在劳动者中而得以实现的，但在这两者之间，又以科学技术的人格化——工程师——居于主导地位。工程师是现代生产力中最积极和最重要的因素之一。工程师的社会角色决定了他们担负着特别的社会责任。爱因斯坦曾经说过："在我们这个时代，科学家和工程师担负着特别沉重的道义责任。"[①] 可见，探讨工程师的社会责任问题，具有十分重要的理论和现实意义。

一 工程师责任伦理的凸显

1. 责任伦理的界定

所谓"责任"，是与社会角色联系在一起的义务。汉语中的责任通常是指与某个特定的职位或机构相联系的职责，指分内应做的事或没有做好分内应做的事而应当承担的过失。伦理责任与法律责任不同，法律责任往往探讨的是行为发生以后所必须承担的法律后果，而伦理责任至少具有两种维度，即前瞻性的维度和后视性的维度。前者指的是某个人负责，并以某种方式实现和保持这个结果、希望他或她具有相关的知识和技能，并尽责尽力；后者指的是某个人或群体应当就某个行为和后果受到伦理上的评价，即好的结果应当得到伦理上的赞扬，坏的结果则应当受到伦理上的责备。"前瞻性责任常以某一事件的可能结果而非该事件的本身行为来衡量和规定，也就是说，它看中的是当事人对行为可能造成结果的某种预测和预知能力，显然这一能力是建立在行为主体具有一定，甚至相当的知识的能力基础之上，它需要行为主体具有一定的判断力来识别、预测和判断主体的行为将可能导致的结果和后果。"[②] 前瞻性责任与一个人的年龄、专业知识状况及道德水准密切相关。也就是说，当我们谈论责任，尤其是伦理责任一词时，须知它是有一定前提的，它是与行为主体的知识和"智慧"联系在一起的。

所谓责任的后视性维度也与个人的德行与美德有关。它是指从事后对某个个体或群体的行为和后果进行道德评价，以达到抑恶扬善的目的，但这种评价的依据也必须从知识性和道德性相结合的角度出发，必须是在一定的时空条件下来加以评价的。也就是说，即使在某些时间，特别是不幸的或灾难性的事件发生后，人们在对责任进行后视性评价时，也必须考虑

---

① 许良英等编译《爱因斯坦文集》第 5 卷，商务印书馆，1979，第 287 页。

② 杜澄、李伯聪：《跨学科视野中的工程》第 2 卷，北京理工大学出版社，2006，第 215 页。

当时有关责任人是否已经了解该事故发生的原因，或是否在当时具备了解该事故的能力，是隐而不报，疏忽大意，还是由于不可抗拒的外力因素而导致的技术或工程的事故，等等。如果是前者，当事人就应该受到舆论和道德的谴责，如果是后者，则评价完全相反，甚至是情有可原的。当然，责任的后视性还包括更深一层的问题，即某一技术或工程的事故发生以后，要考察有关当事人是在尽责尽力地减少事故的损失，最大限度地保护大众，还是推卸责任，胆小怕事，掩盖事实真相。如果是前者，那就是善，他或她就应该受到赞扬，我们称之为德行之人；如果是后者，那就是恶，他或她就应该受到谴责，我们称之为不道德的人。

我们看到，责任问题在当今社会已经变得异常复杂，正成为一个深刻的伦理问题。虽然工程中的伦理问题也包涉及 J. 约那斯所说的因果责任，还包括伦克所说的关爱性的保护与预防责任，但笔者主要从责任的两个维度，即前瞻性和后视性这两个维度来展开工程中责任的道德追问。

2. 责任伦理的凸显

有人认为，科学精神就是求真，工程精神就是精确和效率，科学家和工程师要做的就是求真、求实和求精，把本职工作做好，至于伦理责任，那是政府的事，与他们无关。科学家和工程师到底有没有伦理责任？这些责任又是什么？这是我们在进行工程伦理教育时必须解决的理论问题。伦理责任是指人们要对自己的行为负责，它是一种以善与恶、正义与非正义、公正与偏私、诚实与虚伪、光荣与耻辱等作为评判准则的社会责任。几百年以来，人们一直认为科学价值是中性的，并普遍认为科学知识不反映人们的价值观 ，科技活动的动机、目的仅在于科技本身，不渗透个人的价值观，科学家对其成果的社会后果不应当承担责任。在这种思想的指导下，工程自然与伦理无关；工程对社会会产生什么样的后果，不是工程师需要或者可以考虑的问题 。因此，对工程活动中的种种问题视而不见甚至为个人私利而参与制假作伪、制造毒品危害社会。实践已经证明，“科学价值中立”观是片面的。现代高科技的发展已经昭示人们，毫无限制地发展所有科学，具有很大的危险性。如果对那些人类尚未完全了解其长远后果且具有巨大风险的新研究不加以适当限制的话，就可能使人类在不知不觉中陷入无法摆脱的困境。工程主体必须考虑工程的社会后果及自己的伦理责任。在总结前辈们的研究成果的基础上，笔者认为，工程师对工程的伦理责任可以从以下四个方面来考虑。

（1）工程的质量水平与责任。众所周知，工程质量正是保证工程造福于民的关键，工程的质量也是衡量一个国家工程水平的重要维度。工程质量不保，不仅造福于人民、造福于社会的目标不可能实现，还会祸及人民的生命安全和国家的经济利益。质量问题，如果仅从生产和市场的角度来考虑，它似乎只涉及生产的工艺水平或企业的经营策略的问题。然而，当我们将视角转向许多重大质量事故及其产生的严重社会后果时，我们就会清楚地看到工程质量问题不仅与我们在创新与技术水平上的欠缺有关，而且还与管理和工程腐败等因素紧密相关。也可以说，工程质量问题与人的道德责任之间紧密相关。作为工程和制造大国，我们的质量水平令人担忧。工程质量差导致相应产品寿命短，如我们制造出来的一台挖掘机的使用寿命还不到日本的一半。又如我们制造出来的一颗螺丝钉的使用寿命还不到发达国家的1/10。这些显然是因为其中的工艺和技术水平低下而造成的，因此工程的技术状况是与质量状况必然联系在一起的，一颗小小螺丝钉的质量实际上折射出我们的建造和工程质量状况。工程及其产品质量低劣，轻则损害消费者的物质利益，重则危及百姓的身家性命，这在近年来发生的大桥和楼房因为质量问题而垮塌的事故中不乏其例。鉴于工程质量状况，有的专家发出了这样的呼吁："过去往往更注重是否搞好了工程，而现在我们应该在科学发展观的指导下更加注重是否搞了好的工程。"[①] 我们应该有新的工程决策程序和新的工程评价标准，应该努力把好工程搞好，而好工程的首要标志是高质量的工程，而不是劣质工程。一个国家也只有在高质量的精品工程大量涌现出来之后，才可能被认可为工程强国。工程伦理的质量道德意识，首先要求工程师承担起技术责任，以对社会、对公众负责的态度，认真履行操作规则和技术实施规则，在质量问题上坚持做到尽职尽责，一丝不苟，严格把关，坚持质量第一的原则。其次，工程师要分清个人利益与社会利益的得失大小，做到在任何情况下，绝不以牺牲质量为代价获取个人利益。

① 转引自杜澄、李伯聪《跨学科视野中的工程》第2卷，北京理工大学出版社，2006，第84页。

（2）工程的生态效应与责任。“人类只有一个地球，这个地球不是从上代人那里继承来的，而是从下代人那里借来的！”①人类正面临着环境污染、酸雨、资源短缺、生态失衡、生物多样性丧失、全球气候变化、臭氧层破坏、持久性有机物污染等环境问题，而这些环境问题使我们不得不对自己的行为加以反思。环境危机、发展危机与能源危机紧密相关，而地球上的资源与能源如果不能满足我们的需求，那就必须为当代人和未来人类的生存转变发展模式。工程活动是对地球影响最大的人类活动之一，作为工程强国必须是工程可持续发展的国家，为此工程建设必须体现良好的生态意识，破坏生态环境的工程不仅损害人类的生存条件，而且工程自身的功能也会丧失，如我国有名的三门峡水利工程最后被泥沙所淤积，我们过去曾经搞的围湖造田、毁林开荒、毁草开荒工程，后来带给我们深重的生态灾难。不仅如此，今天的部分地区为了片面追求产值，不顾对生态环境的恶劣影响上项目，将发达国家淘汰的产业大量引入，只想要 GDP，结果造成局部甚至整体生态环境的恶化。因为这样的工程所形成的产业，是高消耗和低产出的粗放型生产，资源消耗大，环境污染严重，由此使我国单位国民生产总值的消耗和原材料消耗，都远远高于发达国家。例如，我国单位国民生产总值的能耗为日本的 5 倍、美国的 2.6 倍、德国的 3.6 倍，印度的 1 倍；每 1 万美元国民生产总值的原材料投入与发达国家相比，钢材是 2～4 倍，水泥是 2～11 倍，化肥是 2～13 倍，工程建设和使用所形成的是“高消耗、高投入、高污染”的不可持续的生产模式。因此，缺乏生态环境观念，由低技术、高污染的大量工程所构成的“工程大国”，不可能持久维持，更称不上“工程大国”。工程师作为一个城市和国家的建筑者，在工程实践中应该以节约资源与能源为准则，不再破坏岌岌可危的生态环境，要开发并应用环境友好技术，将废物变成可再生的资源。

（3）工程的人文水平与责任。工程是人建造的，也是为人而建造的，由此需要有人本意识和人文关怀贯穿其中，即方便于人，服务于人，真正实现工程的人文价值，这也是工程强国之“强”的一个重要的现代维度。因此，不能只把工程当成“物”来看待，而是要当成人的一种存在与活动

---

① 〔美〕丹尼斯·米都斯：《增长的极限——罗马俱乐部关于人类困境的报告》，李宝恒译，吉林人民出版社，2004，第 4 页。

场所来看待，看成人的一种广延形式。这方面我们现在正在不断改善，例如我们对于居住性建筑不再像过去那样只盖简易筒子楼，而是不断提高居住条件，甚至还力求人居环境的优美宜人。但从普遍性上我们距理想目标仍有一段距离，例如，城市的居住过于拥挤，城市的有些设施还没有做到以人为本。另外，我们的建筑和通道中对残疾人也考虑较少，无障碍通道和照顾残疾人的设施只是在个别地方存在，不像发达国家成为普遍的设施。

工程建设中人文水平较低的另一个重要表现则在于劳动条件和安全设施落后，导致工程的伤亡事故尤其是矿难频频发生。无论是事故的总数还是伤亡的人数，我国都居世界的首位，像矿难等行业中的单位产量的死亡人数，更是远远高于发达国家的水平。造成这种状况的原因，既有经济上的也有技术上和体制上的，但无疑更有观念上的深层原因，这就是对人的生命未加以足够的重视，总是用侥幸的心理来看待安全事故，处处以利益和金钱为本，也可以说这是一种根基性的人本意识的缺乏。

工程建设中的人本意识要求工程技术人员在职业活动中始终树立“以人为本”的信念，将为了人、理解人、关心人、尊重人并且平等待人作为制定工程决策和组织工程实施的价值前提，从而使尊重生命价值、维护群众利益的伦理原则与追求经济利润、促进社会进步的效益目标达到有机统一。

（4）工程的廉洁水平与责任。“工程廉洁主要是相对于工程腐败而言的。工程腐败无论对工程质量的提高还是工程效益的实现，都形成严重的阻碍。”[①] 例如，一项关于全球工程腐败的报告就指出，一些特大的腐败工程都是不应该启动的项目，它们有一个共同的特点，即难见经济效益，却带来了严重的环境问题及社会问题。一个共识是，目前我国的工程领域中法制意识淡薄，工程腐败是我国最严重的腐败之一，工程领域是贪污受贿的重灾区，它导致偷工减料、豆腐渣工程。为了说明工程腐败与重大事故之间的关系，有必要反省近年来一些重大腐败工程所造成的灾难性后果。

1998年2月20日，在建的三峡移民复建工程——湖北省巴东县209国道焦家湾大桥——施工现场轰隆一声巨响，这座即将合龙的48米长的石

① 杜澄、李伯聪：《跨学科视野中的工程》第2卷，北京理工大学出版社，2006，第86页。

拱桥整体坍塌，25人倒在血泊中，造成11人死亡、6人重伤、7人轻伤，另有一人轻微伤的特大事故，并使这座造价为79.8万元的大桥成为废墟。事后经执法机关调查取证表明，造成这次事故的直接原因是支撑大桥的木拱架所用的全部木材无一根符合质量标准，其中竟有20%已经腐烂。更令人吃惊的是，在进一步的检查中，包括焦家湾大桥在内的仅13.7公里的工程现场，专家组竟先后从20座桥梁中发现17座分别存在不同程度的质量问题，其中5座危重大桥不得不被炸毁。经调查，该工程的质量问题，就是因为工程承包不合法。

1999年1月4日，重庆市綦江县一座步行桥虹桥突然整体垮塌，造成40人死亡、14人受伤的惨剧。检查发现，该桥是一座无报建、无开工许可证、无招标投标、无正式合同、无政府质量监督、无社会监理、无竣工验收的“七无”工程。

2007年8月13日，湖南凤凰县正在兴建中的堤溪沱江大桥突然垮塌，事故造成64人死亡、22人受伤，直接经济损失达3974.7万元。根据现场众多目击者称，倒塌大桥的桥墩里根本看不见钢筋，而且桥墩倒塌在地，混凝土粉碎，这不能不说存在严重的质量问题，施工与监理都有责任。

以上这些由腐败而形成的劣质工程，其成因除了法制不健全以外，还有有法不依，或者执法不严，于是为了一己私利或者一方私利，在工程建设招投标中搞暗箱操作，相关人员视若不见，使得保证工程廉洁的监理形同虚设，产生了关系工程、关系监理、假监理、出钱不监理或监理只签字不监理等现象。这成为我国目前一些工程工期拖延、投资居高不下、质量低劣以及腐败的重要原因之一。

工程腐败进一步加剧了工程效益的低下。目前由于工程的利益和好处太多，所以有人为争夺工程不惜采用一切手段（无论是合法的还是非法的），而巧立名目上工程更成为一种便捷的手段，中国的一些工程已经不是出于社会和经济的需要，而是出于个人利益的需要：争工程就是为个人或集团争利益；或者是出于政绩和面子的需要，于是搞了许多“形象工程”，既不能创造经济效益，也不能给民众带来实际的好处，反而劳民伤财，拖了经济建设的后腿，完全背离了一个正常社会中工程活动的真正宗旨。工程师应该积极向工程活动中的腐败现象、损害质量的现象作斗争，捍卫工程质量，保护公众及社会的利益。

二　工程师社会责任的历史考察

在历史上，工程师作为技术主体其发展大致经历了原始技术时代、工匠技术时代、近代工业技术时代和现代技术时代①。与此相适应，工程师的社会责任也经历了四个主要时期，即原始技术时代的责任、工匠技术时代的责任、近代工业技术时代的责任和现代技术时代的责任。

1. 原始技术时代的责任

在原始技术时代，技术的发明和使用除了用于人类自身的生存以外没有任何其他目的性。对自然的改造和利用也只局限于狭小的范围。人类对自然的技术改造尚未构成对自然潜在和现实的威胁，所以对于原始时期的技术发明者而言，其社会角色和职业化尚未完成，其数量微乎其微，不存在严格意义上的工程师，因此也就不存在严格意义上的工程师责任问题。

2. 工匠技术时代的责任

到了工匠技术时代，出现了手工业和农业的分工，使得工匠成为相对独立的社会职业。工匠兼古代技术发明与应用于一身，并且成为继承和推动古代技术发展的主要力量。但是这个时期技术不被当时的社会和人们重视，甚至被看成“奇技淫巧”，工匠的社会地位十分低下，尚未形成共同体，他们处在分散的、孤立的状态下。在这个时代，工匠在工程营造和技术更新的过程中，产生了对于工程产品的使用者和服务者的直接的责任，这种责任是简单的和直接的，仅仅局限于人际责任之内，主要是处理工匠与产品的使用者和服务者的关系，是人对人的责任。

3. 近代工业技术时代的责任

随着技术发展到大工业时代，大规模的技术设备被用于机器化大生产，生产的发展又为技术革新提供了物质基础，技术与经济的紧密结合成为时代的要求。这时，出现了工匠与工程师的分离，从此诞生了现代意义上的工程师。从构思技术、设计工艺、制定标准到规定操作程序等，工程师的作用在技术创造中得到了很大的提高。工程师这一职业也开始获得比较独立的社会地位。这个时期工程师责任无论是在质上还是在量上都获得

---

① 陈万求：《论技术规范的构建》，《自然辩证法研究》2005 年第 2 期。

了发展。从质上看，工程师对产品的使用者和服务者的责任已经进一步发展成为对社会公众（消费者）的责任。因为，社会公众（消费者）是工程师的技术成果直接使用和服务的对象。从量上看，工程师的责任扩大了，产生了一种新的社会责任——对雇主的责任。所谓工程师的雇主，即工程师受雇的企业或公司。这些从古代社会末期就开始萌芽并且生长起来的企业，开始承担起社会技术发展的重任并日益成为技术社会中的中坚力量。工程师应该对雇用他们的企业承担责任，诸如忠诚守信、尽职尽责等。这样，工程师的社会责任就由古代工匠时代单一的人际责任结构发展成为二元的人际责任结构模式，即对公众（消费者）和雇主的二元结构责任。

4. 现代技术时代的责任

20 世纪初的物理学革命引起了一系列技术发明，使得技术在很多领域获得了长足的发展，生物工程技术和信息技术等高端技术的发展尤其如此。与前面三个时代相比，技术主体有着明显的特征。首先，技术主体的社会地位已经得到了极大的提高。“我们是掌握物质进步的牧师，我们的工作使其他人可以享受自然力量的源泉的成果，我们拥有用头脑控制物质的力量。我们是新纪元的牧师，却又不迷信。”[①] 其次，由于分工趋于精细和成熟，各个专业的工程师集团已经形成。再次，随着技术的消极后果日渐突出，科技—经济—社会—自然协调发展的科学技术观的形成，技术主体的社会责任日益凸显和备受关注。这个阶段工程师的社会责任再一次扩大，产生了一种更新的责任，这就是对自然环境的责任，或者说对生态的责任。如果说人们对工程师的生态责任在遥远的古代还处在无意识阶段，在近代仍然处于朦胧认识的阶段的话，那么随着现代科技发展所带来的生态问题的日益严重，人们对工程师这种崭新的责任已经有相当程度的认识和了解。这样工程师的责任就由近代的二元结构责任发展成为三元结构责任模式：公众（消费者）—雇主—生态责任结构。应当指出的是，除上述三元结构责任外，工程师还承担对技术的责任、对同事的责任、对国家的责任乃至对整个社会的责任等。但是三元结构责任构成了当今时代工程师责任中最主要、最基础的部分，舍此就等于取消了工程师责任。

---

① 〔美〕卡尔·米切姆：《技术哲学概论》，殷登祥等译，天津科学技术出版社，1998，第 87 页。

5. 工程师社会责任的发展趋势

上述分析表明，工程师的责任有一个从简单到复杂、从一元到多元的发展过程。这个过程还在继续下去，在未来的某个发展阶段，工程师的责任还会逐步扩大，而已经存在的责任也会出现分化瓦解和重新组合，一些责任可能退居次要地位，甚至走向消失，而另外一些责任又会适应时代的要求出现在工程师面前，要求工程师勇于去承担。例如，工程师对生态的责任还会日渐重要和逐步扩大，这种责任会超出地球生物圈，延伸到太阳系、银河系乃至整个宇宙，从而产生所谓工程师的“宇宙伦理责任”；同时，工程师的责任发展还将由近距离的伦理责任走向远距离的伦理责任。所谓“近距离的伦理责任”，是指工程师对当代人的责任，更确切地说，是同一种族、同一文化圈内工程师对当代人之间的伦理责任。在科技高度发达、经济生活之间相互依赖明显、生态条件之间联系越来越紧密的当今时代，工程师的“近距离伦理责任”并不是不适用了，而是不够用了。除了对人与人之间关系的责任和义务以外，工程师还要有对人类的义务，特别是对未来人类的尊重、责任与义务，这就是工程师“远距离的伦理责任”：从时间上看，不仅目前活着的人是工程师责任的对象，而且那些还没有出生的未来的人——我们的子孙后代——也是工程师道德责任的对象。工程师对未来的人有着不可推卸的责任。工程师有义务在他自己与未来人之间把握住一个正确的尺度。正如 2004 年上海世界工程师大会宣言《上海宣言——工程与可持续发展的未来》所言：“工程师应该肩负起塑造可持续未来的重任。”

但是，不管工程师未来的责任怎样发生变化，他们对人类的伦理责任都将是永恒的。

三　工程师社会责任的层次结构分析

工程师责任的层次结构是与工程师主体结构联系在一起的。因此，有必要对工程师主体结构进行一些分析。

库恩认为，科学主体——“科学共同体”——可以分许多级：“全体自然科学家可成为一个共同体。低一级是各个主要科学专业集团，如物理学家、化学家、天文学家、动物学家等的共同体。”“用同样方法还可以抽出一些重要的子集团：有机化学家甚至蛋白质化学家、固态物理学家和高能物理学家、射电天文学家等等。再分下去才会出现实际困难。”[①] 据此，现代工程师主体的结构可以划分三元立体结构模式：①直接从事工程技术活动的单个主体，即工程师个体，包括技术员、助理工程师、工程师、高级工程师等；②专业工程师集团，是指在同一工程技术领域从事工作的工程师，如传统技术领域的土木工程师、机械工程师，新兴领域的食品工程师、化学工程师、网络工程师等；③工程师共同体，是指在一个特定的时间和空间内不分专业的、遵守相同范式的工程师全体（见图6－2）。

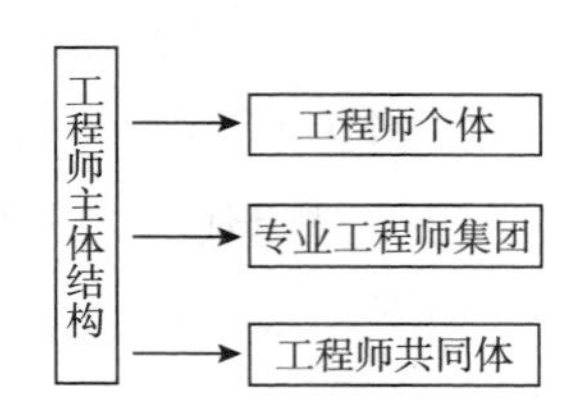

图6－2　现代工程师的三元立体结构

工程师主体结构不同，与其相对应的责任层次结构也不同。下面对工程师责任层次结构进行逻辑分析。

工程师责任是一个复杂层级结构的系统。根据工程师责任对象性质上的差别，工程师责任大致上可以区分为人际责任、技术责任、生态责任和人类责任四个层次。所谓人际责任就是工程师在工程职业活动中面对其直接服务对象——人们——时所承担的责任，其中主要是对雇主和公众（消费者）直接承担的责任。工程师人际责任遵循的原则主要是忠诚（对雇主）和服务（对公众），其责任的特点是直接性和现实性。所谓技术责任是工程师在工程技术活动中解决技术难题时对于技术本身所承担的责任。任何工程活动从技术的角度看都是技术实现的活动。技术实现活动一方面要求技术活动主体对技术活动的本质和规律有科学的求真态度，另一方面要求技术主体服从生产效率规律。简言之，工程师作为技术主体，在技术活动中技术本身要求他们遵循的原则主要是求真和效率，其责任表现出技术性和专业性的特点。生态责任是工程师在工程技术活动中对环境和自然

---

① 〔美〕托马斯·S. 库恩：《必要的张力》，纪树立等译，福建人民出版社，1981，第292～293页。

的责任。生态伦理学认为，权利主体在人类历史上发生过两次大的变化：一次是由一部分人（贵族、自由民）拓展为全体人类，另外一次是由人类拓展到非人类的自然。自然成为权利主体意味着人类对自然承担责任，而工程师职业活动的特点决定了他们比其他职业的人群对自然环境承担起更多的责任。在生态责任中工程师遵循的原则是尊重和保护自然，其特点是自然性和间接性。人类责任是指工程师在职业活动中面对人类社会整体时所承担的责任。无论科学家还是工程师，都应当以满足人类的合理需要和人类的整体利益为其工作的根本目的，所以，工程师遵循的相应伦理原则是人类利益至上，其特点是前瞻性和整体性。

在工程师责任的层次结构中，人际责任是起基础性作用的，它主要约束工程师个体；技术责任是起根本作用的，它约束专业工程师集团，同时也约束个体；而生态责任特别是人类责任属于最高层次的，约束工程师共同体。因此，工程师主体和责任在结构上就形成了一一对应的关系（见图6－3）。

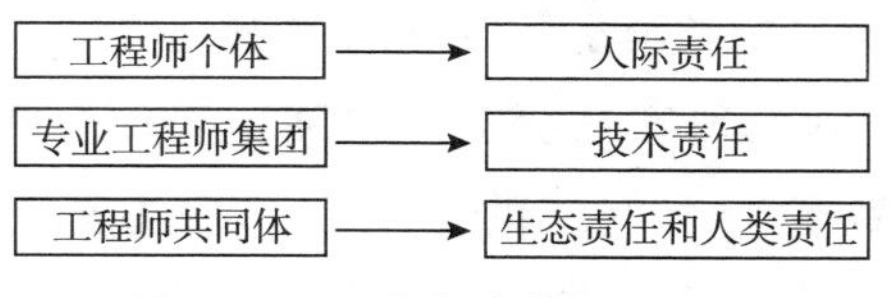

图6－3 工程师主体及其责任

工程师社会责任层次结构的划分是相对的，而这些社会责任之间的关系如何呢?

四 冲突与协调

1. 工程师社会责任的冲突

工程师的责任是互相冲突的，这种冲突是指工程师在履行其各种社会责任的时候，会出现顾此失彼、责任相互对立和矛盾的状态。笔者认为，其冲突表现在四个方面：①人际责任之间的冲突；②人际责任与技术责任之间的冲突；③人际责任与生态责任之间的冲突；④人际责任、技术责任、生态责任三者与人类责任之间的冲突。上述冲突本质上是利益的冲突，即工程师在面对不同的责任对象（公众、雇主、环境、人类）时各自不同的利益的冲突与矛盾的表现。在工程师的责任对象中，公众、雇主和环境各自代表了不同的利益，表现为公众（消费者）的利益、雇主的利益和环境生态利益。在对公众（消费者）的责任中，工程师在产品的设计、监理、制作、包装、检验环节中都要求从公众（消费者）利益的角度考虑，想公众（消费者）之所想，思公众（消费者）之所思。简言之，“公众至上”是工程师面对责任对象公众时应该承担的责任。而在对雇主的责任中，工程师面对的责任对象就从公众（消费者）转移到雇主，其设计、监理、制作、包装、检验就要求从雇主利益的角度去考虑，思考如何做到以最少的成本赢得最大的利润。简言之，“雇主至上”是工程师面对责任对象雇主时应该承担的责任。同样，在对自然生态的责任中，工程师面对的责任对象就从消费者、雇主转移到自然环境上，其设计、监理、制作、包装、检验都要从环境保护的角度考虑，这样“自然至上”是工程师面对责任对象自然时应该承担的责任。

显然，在某一项工程活动中，工程师面对“公众至上”、“雇主至上”和“自然至上”甚至“人类至上”时，各种利益之间不可避免地会发生冲突。这种冲突在工程师的现实社会实践中突出表现在两大矛盾：“雇主至上”—“公众（消费者）至上”的矛盾和“雇主至上”—“自然至上”的矛盾。在面对第一对矛盾冲突时，工程师往往会首先考虑对雇主的责任，要为雇主赚钱，从而可能导致牺牲消费者的利益。例如，食品工程师往往会因为雇主的指令而加入某种食品添加剂，而这种添加剂已经证明是对消费者的生命健康极其有害的。当然，如果工程师拒绝执行雇主的指令，其结果可能会导致工程师被迫辞职离开。在面对第二对矛盾冲突时，呈现类似的情形，即工程师首先考虑对雇主的责任，要为雇主赚钱，从而可能导致牺牲自然环境的利益。例如，一项从国外引进的工程可以为雇主带来巨额的利润，但是该工程项目在国外业已证明有害于生态环境而被当地政府限制利用，工程师此时虽然知道实情但是为了雇主的利益而继续帮助企业实施该工程项目，从而牺牲环境利益。如果工程师本着对生态的道义职责而拒绝实施该工程项目，其结果可能是被解雇。

在上述两对冲突中，不同专业工程师冲突带有专业特点，如对于土木类专业工程师而言，第二对矛盾冲突可能激烈些，而第一对矛盾则相对趋缓；对于食品类工程师来说则相反。不管在哪一种冲突中，对雇主的责任往往会成为工程师首先考虑的问题，也就是说“雇主至上”代替了“消费者至上”和“自然至上”，消费者的利益和自然生态的利益成为第二位的甚至是被忽视、被牺牲的。出现这种情况的根本原因是企业和工程师处在同一个“利益共同体”之中。换言之，工程师考虑企业的利益也就是在某种程度上重视自我的利益的实现，工程师出于对自我利益的关注从而会作出上述选择。看来，冲突是不可避免的，对冲突的协调就显得十分必要和迫切了。

2. 工程师社会责任冲突的协调

工程师社会责任的协调有没有可能？回答是肯定的。这是因为，第一，工程师对公众（消费者）责任、对企业雇主的责任和对生态的责任冲突本质上是社会效益、企业经济效益和生态效益三者的矛盾。而社会效益、企业经济效益和生态效益三者是可以统一起来的。一方面，社会效益和生态效益代表的是全局的、根本的和长远的利益；另一方面，企业效益代表的是局部的、非根本的和眼前的利益。对全局的、根本的和长远的利益的损害，反过来会影响和削减企业效益的实现，而对全局的、根本的和长远的利益的保护则会有利于企业效益的实现。这一点已经被无数事实所证明。第二，工程师是有“自由意志”的独立的伦理主体，面对伦理冲突时他（她）完全可以通过理性进行价值判断和调整行为目标，从而最终实现责任冲突的协调。例如，当一个生物工程师得知某种“转基因产品”投放市场后，会给企业带来巨额的利润，但是这种产品对使用后的消费者健康不利，同时产品的废弃物也会对环境造成相当大的破坏时，他首先应该向雇主提出反对意见，或者提出对产品的改进方案，尽量避免对消费者和生态环境可能造成的负面影响。如果对产品的改进方案得到雇主的同意，由于这种“转基因产品”在设计上避免了对消费者和生态环境造成负面影响，尽管对企业而言提高了该产品的成本，但是投放市场后赢得了消费者的信赖，使得企业击败众多竞争对手，而在该种产品中独占鳌头。这种情形对消费者、雇主、生态都有利，从而形成“多赢”的格局。如果雇主反对产品改进方案，情形就大不相同了。最终雇主可能会因为消费者的唾弃和政府的干预而陷于绝境。可见，对工程师而言，“自由意志”有助于工程师实现伦理责任的协调。

那么，如何协调工程师社会责任的冲突呢？

不同的责任之间发生冲突的情形，属于伦理学悖论的范畴。解决伦理悖论的方法，必须依据一定的基本原则。德国哲学家伦克提出了以下优先秩序原则来解决责任的冲突：

——当事人的道德权利优先于利益的考量；

——人权正义的行为优先于纯粹事物性的正义；

——公共福祉优先于其他特殊的非道德的利益；

——人类、社会的可承受性优先于环境、物种、自然的可承受性；

——当遇到两项同等权利相互冲突之时，应同等对待，寻求妥协；

——普遍的及直接的道德责任优先于非道德的、有限的义务，即普遍的道德责任优于角色—任务性责任；

——直接的、原初的道德责任在大部分情况下优先于间接的、远距离的责任；

——在紧急情况下，生态的可承受性优先于经济利用①。

伦克的解决伦理悖论的基本原则对我们协调人类的责任冲突有一定的指导意义。在构建工程师责任冲突协调原则时可以对其增删，为我所用。例如，“人类、社会的可承受性优先于环境、物种、自然的可承受性”原则对于工程师处理人际责任和生态责任之间的冲突提供了思想元素，“当遇到两项同等权利相互冲突之时，应同等对待，寻求妥协”则对于工程师处理雇主与消费者之间的责任冲突有一定的启发。我们认为，协调工程师伦理责任冲突的基本原则主要有：

（1）对公众（消费者）的责任优于对雇主的责任。也就是说，当对公众（消费者）的责任和对雇主的责任发生冲突时，工程师应当首先考虑和尊重公众（消费者）的利益，把公众（消费者）的利益放在第一位。在此，我们无意否定工程师对雇主的责任，我们是说在不损害公众（消费者）利益的前提下才考虑雇主的利益。如果片面否定工程师对雇主的责任，整个工程活动失去了物质的经济的依托，也就根本谈不上工程师对公众（消费者）的责任。

（2）人际责任大多数情形下优于技术责任。技术的求真和效率是从属于人的利益的。工程师对人际责任大于或者说优于技术责任。一项工程是

---

① 转引自甘绍平《应用伦理学前沿问题研究》，江西人民出版社，2002，第126页。

合乎技术要求的，必须同时是合乎人性的。例如，某种农药的发明和使用可以说是合乎科技原理的，其杀虫效率是非常高的，但是它对人有害，它所创造的经济价值不能与它造成的损失和危害相比。此种情形要求工程师出于对人际责任放弃这项发明和推广，重新去发明危害程度相对降低、杀虫效率降低的替代品。

（3）人类整体责任优于人际责任和技术责任。在社会生产中，工程师的工程活动不是在一个孤立封闭的系统中进行的，因此，工程师应该有全面的社会效益和人类长远的整体的道义眼光。我们不同意伦克提出的“直接的、原初的道德责任在大部分情况下优先于间接的、远距离的责任”，这种提法存在着对人类未来的长远的整体的利益忽视的危险。从总体上讲，工程师对人类整体责任应该优于同一文化圈、同一种族的人际责任和技术责任。

第三节 工程师的环境责任

一 工程及其与环境的依存关系

工程是人类以利用和改造客观世界为目标的实践活动，是人类将基础科学的知识和研究成果应用于自然资源的开发、利用，创造出具有使用价值的人工产品或技术活动的有组织的活动。它包括两个层次的含义：第一，工程活动必须包含技术的应用，即将科学认知成果转化为现实的生产力；第二，工程活动应当是一种有计划、有组织的生产性活动，其宗旨是向社会提供有用的产品。从系统角度分析，工程活动作为一个系统具有如下特征：①工程活动是科技改变人类生活、影响人类生存环境、决定人类前途命运的具体而重大的社会经济、科技活动，通过工程活动改变物质世界。换言之，工程活动是科学技术转化为生产力的实施阶段，是社会组织的物质文明的创造活动。科技的特征和专业特征是工程的本质基础。②工程活动历来就是一个复杂的体系，规模大，涉及因素多。现代社会的大型工程都具有多种基础理论学科交叉、复杂技术综合运用、众多社会组织部门和复杂的社会管理系统纵横交织、复杂的从业者个性特征的参与、广泛的社会时代影响等因素的综合运作的特点。③工程活动能够最快最集中地将科学技术成果运用于社会生产，并对社会产生巨大而广泛的影响。这一影响是全方位的，不仅有社会政治的、经济的、科技的，也有社会文化道德的[①]。

工程与环境，作为两个不同的系统，存在着相互依存的关系。工程活动作为一个社会系统，只有与环境系统（自然环境和社会环境）不断进行物质、能量和信息的交换，才能实现自身的生存与发展。首先，从工程系统的输入看，环境为工程系统提供所需的一切物质资源，如生态资源、生物资源、矿产资源等，它们最初都来自自然界。离开了环境所提供的资源，工程系统只能是“无米之炊”。其次，从工程系统的运行过程看，工程活动的整个过程都与自然环境密不可分。因为，现代工程活动是在一定的环境空间中进行的，离开了环境空间，工程活动将“无立足之地”。再次，从工程系统的输出看，环境成为承载工程活动的产品和副产品（如“三废”）的主要场所。工程活动输出产品和副产品后，自然界以其巨大的包容能力消化、吸收。在工程系统与环境系统进行物质、能量和信息的互动过程中，大致存在着两种性质不同的互动方式：一种是良性的互动方式，即在工程系统的输入—输出过程中，基本上没有造成环境的破坏，良好的环境为工程系统的进一步发展提供了条件；另一种是恶性的互动方式，即在工程系统的输入—输出过程中，环境被严重损害、被掠夺，被损害、被掠夺的环境反过来又对工程系统的发展造成直接或间接损害。

工程与环境的相互关系表明：在工程与环境的互动发展中，具有主观能动性的工程活动的主体，如政府、企业家、工程技术人员等负有重要的责任。而他们对这种责任的认知和履行，对于促进工程与环境的良性互动关系起着十分关键的作用。

二　工程师社会角色决定了工程师必须承担环境责任

在工程活动的诸多主体中，人们对政府和企业的责任的研究已经取得了十分丰硕的成果。而对工程技术人员——工程师——的责任研究还处于

① 肖平：《工程伦理学》，中国铁道出版社，1999，第30页。

起步阶段。工程师必须承担对环境的责任是由他们独特的社会角色决定的。

约瑟夫·本-戴维认为，科学家是一种独特的智力角色、专业角色[①]。同样，工程师也是一种独特的专业角色。在古代社会，工程师前身多是巫师。工程师的社会角色并未得到公众的认同。西方文艺复兴时代出现了“engineer”。他们摆脱了行会的束缚，用大胆的想象开发新技术，被称为“天才”。他们中大多数人都像达·芬奇那样是军事工程师。在民族国家形成前后，国家办学培养工程师，成为国家官僚。随着教育机构的完善，进行技术科学教育，工程师也就是工程学家。在民用工程中工程师数量大增。可见，工程师作为专业角色是近代才出现的。到了现代，随着工程技术发展到电子、信息时代，大规模的技术设备被用于机器化大生产，生产的发展又为技术革新提供了物质基础，工程技术与经济的紧密结合成为时代的要求。这时，从近代工匠中分离出来的工程师，获得了现代意义：从构思工程技术、设计工艺、制定标准到规定操作程序等，工程师的作用在工程创造中得到了很大的提高。工程师这一职业获得了比较独立的社会地位，形成了工程师共同体。

现代工程活动使工程师扮演了一个极其重要的社会角色。现代社会各个国家在国家发展和经济发展的过程中，大量的项目几乎都由工程师亲手建成。工程师是现代工程活动的核心，工程的勘察、设计、施工和操作都是由技术人员即工程师去完成的。换言之，工程师是工程活动的设计者、管理者、实施者和监督者。工程师这种独特的社会角色决定了他们的职业活动与一般人的职业活动相比具有以下几个显著的特征：①从职业活动领域看，工程师职业活动领域主要是自然界，其他的职业活动者如政治家、律师、医生、教师等主要是在社会领域进行。②从职业活动的性质看，工程师职业活动的性质是运用科学技术知识直接干预自然和改造自然界的活动，其他的职业活动主要是直接干预社会和改造社会的活动。③从职业活动的后果看，其他的职业活动可能或多或少也会对自然产生一些影响，但是主要是对社会直接产生影响。相比之下，工程师的职业活动对自然的影

---

① 〔以色列〕约瑟夫·本-戴维：《科学家在社会中的角色》，赵佳苓译，四川人民出版社，1988，第1页。

响更大一些。与前述工程和环境的互动方式相适应，这种影响可能会朝着两个方向发展：一方面，工程师在履行自己的社会角色中，重视并且正确履行其应承担的社会责任尤其是生态责任，就会减少对环境的破坏，形成工程与环境的良性互动关系；另一方面，工程师忽略其应承担的社会责任尤其是生态责任，就会增加对环境的破坏，从而形成工程与环境的恶性循环关系。基于此，工程师的社会角色及其所从事的职业活动决定了工程师与自然环境结下了不解之缘，从而也就决定了工程师比一般的职业活动者要对环境承担更多的责任。

三　社会可持续发展呼唤工程师的生态责任

人类社会已经进入追求可持续发展的新时期。几个世纪以来，人类通过工程技术将天然资源转换成物质财富，促进了社会、经济的发展和劳动生产率的提高。但是，随着工业化的进程，不可再生资源大量消耗、环境严重污染、生态遭到无情破坏，给人类的生存和发展造成了严重的威胁。因此有人提出了“发展的极限”的概念。1992 年在里约热内卢召开的联合国环境与发展会议将可持续发展确立为人类社会的共同发展战略，在世界各国引起强烈反响[①]。

中国的国情决定了中国必须走可持续发展的道路，从而也决定了工程活动也必须走可持续发展之路。工程活动是一种经济活动，是人类重要的物质生产活动。一方面，作为发展中国家，要实现经济社会的快速发展，建设高度的物质文明，因此中国社会在相当长的时间内会“大兴土木”，大规模开展各种工程活动；另一方面，可持续发展要求人们在进行工程活动时必须从道德的角度重新审视工程与自然的关系，协调好人与自然、工程活动与环境的关系，避免高投入、高能耗、高排放，实现低投入、低能耗、低排放，要求人们既实现经济社会的快速发展，又保护好人们赖以生存和发展的环境。同时，我们还应该看到，经济发展和环境保护这一对矛盾将伴随着我国现代化的全过程，并且困扰着政府、企业和工程技术人

① 刘湘溶：《生态文明——人类可持续发展的必由之路》，湖南师范大学出版社，2003，第 2 页。

员。近年来，由于人们生态意识的逐步加强，环境保护措施改善，经济发展和环境保护的矛盾有所缓和。但是，工程活动所带来的环境问题仍然十分突出，有些问题亟须人们去解决。工程技术人员作为工程活动的设计者、管理者、实施者和监督者，在解决环境问题的过程中扮演着重要角色。他们是促进我国社会可持续发展的中坚力量。例如，在造纸、印染、染料、制革、炼油、农药等行业中的“三废”问题非常突出，如何使废气减量排放和净化？如何使污水得到净化处理？如何对固体废物和垃圾进行分类、集中与净化处理？在汽车制造工程中，如何才能生产既节能又环保的汽车？这些问题都需要工程师积极去应对和妥善加以解决。由此可见，可持续发展战略呼唤工程师勇于承担起生态责任。

上述分析表明：工程师履行生态责任是现实的呼唤和理论逻辑的必然。那么，这种生态责任有哪些特点？

四 工程师生态责任的特点

我们认为，工程师职业活动中承担的生态责任是多方面的。一方面，工程师要承担生态法律责任，具体而言，又可分为生态民事责任、生态行政责任和生态刑事责任等；另一方面，工程师在职业活动中又必须承担生态伦理责任。作为道义责任的工程师生态责任，具有以下几个特点：

第一，生态伦理责任是一种非国家强制性的责任。生态法律责任是借助物质的力量——国家强制力——来保证实施的，它使用暴力为自己开辟道路，工程师遵守它的要求，就获得了在社会生活和工程活动中行动的权利，否则就会受到惩罚。与此不同，生态伦理责任的实施不使用武力为自己开辟道路，它是借助于精神的力量——传统习惯、社会舆论和工程师的内心信念和良心——来维系，是工程师道德上的自律。生态伦理责任作为一种非国家强制性的责任，必然要求工程师真心诚意地接受它，并且转化为工程师的道德情感、道德意志和道德信念，换言之，要求工程师形成“生态良心”，自觉服膺生态伦理责任的规范。

第二，生态伦理责任是一种“近距离和远距离相结合的伦理责任”。所谓“近距离的伦理责任”，是指工程师对当代人的生态责任，更确切地说，是同一种族、同一文化圈内工程师对当代人的生态伦理责任。在当今时代，科技高度发达，经济生活之间相互依赖明显，生态条件之间联系越来越紧密，工程师的“近距离伦理责任”并不是不适用了，而是不够用了。这就产生了工程师对未来人类的尊重、责任与义务，即工程师的“远距离的伦理责任”。从时间上看，不仅目前活着的人是工程师责任的对象，而且那些还没有出生的未来的人——我们的子孙后代——也是工程师生态伦理责任的对象。工程师对未来的人有着不可推卸的责任，他有义务在他自己与未来人之间把握住一个正确的尺度。近、远距离的伦理责任要求工程师在工程活动中做到“代内公平”和“代际公平”相结合。

第三，生态伦理责任是工程师在工程活动中全过程的责任。在工程活动进行之前，工程师应该对工程活动实施后可能造成的环境影响进行分析、预测和评估，提出预防或减轻不良环境影响的对策和措施，选择最好的对环境可持续发展最合理的工程方案。在工程活动实施过程中，要分析并采取行动以减少工程活动中可能发生的环境影响，尽量采用生态生产技术，使不断进步的生态生产技术能够发挥真正的效力。同时实行清洁生产，使整个生产过程保持高度的生态效率和环境的零污染，生产出绿色产品。在工程活动之后，对工程活动的产品进行跟踪和监测，做好环境反馈工作。作为一种全过程的责任，生态伦理责任要求工程师在工程活动中始终关注其行为对环境的影响，并随时作出调整，向有利于协调工程与环境的关系的方向发展。

第四，生态伦理责任是工程师的崭新的社会责任形式。工程师传统的社会责任局限于人际道德领域，例如，对雇主真诚服务，互信互利；对同事分工合作，承前启后；对社会守法奉献，服务公众。近代以降，工程技术活动特别是大型工程技术活动对自然环境产生了巨大影响，涉及生命和自然界的利益，因而产生了工程师对自然环境的责任。这样，工程师的社会责任由人际责任扩展到生态责任。如果说人们对工程师的生态责任在遥远的古代还处在无意识阶段，在近代仍然处于朦胧认识阶段的话，那么随着现代科技发展所带来的生态问题的日益严重，人们对工程师这种崭新的责任已经有相当程度的认识和了解。然而，工程师本人对社会赋予他们的这种对崭新的社会责任的认识不多，知之不深。事实上，大多数工程师对自身承担的环境法律责任有相当程度的了解，而对生态伦理责任的认识还处在一个低水平的发展阶段，有的甚至处于尚未觉醒阶段。生态伦理责任作为十分重要的崭新的责任形式，要求工程师首先应该主动认识和自觉履行。同时，社会也有义务通过各种渠道、各种形式为工程师认识和提高自身的生态责任意识提供方便和条件。从专业教育角度讲，就为我国工科教育提出了一个崭新的教育课题——工程师的生态意识和环境责任意识的教育问题。笔者认为，培养和加强工程师生态责任意识主要依靠科学的工程师生态伦理教育和正确的行为引导。

五　工程师生态伦理教育

工程师的生态伦理教育属于环境道德教育的内容。目前，我国的环境道德教育还处于起步或探索阶段，离形成成熟、健全、完善的教育体系还有漫长的距离①。因此，加强工程师环境教育有很多工作要做。目前，我国工程师的环境道德教育存在几大难题：第一，对在校工科类大学生基本上没有开设环境道德教育课程，没有相应的教材，其直接后果是我国未来的工程师没有接受系统的环境道德教育。第二，在职的各级各类工程师中，部分工程师是通过各种考试（如造价工程师、注册工程师、建造师等考试）取得资格，部分是通过岗位的晋升或在职进修取得资格。可以说，他们大多也没有接受系统科学的环境道德教育。第三，更为严重的是，在国外对环境道德教育开展得如火如荼的今天，国内教育界在工程师环境道德教育方面还没有取得共识。要克服这些难题，培养工程师生态伦理责任意识，就要统一认识，在高校普遍开展环境道德教育。如何开展工程师环境道德教育，目前在国内仍然是一个崭新的课题。笔者认为，必须转变教育观念，在教学内容、课程设置、教学环节、教学手段和方法上全面贯穿工程师环境道德教育。

在教育观念上，树立起环境道德教育是一种素质教育和人格教育，同时也是一种继续教育和终身教育的观念；在教学内容上，结合面向21世纪的教材建设，在各门学科中增加环境知识、环境保护内容；在课程设置

---

① 曾建平：《绿色回归——环境道德教育》，人民出版社，2004，第259页。

上，结合素质教育，在本科阶段的必修课或选修课中要增开有助于培养环境素质的系列课程，如生态学、生态伦理学、循环经济概论、工程伦理学等课程；在教学方法上，可以采用案例教学、专题讲授、实地考察等方法进行。

通过工程师环境道德教育，可以培养出具有浓厚生态责任意识工程师。然而，工程师生态责任意识的实现，还需要在实践中对工程师生态行为进行伦理引导。

六　工程师生态行为的伦理引导

在处理工程与环境关系的实践中，离不开对工程师行为的正确引导。在众多的引导中，法律的导向作用无疑是十分重要的。工业革命以来，许多国家就开始在环境保护方面进行立法。英国从 19 世纪初就陆续出台了一些环境法规。这表明国外很早就重视用法律来规范和引导工程技术人员的环境行为。国内环保立法起步较晚，20 世纪 90 年代至今，我国陆续制定和颁布了《环境保护法》、《环境影响评价法》、《水污染防治法》、《固体废物污染环境防治法》、《环境噪声污染防治法》以及《建设项目环境保护条例》等，建立了环境保护责任制度，明确了政府、企业和个人的环境法律责任。这些法律法规对于规范和引导工程师的生态行为起了关键的作用。但是，目前我国的环保立法还不完善，而在环境执法方面还存在许多漏洞。因此，加强对企业和工程师行为的伦理引导就显得格外重要。一些国家和地区的工程师协会提出了工程师信条或环境守则，来规范和引导工程师的生态行为。例如，我国台湾省的“中国工程师信条”中规定了工程师应当“尊重自然，维护生态平衡，珍惜天然资源，保存文化资产”，并且作出了以下声明：

——保护自然环境，充实环保有关知识及实务经验，不从事危害生态平衡的产业；

——规划产业时应做好环境影响评估，优先采用环保物资，减少废弃物对环境的污染；

——爱惜自然资源，审慎开发森林、矿产及海洋资源，维护地球自然生态与景观；

——运用科技智能，提高能源使用效率，减少天然资源的浪费，落实资源回收与再生利用；

——重视水文循环规律，谨慎开发水资源，维护水源、水质、水量洁净充沛，永续使用；

——利用先进科技，保存文化资产，与工程需求有所冲突时，应尽可能降低对文化资源的冲击①。

又如，澳大利亚工程师协会制定的《工程师环境原则》的基本内容包括："工程师需发展和发扬可持续的职业道德"、"工程师应认识到工程的相互制约性"、"工程师们开展工程应遵循可持续发展的职业道德"、"工程师的行动应统一化，有目标性并具职业道德，牢记其对公众的责任"、"工程师应当从事并鼓励职业发展"等五个方面的内容。其中"可持续发展的职业道德"是《工程师环境原则》目标的核心内容。它规定：

——认识到生态系统相互依存及其多样性形成了我们生存的基本条件；

——认识到对于人类制造的变化，环境的吸收同化能力有限；

——认识到未来一代的权利，任何一代不应该为增加财富而有损于后代；

——在工程实践中确定一种明确的行为协议，以改善、延续和恢复环境；

——对不可再生的能源的使用应开发替代能源；

——在所有工程活动中，要通过废物最少化和再循环来促进不可再生能源的最佳利用；

——通过进行可持续管理实践，努力达到原材料和能量的最小消耗，来达到工程目标②。

上述"工程师信条"和"工程师环境原则"以及其他国家和地区工程师学会、协会制定的工程师伦理守则，富有启发的思想元素。对此我们可以增删补益，构建适合我国国情的"工程师环境伦理信条"，对工程师的

---

① 李培超：《自然的伦理尊严》，江西人民出版社，2001，第54页。

② http：//www. fju. edu. tw/ethics/rule/fram#20rule. html.

行为进行伦理引导。在此，笔者初步提出“中国工程师环境伦理信条”。它应该包括：热爱自然，尊重生命，保护环境，节约资源，使工程技术活动向有利于保护环境和维护生态平衡的方向发展；履行生态伦理学的最基本规范，如公正原则（代内公平、代际公平）、清洁生产原则、可持续发展原则等。由于工程师专业分工很细，对工程师专业集团“环境伦理信条”的确立，有待于专业工程师协会组织联合生态学家、伦理学家去构建和完善。

· 第七章 ·

工程的伦理规范与伦理教育

第一节　工程技术规范的构建

一　技术规范的构建何以可能?

首先，技术规范的构建是因为科学和技术分属于两个不同的社会系统。齐曼曾经说过：“在对科学和技术的研究中，最复杂的问题之一就是这两者之间的关系。”[①] 人从自然界分化出来并成为自然界的“对立物”，乃是人类认识自然和改造自然的前提。自然界分化出人类，使自然界本身也发生了根本性的变化。自然界从此有了自己的对立物——一个把自然界作为认识对象和改造对象的主体，从而开始了自然界被人工化和人工自然的生成的进程。培根在《新工具》中说明了科学的任务在于发现自然规律，提出了知识就是力量的命题。科学是认识自然界的结果和知识系统，同时也是认识世界的活动和认知过程。科学致力于回答对象“是什么”、“为什么”的问题，解决的问题与5个“W”有关，即何时（when）、何地（where）、何物（what）、如何（how）及为何（why）。技术是实现自然界人工化的手段和方法，是“人类为了满足社会需要而依靠自然规律和自然界的物质、能量和信息，来创造、控制、应用和改进人工自然系统的手段和方法。”[②] 技术在解决问题时多与5个“M”有关，即人力（man-power），机器

---

① 〔英〕约翰·齐曼：《元科学导论》，刘珺珺译，湖南人民出版社，1988，第82页。

② 于光远：《自然辩证法百科全书》，中国大百科全书出版社，1995，第103页。

设备（machine）、材料（material）、管理（management）及资金（money）[①]。不同的社会系统，需要不同的规范进行约束。任何社会系统都能够完全根据自己特定的规范去行动，根据自己特定的价值目标去选择。这就是社会系统的自治性。同人们的政治行为只能按一定政治系统中的价值观念和行为规范来约束，人们的经济行为受一定的经济系统的价值观念和行为规范来约束一样，科学系统的自治性表现为人们在从事科学活动和知识生产的过程中，按科学系统特有的价值观念和行为规范来约束；而技术系统的自治性则表现在从事技术活动的人们根据技术系统特有的价值观念和行为规范来约束自己。换言之，技术系统的自我生存、发展离不开技术规范，相反，是以此为基础的。

其次，技术规范的构建深深植根于技术生产活动需要。一般来说，一种社会规范的形成和发展总是与一定的社会物质生产过程相联系的，并且以这种物质生产过程为基础。反过来，一定的物质生产过程要得以顺利进行，又必定要求有一定的价值观念和行为规范与之相适应，这就是社会行为规范的适应性。从根本上讲，这种适应性是在物质生产的发展过程中，社会规范不断与之相互影响和作用下产生的。一方面，它是这种物质生产过程在人们头脑中反映的结果；另一方面又反作用于其产生的基础，成为它发展运动的前提条件。技术活动规范作为一种社会规范，其社会适应性是显而易见的。从历史上看，技术规范的产生和发展不仅离不开物质生产技术活动，而且是以此为基础的。社会为技术发展提供了需求、支撑和广阔市场。古代的工匠在建筑、冶炼、工具制造等技术活动中自觉或不自觉地积淀和形成相关的职业习惯、思维方式和心理观念，或者说产生出某种“产业意识”或“技术意识”。这就是最早的技术规范。

再次，技术规范的构建是由于技术本身发展和技术共同体自我完善的需要。库恩提出了科学发展模式，即前科学→常规科学（形成范式）→反常→危机→科学革命（新的范式战胜旧的范式）→新的常规科学……库恩指出在科学发展的整个过程中范式的作用是：范式的产生是科学共同体产生的标志，也是常规科学成熟的标志；范式被怀疑、动摇，科学共同体开始分化，科学发生危机；新的范式产生和被科学共同体接受，科学革命完

① 陈昌曙：《技术哲学引论》，科学出版社，1999，第162页。

成……[1]在库恩看来，范式是指科学共同体公认的共同信念、共同传统、共同理论框架以及理论模式、基本方法等。据此，笔者认为，技术规范在技术发展和技术共同体自我完善的过程中同样具有十分重要的意义。一方面，技术发展仰仗技术规范的发展和变化；另一方面，技术的进步也是技术共同体自我完善的需要。技术系统是一个相对独立的社会系统，它有自己特定的价值观念和行为规范。技术规范是技术健康发展的基本条件。技术规范的产生在于指导技术人员的技术活动。无论是古代传统的农业技术、手工技术，还是近代的大工业生产技术抑或现代的技术，也不管其技术规范是以职业习惯、行为准则还是以心理观念的形式表现出来，技术规范的作用都必然在于指导技术人员的技术活动。技术人员在技术活动中通过对已有的技术规范进行学习、模仿，继而认同、接纳，最后服膺于它。可见，技术人员在整个技术活动中，离不开技术规范的指导。离开了所谓的“技术行规”的指导和规范，技术人员所从事的技术活动就会受阻，停滞不前，甚至遭受重创。如果说这种情形在古代社会影响不很明显，那么在近现代特别是在现代却影响巨大。例如，1986 年苏联切尔诺贝利核电站的严重核泄漏事故，以及 1999 年日本茨城县核燃料工厂发生的泄漏事故等，就是由于技术人员违反技术操作规程，加上设计中的漏洞造成的。从这个角度看，技术活动需要技术规范，技术规范因此而酝酿降生。

最后，现代技术规范的构建还有赖于消除技术活动过程中的各种负面影响，克服技术活动过程对社会秩序的无序状态。现代社会的技术活动，面临着复杂的、相互牵制的因素和关系，构建和提出各种技术规范，体现了技术对社会价值的负荷和技术的社会选择。现代技术活动对社会产生了巨大的影响。现代技术尤其是医疗技术的进步深刻地冲击着传统的伦理观念，基因工程、试管婴儿的出现改变了原来的子代、亲代的划分，器官移植、危重疾病的抢救涉及复杂的法律和伦理问题，给医患关系增添了许多新问题和新内容。现代技术影响社会舆论、伦理的最新“重大事件”与克隆技术特别是“克隆人”相关。因此，技术规范必须对新的技术的负面影响作出积极反应，通过构建新的技术规范，对技术活动进行引导、干预，使技术活动进入有序状态。

---

① 转引自李汉林《科学社会学》，中国社会科学出版社，1987，第 327、331 页。

二　技术的主体结构和规范结构分析

技术规范的构建与技术主体息息相关。技术主体是指具备一定的知识和能力的，参与技术创造与使用过程的人。下面对技术主体进行历史的逻辑的分析。

技术主体的演进同技术的进化一样，经历了一个漫长的发展过程。技术的不同历史发展阶段和不同的特点使得技术主体在基本构成上各有不同。技术的发展历史大致可以划分为四个主要时期，即原始技术时代、工匠技术时代、近代工业技术时代和现代技术时代[①]。

在原始技术时代，技术的发明和使用除了用于人类自身的生存以外没有其他任何目的性，对自然的改造和利用也只局限于狭小的范围。人类对自然的技术改造尚未构成对自然潜在和现实的威胁，所以对于原始时期的技术发明者而言，技术主体的社会角色和职业化尚未完成，技术主体的数量微乎其微，因而也就不存在严格意义上的技术主体。

到了工匠技术时代，出现了手工业和农业的分工，使得工匠成为相对独立的社会职业。他们兼古代技术发明与应用于一身，并且成为继承和推动古代技术发展的主要力量。但是这个时期技术不被当时的社会和人们重视，甚至被看成“奇技淫巧”，工匠的社会地位十分低下，尚未形成共同体，他们处在分散的、孤立的状态下。

随着技术发展到大工业时代，大规模的技术设备被用于机器化大生产，生产的发展又为技术革新提供了物质基础，技术与经济的紧密结合成为时代的要求。这时，出现了工匠与工程师的分离，从此诞生了现代意义上的工程师。从构思技术、设计工艺、制定标准到规定操作程序等，工程师的作用在技术创造中得到了很大的提高。工程师这一职业也开始获得比较独立的社会地位。

20 世纪初的物理学革命引起一系列技术发明，使得技术在很多领域获得了长足的发展，生物工程技术和信息技术等高端技术的发展尤其如此。与前面三个时代相比，技术主体有着明显的特征。首先，技术主体的社会地位已经得到了极大的提高。“我们是掌握物质进步的牧师，我们的工作

---

① 杜宝贵：《论技术责任的主体》，《科学学研究》2002 年第 2 期。

使其他人可以享受自然力量的源泉的成果，我们拥有用头脑控制物质的力量。我们是新纪元的牧师，却又不迷信。”① 其次，由于分工趋于精细和成熟，各个专业的工程师集团已经形成。再次，随着技术的消极后果日渐突出，科技—经济—社会—自然协调发展的科学技术观的形成，技术主体的社会责任日益凸显和备受关注。

从上述分析可以看出，从原始技术社会到现代技术社会，技术主体经历了一个从无到有、从小到大的发展过程；其社会角色和职业经历了从不成熟到逐渐成熟的过程。库恩认为，科学主体——“科学共同体”——可以分许多级。“全体自然科学家可成为一个共同体。低一级是各个主要科学专业集团，如物理学家、化学家、天文学家、动物学家等的共同体。”“用同样方法还可以抽出一些重要的子集团：有机化学家甚至蛋白质化学家、固态物理学家和高能物理学家、射电天文学家等等。再分下去才会出现实际困难。”② 据此，现代技术主体的结构可以划分三元立体结构模式：①直接从事技术活动的单个主体，即工程师个体、技术人员个体等；②技术专业集团，指在同一技术领域从事技术工作的工程师和技术人员；③技术共同体，指在一个特定的时间和空间内不分专业的、遵守相同范式的所有技术人员（见图 7－1）。

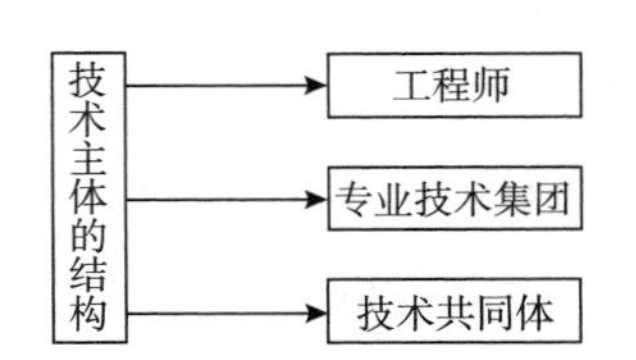

图 7－1 现代技术主体的结构

与技术规范主体密切相关的是技术规范，因此下面对技术规范的结构进行分析。

笔者认为，技术规范是指从事技术活动的人在一定的社会历史条件下形成的与一定的物质技术生产过程相联系的共同信念和行为规范的总和。

① 〔美〕卡尔·米切姆：《技术哲学概论》，殷登祥等译，天津科学技术出版社，1998，第 87 页。

② 〔美〕托马斯·S. 库恩：《必要的张力》，纪树立等译，福建人民出版社，1981，第 292～293 页。

技术规范有广义和狭义之分。狭义的技术规范是指某一具体的技术活动所遵守的技术规则和技术流程，如“公路工程技术规范”、“桥梁工程技术规范”等；广义的技术规范除了技术规则和技术流程之外，还包括一个国家特定的法律制度对技术主体的特殊要求，以及全社会对技术主体的最高要求等。由此可以把技术规范划分为三个层次：技术规则、技术法规、技术信念。其中，技术规则是技术主体从事某一具体的技术活动的最低要求或者说技术活动的底线。无此，技术活动就无法进行。技术法规是国家制定或认可的、以国家强制力来保证实施的、以技术主体权利义务为内容的行为规范的总和。在我国，目前的技术法规主要以技术行业立法为主，表现为单行法规，如科技部、交通部、铁道部、建设部等部委颁布的单行法规，也有全国人大的立法，如《刑法》、《民法通则》、《合同法》等。技术法规具有国家强制性，在一个法制健全的社会里，技术主体必然会遵守法律的权威。在现实社会生活中，技术主体虽然对技术法规十分重视，不敢逾越，但是在政治、经济利益的驱使下有时也会铤而走险。而技术信念则是技术主体在长期的技术实践活动中形成的，以内心信念、社会舆论和传统习惯来维系的行为规范的总和。技术信念即技术伦理。技术信念不同于技术规则和技术法规：①技术信念不具有强制性，不通过武力为自己开辟道路，它不如技术规则和技术法规那么有力量；②技术信念在效果上是长远的和宏观的，它不如技术规则和技术法规来得直接；③技术信念在功能上仍然遭受少数人们的怀疑，但是其价值日益为有识之士所认识。

在技术规范的结构中，技术规则是起基础性作用的，它主要约束技术主体中的个体——工程师；技术法规是起根本作用的，它约束专业共同体，同时也约束个体，它是一种外在的强制和约束力量；而技术信念伦理属于最高层次的，约束技术共同体，它是一种内在的约束力量。因此，技术主体和技术规范在结构上就形成了一一对应的关系。

在技术规范的三个层次中，技术伦理（信念伦理）的构建在当今科学技术发展条件下显得十分突出和必要。

三　技术活动的信念伦理构建

科学社会学认为，在知识的生产中，科学家以追求真理真知为目的。

据此，人们建立起一种特定的社会联系，形成一种特定的价值观念和行为规范。这些价值观念和行为规范制约着科学家在知识生产中的社会行为。默顿认为有四种规范指导科学家的行为，它们构成科学的“精神气质”：普遍性、有条理的怀疑主义、公有主义和无私利性。这四种科学规范是科学共同体在知识生产活动中社会行为的最高准则①。那么，构成技术的“精神气质”或者说构成技术的“信念伦理”是什么呢？技术共同体社会行为的最高准则是什么？笔者认为，技术的“信念伦理”或者说技术活动的“最高准则”应该包括以下四个方面：

（1）人道主义原则。人道主义原则要求技术主体必须尊重人的生命权。这是对技术主体最基本的道德要求，也是所有技术伦理的根本依据。天地万物间，人是最宝贵、最有价值的。善莫过于挽救人的生命，恶莫过于残害人的生命。尊重人的生命权而不是剥夺人的生命权，是人类最基本的道德要求。

（2）生态主义原则。生态主义原则是对技术主体新的道德要求。它要求技术主体进行的技术活动要有利于人的福利，提高人民的生活水平，改善人的生活质量，要有利于自然界的生命和生态系统的健全发展，提高环境质量。

（3）团队精神。科技社会化、社会科技化的社会，是一个需要紧密合作的社会。现代科技已经成为一种社会化的集体劳动。这种劳动是以友好的合作为基础的。在默顿时代（20世纪上半叶），科学家从事科学研究活动大多以个人独立的单干为主。然而，纵观世界科技发展史，任何一项科技发明与创造，都浸透着前人辛勤劳动的汗水，是科学家全体共同努力的结果。特别是进入20世纪以来，重大的科学发现和技术发明接连不断，分子生物学、量子力学、核能的开发与利用、电子计算机、人工智能、系统工程、信息科学和控制论等尖端科技领域的诞生，都不是某个科学家单枪匹马干出来的，而是一代又一代科学家合作的结果，是人类几千年文明史发展的必然结果。在大科学、大技术时代，工程技术人员必须强调团结协作精神。

---

① 转引自〔美〕杰里·加斯顿《科学的社会运行》，顾昕等译，光明日报出版社，1988，第20页。

（4）无私利性。在这一点上，与科学共同体不同。科学和技术的目的不同。科学的目的是认识客观世界，是求“真”。技术的目的是改造客观世界为人类服务，是求“利”。显然，技术打上了浓厚的功利主义色彩。例如，大多工程技术人员从事工程技术活动首先是为了取得专利权。因此，无私利性对技术主体而言，具有很强的针对性和现实意义。它要求工程师在技术活动过程中要正确处理好“义”、“利”关系，为“工程的目的”而从事工程活动，要求工程师不把从事工程活动视为名誉、地位、声望的敲门砖，谴责运用不正当的手段在竞争中抬高自己。

第二节　工程伦理教育概念厘定

一　工程伦理教育的内涵

工程伦理教育作为工程教育的一个类别（科类），广义而言，是指培养工程人才的社会活动；狭义而言，工程教育是根据一定社会要求和受教育者身心发展规律，由工程教育者有目的、有计划、有组织地对受教育者身心施加全面系统影响以达到预期目的的社会活动过程。工程伦理教育是通过专业教育与道德教育的结合来提高学生道德素质的有效方法，是自然科学和人文社会科学相互交叉的学科，其目的是培养大学生在未来的工程活动中具有强烈的社会责任感，形成以伦理道德的视角和原则来对待工程活动的自觉意识和行为能力，在未来的工程活动中能够依据道德的视角和原则来为大众服务。

高等工程教育是以技术科学为主要学科基础，以培养能将科学技术转化为生产力的工程师为目标的专门教育。它是工程和教育两个系统的“交合”，既具有一般教育的共性，又具有显著的工程特性。工程教育也不是单纯的技术教育，虽然其中技术内容的教育占了很大的比重甚至是主要的比重，但仍然应该有相当的非技术内容。因此，高等工程教育的目标是为国家培养从事工程技术的高级人才，这样的人才必须是高素质的，包括在政治思想 、业务技术、体魄体能、道德素质等方面都要达到较高的标准 ，其中道德素质应该摆在重要地位。人们常说：“有德有才是人才，无德有才是歪才，有德无才是废才，德才兼备德为首。”工程伦理教育是给学生传授“应然性”的知识，主要是为了发展学生情感—态度层面的素质。情感—态度层面的素质最根本的是指对是非、善恶、美丑的爱憎喜厌情感，指人对客观事物的态度倾向和行动的价值取向，它以完整的人格和道德良心的形成为标志。

普渡大学（Purdue）工程系主任兼2007年电气和电子工程师协会（IEEE）总裁利厄·贾米森（Leah Jamieson）称，2020年及以后的工程培训将需要多种技能。他指出，在2020年工程师要求具备的品质包括分析能力、创造力、伦理标准、独创性、领导能力、活力、机敏和适应力。其中部分能力在学术环境下是“完全外来的”，贾米森强调：“它不只是你知晓多少数学和电路原理，它是沟通能力、团队协作能力和对职业道德的理解。”

工程教育和工程伦理教育在人的素质发展中起着不同的作用，必须同时重视。马克思指出，人类除了用科学即理论思维这种方式掌握世界外，还有“对世界的艺术的，宗教的，实践—精神的掌握”[①]。马克思讲的“实践—精神的掌握”就是指道德这种掌握的特殊方式。理工类大学如果不重视伦理教育，学生就不善于运用工程成果造福于人。同样如果不重视工程教育，也不能让学生掌握建设物质世界的本领。

工程教育和工程伦理教育既有严格的区别，又有密切的联系。这种联系表现为：①工程教育为工程伦理教育提供认知基础。工程伦理教育的目的是培养工程类学生在以后的工程实践活动中具有良好的品德。品德是由认知、情感、意志、行为习惯等因素构成的，其中认知是品德的必要条件之一。通过工程教育传授从事工程活动所必需的科学技术知识，能够为工程伦理教育提供认知基础。②工程伦理教育能够为工程教育提供精神动力。要系统、深入地掌握工程知识，首先必须明确学习的目的。如果一个人是为了一己私利而学习，在其目的达到以后，其学习热情就会消退，只有具有为人民、为社会作出贡献的事业心和强烈的责任感，才可能持之以恒地学习工程知识，达到光辉的顶点。所以，强烈的社会责任感是个人学习工程知识的动力，缺少了这种责任感，就缺少了一种动力。一

① 《马克思恩格斯选集》第2卷，人民出版社，1995，第104页。

定的社会责任感不是凭空产生的。工程技术人员的这种社会责任感也不是凭空产生的，而是在一定的社会环境和工程伦理教育下产生的。③工程伦理教育引导工程教育的目的。工程教育的直接目的是培养工程类学生日后具有改造和建设世界的本领，但最终目的是通过受教育者来促进社会进步和社会幸福，如果工程教育培养的人不愿意利用工程来促进社会进步和人类幸福，那么工程教育导致的工程发展就会成为破坏人类和平和自然环境的工具。所以，工程教育应该受道德教育的引导，在传授工程知识和培养工程能力的同时，应培养学生应用工程的社会责任感和和工程伦理素质。

二　国内工程伦理教育发展的历史沿革

工程伦理教育作为高等工程教育的一个分支，其发展和改革在国内经历了以下阶段：

大致从 20 世纪 80 年代开始，我国的工程伦理学研究主要是在技术伦理学的大体系中进行的。当时，我国科技伦理学教科书提出的内容体系包括三个部分：一是科技道德理论，研究科技与道德之间的关系，科技中的道德问题，新技术革命对传统道德的挑战等；二是科技道德规范，包括科技工作者的道德原则、规范等；三是研究科技道德实践，即科技道德选择、评价，科技工作者的道德理想、品格等。从现有的国内外研究与工程有关的伦理问题的著作看，其中涉及的主要问题有：工程师之间以及工程师与他人之间的关系，工程目标的评价问题，大工程项目（如三峡工程）所涉及的利益公平问题，生态伦理，以及生物工程、基因工程、计算机网络工程等高新技术领域里新出现的伦理问题的研究。但是，他们一般都没有把工程技术与科学分开，将工程伦理问题在“科技伦理学”的名目下笼统地进行研究，这样就忽视了对工程的属性尤其是工程与伦理问题有关的独特属性的深入和系统的研究。所以，在当今中国，作为独特的研究领域，工程伦理似乎还是一个新的课题，对工程伦理教育的研究更是凤毛麟角。但是从 1998 年开始，西南交通大学的肖平教授开启了她对工程伦理教育研究的先河。

1998 年，肖平教授申请到该年度国家哲学社会科学研究规划课题“工程伦理研究”（批准号为 98BZX035）。该课题最终成果为《工程伦理学》，于 1999 年底写作完成，由中国铁道出版社出版。为了将这些研究变成可实施的教育，肖平教授等人接着申请了全国教育科学“十一五”研究课题“大学职业道德教育的地位及理工科专业职业道德教育的内容与模式研究”（课题批准号为 DEA010189）。她们一边开展研究，一边开展教学活动。稍后，她们在西南交通大学首次开设了“工程伦理学”选修课，这一课程的开设填补了国内在这一方面的空白。后来将工程伦理教育从选修课发展到必修课。该校的茅以升班首届开班便开设此课，之后逐渐形成了基础课和全校选修课不断线、在工学专业课中大力渗透（尤其在毕业设计的选题中体现出来）讲座、每学期都举行活动的工程伦理教育体系。

另外，北京理工大学、清华大学、福州大学也是在本科生中开设此课程较早的学校；华中理工大学、西安交通大学也在积极尝试工程伦理的研究与教学；浙江大学、东南大学等少数学校则开始了工程伦理学方向的研究生教学，并且在“工程伦理学”国外研究译介上有特别的成绩。但就目前的情况来说，“工程伦理学”在我国大陆尚属新兴学科，与发达国家对工程伦理课程的重视程度相比，我国的工程伦理学还只享受到了“灰姑娘”的待遇。作为一门非常重要的教育课程，我国的领导层对此还缺少深刻的认识，所以开设此门课还亟须制度上的支持。

三　工程伦理教育与思想政治教育

1. 工程伦理教育与思想政治教育的关系

一个人的整体素质是由多种因素综合构成的，其中伦理道德素质是十分重要的方面。近年来，党和国家非常重视大学生思想政治教育，并要求在全国范围内进行高校思想政治理论课教学改革。在理工科大学中结合学生专业进行伦理道德教育是提高学生思想政治素质的重要方法。这种方法易于为学生接受，且影响持久、深远。工程伦理教育就是理工科高校通过专业教育与道德教育的结合来提高学生思想政治素质的有效方法。在当今多元化的社会中，对大学生的道德品质和道德行为进行引导和教育是非常重要和迫切的。德育的内容和方法也应该与时俱进，适应时代发展的需要。现在除了学校中常规的德育以外，更加切合实际的好办法应该是结合大学生的专业进行德育教育。工程伦理教育就具备了这样的功能，它涉及多种学科的相互交叉融合，是在专业知识的基础上或是结合在具体的专业中进行的。所以，这种德育往往使学生在学习工程专业知识的同时也很自然地接受了在工程设计、实施、评估和验收中所应遵循的道德原则和规范，形成不仅以质量标准，而且还要以伦理道德的标准来衡量整个工程的责任感。这种结合专业进行的德育更加生动具体、说服力强，进而也比较容易转化为大学生普遍的道德行为准则和道德信仰，可以收到德育的良好效果。另外，工程伦理教育由于是一种融合了工程和伦理教育的交叉学科，所以它对德育学科也是一种补充和扩展，弥补了德育在内容结构上的不足，使德育内容更加丰富，也更加富有时代特色。

“工程伦理教育是思想政治教育的重要环节，但又是易被忽视的部分。”[①] 长期以来，由于对其重要性认识不足，没有提到应有的高度。有的即使注意到了其重要性，也是宏观的多，微观的少；概念性强调的多，具体操作部分不详细。随着市场经济的深入发展，某些政治上的腐败消极现象也或多或少地渗透到学术和工程领域，被称为“学术腐败”。例如，在工程中的“豆腐渣”工程，偷工减料，乱编数据，伪造工程资料等。据国外一项统计显示，在某次地震灾害中，倒塌的房屋的设计建筑师多数为45岁以下，此结果显示出年轻建筑师的责任心不强。有鉴于此，在大专院校开设科技伦理与工程伦理等相关课程，对在校工科学生加强工程伦理教育，是塑造未来高素质工程技术人员必不可少的环节，是加强学校德育教育的一个重要举措。

2. 思想政治教育的必要延伸

2008 年 10 月 14 日中共中央、国务院发表了《关于进一步加强和改进大学生思想政治教育的意见》（即中央 16 号文件）。时任教育部党组书记、部长周济在座谈会上指出，全面贯彻党的教育方针，办好让人民满意的教育，一定要坚持把德育放在首位，坚持“巩固、深化、提高、发展”的方针，坚持以人为本，以学生为主体，培养有理想、有道德、有纪律、有文化的一代新人。因此，我国的高等教育必须始终把加强思想政治教育放在

① 李庆云：《工程伦理课程的思想政治教育功能论析》，《黑龙江高教研究》2006 年第 6 期。

第一位，同时努力向人性化、主体化、多元化、自主化的方向转变，全面推进高校思想政治教育改革，努力提高大学生的思想政治素质。目前包括本科生、专科生和研究生在内，我国在校大学生约有2000万人。作为21世纪的一代青年大学生，他们在承载科学知识的同时，也在接受、创造、传播着人类文明，他们不仅要为社会提供先进的科学技术成果，也要为社会提供优良的精神产品。当代大学生思想政治状况积极、健康、向上，主流是好的，但也呈现多样性的特点，这就增加了高校思想政治工作的复杂性和艰巨性。

综上所述，从新形势下对高校思想政治教育改革的要求来看，思想政治教育必须与专业伦理教育结合起来，进一步延伸教育的渠道，这就需要在思想政治教育与专业伦理教育两者之间架设一座相互贯通的桥梁：一方面，思想政治教育要面向专业伦理教育，不能脱离专业伦理教学实践，也就是说，思想政治教育要结合专业伦理实际，必须走向专业伦理教育（如工程伦理教育、商业伦理教育、法律伦理教育、医学伦理教育等）；另一方面，思想政治教育要实现科学主义与人文主义的结合，也必须借助人文社会科学中的专业伦理教育来进行。因此，理工科院校开设工程伦理教育课程，通过“专业伦理教育”—“工程伦理教育”—“思想政治教育”的教育模式，使思想政治教育更加具有现实性和针对性。另外，在理工科大学生思想政治工作中纳入工程伦理教育也可以发挥思想政治教育的导向性功能、渗透性功能等，坚持以正确的舆论引导我国未来的建设者一定要落实科学发展观、实行可持续发展，切记将大众的安全、健康、福祉放在首要位置。将工程伦理教育观念引入思想政治教育领域，与理工科大学生日常生活联系，开展大规模的宣传教育活动，组织学生进行有关工程伦理方面的讨论或辩论，必将会产生非常积极的社会影响。而对于理工科大学生而言，在思想政治教育中引入工程伦理教育也将会对他们的行动产生一定的导向功能，进而使他们拥有共同的理想信念，最终形成一股强大的凝聚力，使工程伦理道德观念根植于学生之心。

第三节　中国工程人才培养模式中存在的问题

一　忽视工程问题的跨学科本性，造成学生视野狭窄

工程活动是一个相对独立的社会活动，但其活动的过程和结果必须与其他系统相协调。具体来讲，工程的结构和功能要与生态结构与功能、社会结构与功能、文化结构与功能、经济结构与功能和政治结构与功能相协调。当代社会建设与发展中出现的大工程现象，也都具有科学群的特征。例如，三峡工程就涉及地质科学、水力科学、建筑科学、电力电子科学、材料科学、生态科学、经济学、伦理学、社会学等。如果说到航天航空工程、人类登月工程，涉及的科学类型就更多了。

传统的工程观，概括起来有三个特点：一是将生态环境与人的社会活动规律作为工程决策、工程运行与工程评估的外在约束条件，没有把生态规律与人的社会活动规律视为工程活动的内在因素。二是工程科学的理念尚未形成，缺乏对工程现象进行系统的研究并建立起科学的理论，表现在工程管理中的经验性特征，对于工程过程中的工程决策与工程评估及工程评价缺乏工程科学与工程哲学的理论分析。三是工程活动忽视了人与自然的关系中人类改造自然的一面，以及自然对人类的限制和反作用的一面；不重视工程对社会结构与社会变迁的影响和社会对工程的促进、约束和限制作用。

20世纪以来，学科在分工越来越细、研究越来越专业化的同时，交叉渗透和综合化趋势也越来越明显。学科发展的综合化不仅是学科发展本身的需要，也是培养具有丰富创造力的优秀人才的需要。学科发展的特点和趋势要求教育模式发生相应的调整。就工程教育模式而言，它也应该是一种多元价值综合交叉的教育。工程问题本质上是跨学科问题。但是在高度技术分工与专业化基础上发展起来的现行工程教育模式却没有反映学科的交叉综合特点，存在严重不足。当前我国工程教育过于注重专业化，未能适应跨学科、综合化的科技发展趋势，导致工程教育“技术上狭窄”和“狭窄于技术”。具体表现在现有的工程教育模式只局限在技术层面，工程

类毕业生不懂得成本、经营、管理，更缺少人文修养。所培养的当代工程类毕业生欠缺自然科学、人文与社会科学知识，而且对自己所学专业以外的相关工程知识也知之甚少，因而无法很好地应对复杂的现实工程问题。工程教育的现实状态与21世纪的社会发展要求存在较大的差距，严重地制约着我国社会经济文化的发展。

二　缺乏整体思维训练，学生难以处理工程伦理和决策问题

通常教育有两类：人文知识或价值知识、科技知识或工具知识。人文教育传授的是人文知识，是关于人生的目的、意义、人的自由和解放的知识；科技教育传授的是科学和技术，是关于人们认识世界和改造世界的知识。这两种教育模式分别反映了价值理性和工具理性的取向。从现实的社会教育来讲，纯粹的人文教育和纯粹的科技教育都是不存在的，任何社会的教育都包含这两种教育，并且这两种教育在内容上是相互渗透的。对当代大学生进行人文教育在高等教育中应占有重要地位。但是，随着科学技术的发展，人们对科学技术的重视程度的提高，人文科学的教育内容渐渐被忽视，目前这种情况在我国理工科院校中尤为突出。事实上，自然科学、工程技术、人文科学之间有着不可分割的联系。人文科学中蕴藏着丰富的哲学原理和法则，它可以为自然科学的发展提供正确的思想方法。

文艺复兴以来，科学技术飞速发展，使工具理性逐步取得了统治地位，这一切和近现代教育模式突出实证性、强调专业化和技术化的特点息息相关。长期以来，理工科高校在教学上都以科学理性和技术理性为主导，对人文理性与生态优化较为忽视，学校教给学生的往往是作为“谋生工具”的知识，忽视了这些知识借以产生的社会背景和知识的社会价值。以学科为基础的分门别类的教学，使学生们很难看到各个学科之间的有机关联，这种观念的核心是脱离人与自然关系制约的技术至上主义。这样，知识在学生脑海中就成了“死”的储藏物，供考试时提取出来拿高分，而不是作为创造源泉的彼此关联的整体。缺乏“大工程观”教育理念整体思维的学生，就缺乏工程实践能力、综合的知识背景以及整体性的思维方式、职业道德及社会责任感，也就难以从整体角度理解工程，就难以高屋建瓴地把握工程创新的方向，最终难以处理工程伦理和决策事宜。

当代工程活动不应是一味改变自然的造物活动，而是协调人与自然关系、造福人类及子孙后代的造物活动。大工程观要求工程教育适应当代工程实践的特点，实现工程教育模式的转变。工程教育模式要打破专业界限，拓宽专业领域，注重学科交叉，立足素质教育，加强创新能力的培养，突出综合性、整体性、系统性思维训练。在工程人才的培养过程中应该特别重视科学与人文的交叉，要通过两大学科的沟通互动，培养出适应21世纪发展的具有创新精神和人文素养的高素质工程技术人才。在环境与能源问题日益严重的今天，我们更应当通过学科交叉来体现以人为本的教育理念。

三　课程设计和教学方法陈旧，缺乏特色

20世纪下半叶以来，随着社会的不断发展和进步，学科分类越来越细，导致了大量专业科目的出现。大学教育的突出特点是专才教育。现代教育课程设置上表现出明显的专业化、技术化特征。更重要的是，在现代工业社会，教育的技术取向使技术上升为一种价值观。这种价值观已经渗透到社会的政治、经济、文化等诸多领域，使社会的政治、经济、文化生活都带有强烈的功利性。但理性结构中的任何一方的单极发展，都会导致非理性，不利于人的全面自由的实现和社会的协调发展。众所周知，工程技术活动中既有科学性因素，也有功利性因素，还有社会价值性因素。它与科学、技术、经济、文化、政治、自然资源、环境等密切相关，因此，工程教育理念和模式需要用综合理性进行整合。

在我国当今高等工程教学课程的设计方面，工程专业课程设计和教学方法陈旧，缺乏特色。这主要表现在以下几个方面：在课程体系、结构与内容上，学科专业划分过细，结构也不尽合理。各专业学科过分侧重工程科学知识，注重专业知识的传授，不重视社会、人文、经济、环保等方面知识的综合作用，学生知识面狭窄，综合素质不高、能力不强。另外，很多教材内容更新不够，新兴专业学科的教材又跟不上，致使课程内容落后于时代，缺乏反映学科发展前沿的有关新科学、新技术和新思维的知识，缺少诸如思维方法、逻辑等方法论的内容，实践环节少、缺少对实际动手能力的培养，特别是创新思维能力的培养比较差，使学生自学能力、表达

能力、合作能力差，不能激发学生思考新问题、探求新知识的创新欲望。在教学过程中，不注重教学方式，缺乏启发式、研究式的学习氛围，过于重视考试和成绩。随着社会的发展，科技的进步以及国际竞争日益激烈，原有的“窄、专、深”的课程体系和强调“专才”的培养模式已明显不能适应社会的需要。虽然工程类大学生也学一些自然科学，但课程内容和教学设计没有很好地体现工程的特殊性；对工程类学生的人文教育，只是开设了质量不高的选修课，没有充分引入与现实紧密相关的内容，难以切合工程问题的要害；就连工程专业课程，也多年一贯，以问题为中心的跨学科专业课少之又少。

“综合理性”是工具理性和价值理性两者的统一，因此在工程教育的体系中应当引入工程哲学的教育内容，把工程哲学的教育教学作为工程教育模式变革的先行性措施，以此为突破口，推动工程教育教学的进一步改革，将“工程哲学”作为必修课。为保持课程的系统性，还应设置“工程经济学”、“工程环境学”和“工程管理学”等课程，努力实现两种理性力量的平衡，努力促进两种理性的沟通。

四　后果：高等工程人才缺乏伦理品质

上述问题带来的一个明显结果，就是学生的道德敏感性和责任意识不强，缺乏伦理品质。工科学生、工程师对伦理教学的第一反应常常是：伦理与工程与我们有何相干？为什么会出现这种情况呢？主要原因就在于学生缺乏道德敏感性。美国学者奥古斯丁（M. Augustine）发现，在伦理问题上陷入困境的工程师大多数不是由于人品不好，而是由于他们没有意识到所面临的是一个伦理问题。也就是说，伦理意识淡薄是导致工程师不能处理好工程中事关社会伦理的重大问题、酿成严重后果的一个重要根源。首先就要改变工程人才的培养模式。更加注重学生工程道德养成的趋势。在21世纪，在未来的工程世界里，工程伦理的理论与实践对于工程师教育的必要性，就如今天的微分方程式一样。人类将面临更多的技术与社会挑战，如资源问题、环境问题等，这些挑战对工程师的工程伦理道德提出了更高的要求，未来的工程师必须认真应对这些问题，遵照人道主义、生态主义、安全无害等原则，做到既尊重自然，也关怀人类后代的生存权和发展权。

第四节　工程伦理教育缺失的体制分析

我国理工科大学工程伦理教育缺失的问题源于深层次的体制问题。只有理清这个深层次问题，才能找到开设工程伦理教育的突破口。

一　体制问题一：工程伦理教育缺乏制度的支持

从国际上看，重视工程伦理教育是当今世界各国工程教育发展的共同趋势。20 世纪 80 年代，美国工程和技术鉴定委员会便明确要求：凡欲通过鉴定的工程教育计划都必须包括伦理教育内容。90 年代，美国工程教育协会（ASEE）和国家研究委员会（NRC）分别发表了有关工程教育改革的重要报告，提出工程师的伦理道德问题，并呼吁采取相应的教育对策。21 世纪，美国工程伦理教育进入了一个崭新的发展阶段。2000 年美国工程与技术认证委员会颁布了新标准。该标准第三条明确指出："工程项目必须了解职业和伦理责任……理解国际和社会背景下工程决策的影响。"该标准第四条要求："学生必须通过课程积累来为工程实践作准备，通过早期的工作获得专业设计实践所需要的知识和技能，并将工程标准与现实中来自于环境、伦理、健康与安全、社会、政治、可持续性方面的制约因素结合起来。"①

新标准虽然没有要求工程院校开设工程伦理的课程，但将其作为评价、认可教育项目的制度化要求，引发了工程院校对工程伦理教育的重新审视，带动了工程伦理课程与教学的改革热潮。从世界范围看，法国、德国、英国、加拿大、澳大利亚等工业发达国家的各种工程专业组织都有专门的伦理规范，并规定：认同、接受、履行工程专业的伦理规范是成为专业工程师的必要条件。欧洲国家工程协会联合会（FEANI）提出了"欧洲工程师"及其注册标准，对欧洲工程师的形成过程和质量要求作出了规

① José A. Cruz, William J. Frey, "An Effective Strategy for Integrating Ethics Across the Curriculum in Engineering: An ABET 2000 Challenge", *Science and Engineering Ethics*, 2003 (9), pp. 543 – 568.

定，特别强调：务必理解工程专业，并理解作为注册工程师对其同行、雇主或顾客、社区和环境应负的责任①。与此相应，各国工科院校都已开设工程伦理教育课程，积极推进工程伦理教育。可见，工程伦理教育是当今世界各国工程教育发展的共同趋势。

遗憾的是，在工程事故频频发生的今天，国内各高校特别是理工科大学还没有专门开设工程伦理教育课程，作为学生的必修课或选修课，许多学生甚至对“工程伦理”感到很陌生，在他们的毕业设计及毕业论文中也没有像美国那样强调工程伦理意识和规范原则，以此作为评定学生毕业设计及论文的一个重要标准。造成这种局面的一个很重要的原因，就是我国政府的领导层还远没有很清楚地认识到工程伦理的重要性，从而导致了开展工程伦理研究以及进行工程伦理教育缺乏制度上的支持。所以，在中国已经成为名副其实的“工程大国”的今天，国家的领导层应从工程对大众的健康、安全、福祉的重要影响出发，充分发挥国家权力的作用，给予工程伦理教育更多的制度关怀，为工程主体伦理教育终身化的实施提供政策保障。

二　体制问题二：工程伦理课程处于边缘化状态

加强职业伦理教育是教育学生学会做人的重要保证。联合国教科文组织20世纪70年代提出的国际教育纲领是“学会生存”，80年代提出的宣言是“学会关心”，在《世界21世纪高等教育宣言》中教科文组织又明确提出了“学会做人”的口号。这就是说，21世纪的教育不仅要使学生掌握知识，学会做事，更要学会做人，做人的核心问题是如何正确处理自己和他人、个人和集体的关系。“学会生存”的纲领体现了教育适应社会、适应环境的自觉性；“学会关心”的宣言体现了人类教育关心自然、关心社会、关心人类本身和谐的情怀；“学会做人”的口号则突出了人的情操和理想，使教育深入人的生活世界，并从根本上推动人类社会的精神文明和物质文明建设，提高人类的生活质量。“职业伦理是从职人员在职业活动

① 董小燕：《美国工程伦理教育兴起的背景及其发展现状》，《高等工程教育研究》1996年第3期。

中应遵循的伦理，在职业生活中形成和发展，以调节职业生活中的特殊伦理关系和利益矛盾，是一般社会伦理在职业活动中的体现。”[①] 职业伦理除了做人的认真负责、诚实守信等基本伦理素质外，最主要的是正确合理地处理个人与他人、个人与社会的利益和矛盾，这是做人的核心。职业伦理教育就是培养学生从事职业活动中应遵循的伦理素养和伦理习惯，关键的是教育学生做一个真正的社会人，摆正个人的位置，学会正确合理地处理个人与他人、个人与社会的利益矛盾，在为社会和他人服务的同时，也得到社会和他人的服务，得到社会和他人的尊重，真正融入社会，做到个人和社会双赢。

由以上分析可知，工程伦理作为一种职业伦理对工程主体的意义重大，对在校理工科大学生开展工程伦理教育十分必要。近年来在一些理工科大学开设了一些新鲜活泼的有关工程伦理的课程（例如，河海大学开设了“科技伦理”课程，要求学生必修；西南交通大学在理工科专业的重点班开设“工程伦理学”必修课；清华大学开设有“生态伦理学”、“环境保护与可持续发展概论”、“工业生态学”等课程；福州大学开设有“工程伦理学”选修课；北京大学开设有“环境科学导论”、“人类生存发展与核科学”、“保护生物学”、“生态学概论”、“环境生态学”、“大气环境与人类社会”等）。毋庸置疑，通过开设此类课程可以让学生了解工程活动的广泛社会影响及个人在工程活动中的地位和作用，让学生了解相应的伦理责任，但是，工程中的伦理问题日益复杂，有些伦理要求在普通伦理教育中完全没有涉及。例如，在工程设计中，尽管甲方可能是外行，但他有权提出对工程功能的要求。而通常情况下工程技术人员的责任就是努力满足甲方的要求，维护甲方的利益。但如果甲方的要求受到技术或资金的限制该怎么办？如果服从甲方的要求可能带来安全隐患该怎么办？如果甲方是你的朋友却要求你牺牲技术指标又该怎么办？如果甲方是你的上级却要求你放弃技术指标服从命令又该怎么办？凡此种种，都是工程活动中天天要遇到的问题，都对工程技术人员的社会责任感提出了现实的伦理要求。

目前在我国的理工科大学中，除了在北京理工大学、清华大学、福州大学、华中理工大学、西安交通大学和西南交通大学的本科生中开设有工

① 辞海编辑委员会编《辞海》，上海辞书出版社，2000，第2196页。

程伦理课程外，国内其他大部分理工科院校都没有专门的工程伦理课程，在硕士、博士阶段就更没有职业道德教育的内容了。所以笔者认为，理工科大学工程伦理课程的边缘化也是我国当前工程伦理教育缺失的主要原因之一。

三　体制问题三：道德教育成为专业教育的附属物

恩格斯说："每一个阶段，甚至每一个行业，都有各自的道德。"一个人的整体素质是由多种因素综合构成的，高校作为培养专业人才的摇篮，其中道德素质是十分重要的方面。

改革开放以来，我国大学专业教育取得了举世瞩目的成就，为社会输送了大量的中高级人才，对我国经济的发展作出了突出贡献。随着社会主义市场经济的发展，社会对各种专业人才的需求量越来越大，对专业人员素质的要求也越来越高。然而，目前我国许多大学在培养专业人才方面，往往只注重对学生进行专业教育，而忽视道德素质的培养，导致高校学生自身出现重知识、轻德识的倾向。例如，部分大学生在大学学习中仅以英语、计算机等考级过关和拿奖学金为目标，在他们看来拿到了某个证书就意味着自己具备了相应的能力。不少学生专业知识水平很高，学习成绩名列前茅，但缺乏对德育的重视。这种知识缺陷表现在处理自我与他人、自我与社会的利益关系时，往往以自我为中心，缺乏宽容、关怀之心，易采用极端的手段解决人际关系当中的矛盾，最终伤害了人民群众的切身利益，影响了我国市场经济的发展，同时也使相关职业陷入了严重的社会信任危机。

从国际上看，重视道德教育是当今世界各国高等教育的共同发展趋势。西方发达国家在经历了经济高速发展带来的许多负面效应和弊端以后，特别注重强调各种专业活动对人类社会生活的整体影响，对各专业活动中的伦理道德日益重视，提出从业者必须受到相关的教育。相比之下，我国高校往往只注重对学生进行专业教育，而忽视道德素质的培养。究其原因有多种。一方面与我国市场经济正在发展、科学技术仍欠发达、专业和专业人才不够成熟有关，另一方面也与认识不足、观念陈旧有关。主要原因是专业课的教师和学生都对专业道德不重视。我国专业课的教师多直接毕业于工科大学，几乎没有经历过专业实践，也没有接受过有关专业道德规范的教育，教师对于专业的技术概念得心应手，但对专业的道德规范问题则感到茫然，也没有把传授专业道德规范作为自己专业教学内容的一部分，其后果就是我国大学一直以来都未把道德教育摆上应有的位置。和专业教育相比，道德教育最终成了专业教育的附属物。

第五节　面向和谐社会的工程伦理教育

党的十六届四中全会提出了构建“社会主义和谐社会”的命题，并且把和谐社会建设放在与经济建设、政治建设、文化建设并列的突出位置。这不但对树立和落实科学发展观、实现经济社会协调发展、实现党的执政目标具有十分重要的意义，而且为加强和改进大学生的专业伦理教育指明了新的方向。从根本意义上讲，和谐社会是指人与自然、人与社会、人与自身三大矛盾统一的全面和谐的社会。构建和谐社会离不开高素质的工程人才培养，它要求我们树立正确的工程伦理教育观念，确立以“责任”和“良心”为核心内容的工程伦理教育，通过创新教育手段和方法，塑造我国工程实践的未来。

一　理念决定行动：工程伦理教育观念的转变

1. 从边缘走向中心：现实的权衡

高等教育是建立在普通教育基础之上的专业教育，这里的“专业教育”不同于我们计划经济时代形成的以专业课为核心的狭隘对口的专业化教育（实为专门化教育），而是以培养“专业人才”为目标。专业人才的专业伦理教育理应是高校德育的一项基本的、重要的内容，是高等学校义不容辞的使命。美国早在第二次世界大战后，就十分重视专业伦理教育，20 世纪 60 年代末 70 年代初，各类专业伦理课程出现在大学课程之中，到 70 年代后期，这类课程已有 1000 余种。进入 80 年代，有关专业伦理教育的各类教材、课程、刊物、论文等日益增多，各种专业协会纷纷成立。目前西方发达国家尤其是美国，专业伦理教育方兴未艾，有关专业伦理教育与研究如火如荼。相比之下，国内理论界迄今对专业领域的一些问题认识模糊，对专业伦理教育的迫切性缺乏应有的警觉；在实践上，针对高等教育的特殊性，把专业伦理教育列入德育的高校更属凤毛麟角。面对社会发展和专业现代化的迫切需要，我们必须重新审视高校德育体系，使高校德育落到实处。

工程伦理教育是理工科大学非常重要的专业伦理教育。但迄今为止，我国仍未将工程伦理课程列为理工科高校的必修课，使得理工科大学开设工程伦理课程缺乏规范性和约束力。有关数据显示，2006 年，我国理工科高校中，开设有工程伦理课程的院校只占理工科高校总数的 5% 左右。有关文献调查结果表明，理工科大学生的伦理意识比较薄弱。清华大学从事科学技术、社会与工程伦理方面教育和研究的曹南燕教授就曾指出："当前我国工科学生，未来的工程师，未来工程活动的设计者、决策者、实施者、管理者和评估者，对国内工程领域现状的态度普遍是，虽然痛感问题严重，但多数认为与己无关也不愿多去思考，或者认为问题太复杂，不是个人所能解决得了的。"① 所有这些都表明，目前我国对理工科大学的专业伦理教育还处于边缘化状态。

造成上述认识的原因主要是对理工科大学生实施工程伦理教育在国内远没有达成共识，对此我国政府必须予以足够的重视。政府部门特别是有关的教育主管行政部门应该将工程专业伦理教育和专业技术课摆在同等重要的地位，不能厚此薄彼。必须把工程伦理教育当成促进可持续发展的大事来抓，使工程伦理教育同样具有可持续性、整体性和全局性；国家及地方政府应加大宣传力度，加强宏观指导和政策指引，引起高校各级领导的高度重视，将工程伦理教育作为当代理工科大学生素质教育的基本内容，并将其作为工程教育事业的一个重要组成部分，进行科学规划，在人才培养目标、专业培养方案、课程体系等内容中融入工程伦理教育的内容。

2. 从道德教育走向专业伦理教育，实现两者的结合

专业伦理属于职业道德的范畴，它是专业人员在从事特定的专业活动中所应遵循的行为规范和准则的总和。职业道德，是指从事一定职业的人在其特定的工作或劳动中所遵循的行为规范和准则的总和。职业道德与专

① 曹南燕：《对中国高校工程伦理教育的思考》，《高等工程教育研究》2004 年第 5 期。

业伦理是一般和特殊的关系，具体体现在：首先，专业伦理属于职业道德范畴，因而其具有职业道德的一般特征。其次，专业伦理是一种特殊的、高层次的职业道德，除了具有职业道德的一般特征之外，有其特殊性。专业伦理的特殊性主要表现在以下三个方面：第一，专业伦理的道德要求高于一般职业道德。比如医德，因为医事乃生死所系，某一环节的疏忽，均可导致病人病情的加重或延误，甚至危及病人的生命。而一般职业，如商店营业员，其职业道德方面的问题并不构成对顾客太大的人身伤害。第二，专业伦理所涉及的道德范围比一般职业道德更广，比如汽车制造类工程师，不仅要对汽车的外观、造型、质量与安全负有责任，还必须把汽车对环境的污染、耗油对自然资源的危险等因素考虑在内。第三，专业伦理与职业道德的作用机制不同，专业伦理的作用机制主要靠专业人员的道德自律，一般职业道德规范是自律与他律的统一，更多地侧重于他律。

专业伦理教育是指在专业人员的形成过程中，高校和专业界有目的、有计划、有组织地对其施加的有关伦理规范的教育。既然高等教育以培养专业人才为目标，那么专业伦理教育理应是高校职业道德教育的一项基本的重要内容。专业伦理意识也不可能在专业人员的头脑中自发地形成，必须依靠专业伦理教育和专业实践。现有德育的教学方法单一，高校职业道德课以马克思主义理论课和思想品德课为主要内容，这是为高校坚持正确的办学方向，培养社会主义建设者和接班人所必需的，但仅此还不够，教学效果不太理想。在当今多元化社会中对大学生德育的内容和方法也应该与时俱进，适应时代发展的需要，要从专业人才培养和专业伦理教育的角度，对高校职业道德教育目标和内容加以重新审视，进行必要的渗透与革新，以适应时代发展的要求。也就是说，当代高校对大学生的职业道德和德育必须结合学生的专业进行教育。工程伦理教育就具备了这样的功能。它涉及多种学科的相互交叉融合，是在专业知识的基础上，或是结合在具体的专业中进行的。所以，这种德育往往使学生在学习工程专业知识的同时，也很自然地接受了在工程设计、实施 、评估和验收中所应遵循的道德原则和规范，形成不仅以质量标准而且以伦理道德的标准来衡量整个工程的责任感。这种结合专业进行的职业道德教育更加生动具体，说服力强，进而也比较容易转化为大学生普遍的道德行为准则和道德信仰，起到德育的良好效果。

在国外，医学、法学等专业已有几百年的历史，专业发展相对成熟，具有严格的专业伦理规范，专业人员的专业伦理教育历来受到高度重视。在国内，虽然目前社会对专业伦理教育提出了更高的要求，我国劳动和社会保障部从2003年起，对所有参加国家职业资格全国统一鉴定考试的考生，在原有理论知识的考试后加试有关职业道德的内容，包括职业道德的相关知识，职业道德规范的主要内容和基本要求，职业道德价值判断和职业道德行为选择能力等。但在国内专业伦理课程教育中，除了律师伦理、会计伦理教育等专业伦理教育已经受到重视，在大多数理工科大学很少有关于工程伦理的专门课程教育，工程伦理教育作为专业教育的重要组成部分多年来被忽视，这种状况必须改变。

二　“我造物故我在”：确立以“责任”为核心的工程伦理教育内容

在李伯聪教授的《工程哲学引论——我造物故我在》一书中，作者在分析法国哲学家笛卡尔提出的著名的“我思故我在”的论题后，提出了“我造物故我在”。在强调“我”是认识的主体的基础上，强调工程过程中“我”是造物的主体。他认为，传统的实在论研究的主要是“实在”“是什么”的问题，是“已然的实在”的问题；而工程哲学的基本问题是人能否改变自然界（物质世界）和应该怎样改变自然界的问题，它要回答“人应该怎样行动”和“人怎样实现自己的目的”的问题，更具体地说，就是将关于“如何创造实在”的问题放在了首要的位置上。工程作为与人类生活最密切相关的实践活动之一，让现代工程师扮演了一个十分重要的角色。工程自身的技术复杂性和社会联系性，必然要求工程技术人员不仅具有建造工程的理论智慧，而且拥有让工程真正造福于人类的实践智慧。

麦克莱恩将工程师所遇到的伦理问题分为三个层次：技术伦理、职业伦理和社会伦理。技术伦理包括各种技术决策和判断，涉及组件的选择和安排、制造方法的选择、安全因素的考虑等。在这一层次上，工程师最关心的只是功能的问题，即如何生产出一个工程产品。职业伦理超越了技术问题，考虑了合作或竞争群体之间的相互作用，涉及财务、经济收入或与供货商的关系等，如果在这一层次上有不符合伦理的决策发生，那么工程产品整体成功的可能性就会受到影响。社会伦理则属于更高的层次，在这一层次上，工程师有责任用其生产的工程产品来维护公共利益，为社会服务。工程师必须从多个方面来考虑工程对社会的影响，特别是其负面影响。根据麦克莱恩的思路，工程伦理教育的内容可划分为多个主题来完成，如工程师的基本道德观念、遵守道德规范的方法、工程职业行为准则、工程师的权利、工程师和环境、工程决策和公共安全、工程师的社会职责及法定义务等。笔者正是从麦克莱恩对工程伦理问题划分的这三个层次中得到启发，试图从这三个方面来构建以“责任”为核心内容的工程伦理教育的内容体系。

1. 工程技术伦理

（1）质量意识。近年来，因为工程质量问题而导致的工程事故及重大灾难性后果的事例层出不穷。从灾难发生后的鉴定结果我们可以十分清楚地看到，这些质量问题几乎全是由人为因素造成的。在这些工程活动中，一些人唯利是图，不顾后果，毫无社会责任感和道德责任感，以至于给国家、社会和人民生命财产造成巨大损失和灾难。由此可见，质量问题绝不仅仅是经济与技术的问题，同时也是道德问题。在许多情况下，工程责任人和实施者的道德水平对工程质量起着至关重要的作用。

虽然影响工程质量的原因十分复杂，究其原因有权力机构的腐败，设计单位只顾眼前效益不顾长远质量，施工过程层层转包、偷工减料，质量监督部门玩忽职守、管理不力或以权谋私等几个主要原因，然而在工程活动的每个环节都有不同机构和人员参与其间并承担着相应的责任，在工程实践活动的每一个步骤，如立项、设计、施工、监理和验收等各个环节中，对质量问题最有发言权和最终把关的都是工程技术人员。在工程质量问题上，工程技术人员起着最为关键性的作用，负有重大的道德责任。因为，没有工程技术人员的认可，工程就无法立项；没有工程技术人员的设计，工程就无法上马；没有工程技术人员的指挥和监督，工程就无法施工；没有工程技术人员的检验，工程就无法通过竣工验收。因此，在工程质量问题上，工程技术人员通常总是承担着最大的责任。这种责任要求工程技术人员具有过硬的科技本领，也要求他们具有强烈的道德责任感。因为工程技术人员道德责任感的强弱，将对工程质量产生最直接的影响。

工程伦理的质量道德意识，首先要求工程师承担起技术责任，以对社会、对公众负责的态度，认真履行操作规则和技术实施规则，在质量问题上坚持做到尽职尽责，一丝不苟，严格把关，坚持质量第一的原则。其次，工程师要分清个人利益与社会利益的得失大小，做到在任何情况下，绝不以质量为代价获取个人利益。再次，工程师应该积极与工程活动中的腐败现象、损害质量的现象作斗争，捍卫工程质量和公众及社会利益。

（2）安全意识。工业革命给人类带来财富的增长、科学技术的发展、社会的进步。我们在享受高科技带给我们方便快捷的同时，一些安全问题接踵而来。当人类历史上第一次发生蒸汽锅爆炸、第一次发生交通事故时，我们认识到这些安全问题也伴随而来。从我们熟悉的泰坦尼克号、切尔诺贝利事件，到世界各国的公害事件，人们经历了无数次的危险和灾难。尤其是现代工程具有日益复杂化，社会化的特点，这就导致了安全事故更具突发性、灾难性、社会性。安全问题主要有生产安全、技术安全、公共安全、基因安全等。

当代理工科大学生作为未来工程活动的主体，从一开始就应该具备工程安全意识并内化为自身的道德素养，渗透到思想中去，并在以后的工程生涯中外化为个人的自觉行动。为了杜绝重大工程安全事故，要求工程技术人员按工程质量标准、技术规范以及建设单位的特别质量要求对工程进行设计；对施工单位在施工中偷工减料，使用不合格的材料、构配件和设备，或者不按照设计图纸或施工技术标准施工的行为，工程师能够从大众的健康、安全和福祉出发及时指出、制止、提出防范和整改措施。

2. 工程职业伦理

（1）责任意识。航空工程的先驱者、美国加州理工大学的冯·卡门教授曾说："科学家研究已有的世界，工程师创造未有的世界。"工程师为谁创造、创造怎样的世界以及如何创造，这些都会对人类社会产生影响。随着时代的变迁，科学技术的飞速发展，科技发明、创造和应用能力日益增强的工程师将对人类社会的影响越来越大，社会对工程师的要求也与时俱进。由过去要求"把工程做好"到今天要求"做好的工程"。因此，社会对工程师提出了一种新的职业责任要求，这是一种以未来的行为为导向的预防性或前瞻性的责任，它要求工程师不仅要对自己当前的行为负责，还要对未来负责；不仅要对可预见的后果负责，还要对不可预测的后果负责。

职业责任是一种普遍存在的道德关系和道德要求。从事一种职业就意味着必须承担一定的社会责任，即职责。不同的职业有其特定的职业道德，但是，不管从事哪一种职业，从业人员都必须具有职业责任感。职业责任感是职业道德行为的内在驱动力，是职业道德行为的良心“监督员”，是职业道德行为自我评判的“法官”①。这里所说的责任包括多层含义：工程主体对他人的责任、对雇主的责任、对环境的责任、对后代的责任等。比如，在工程的实际操作中，有少数唯利是图的雇主为了谋取最大的利益，要求技术人员假造预算，提供虚假的工程数据、夸大成本、隐匿实际收益之类的情况并不少见。另一类情况是，一些单位好大喜功，为争荣誉、创先进、立项目或争取投资而弄虚作假，虚报效益，谎报成果。劣质工程不仅可以通过质检部门的质量评议而顺利过关，甚至还能获得优质工程的称号。从职业道德的角度讲，工程师应当忠诚于雇主，即全心全意地献身于自己的职业，并尽可能协调好与老板的关系，维护企业的利益。但这种忠诚并非唯老板之命是从，相反，真正敬业的态度应当是忠实于科学、忠实于职业的责任感。譬如，当工程中出现人为的偷工减料等违规行为时，技术人员的职责便是立即制止。

在工程施工过程中，还可能出现原设计中个别细节与工程实际要求不相吻合，或发现事先未曾预料的消极后果的情况。造成这种情况的原因，或是原设计不科学、不合理，或是设计人员的疏忽、遗漏，或是对工程材料的性质和使用后的影响缺乏了解，或是工程所处的地形、地质、水文等条件发生了变化。例如，农药、化肥的出现对消灭病虫害以及增产增收有积极的促进和保障作用。但经过较长时间的使用，人们发现，一些农药和化肥对人体和家畜有严重的危害，并且这些化学产品对土地肥力的破坏，对其他生物、微生物和植物的伤害所引起的生态问题，以及由于水土流失造成的河道污染、水产资源破坏等问题都十分严重。有些农药的作用十分持久，研究人员发现牲畜在食用施放过有害农药的物质后，在它们的第二代、第三代体内还能找到农药的残留物。作为工程技术工作者，一旦发现了工程中的漏洞或是始料未及的产品的负面因素，就要工程组织者、技术

---

① 高庆：《加强和改进高职生职业道德教育的新思考》，《漯河职业技术学院学报》（综合版）2005 年第 4 期。

负责人或监理人站在道德的立场上，及时负责地提出修正方案的建议，甚至放弃已完成的工作，并对工程的目标作出修改。

在具有一定工程知识的基础上，对工程技术人员进行责任意识的培养主要应从两个方面着手：一是道德教育。必须使整个工程界树立起这样的观念："工程活动必须建立在大众的安全、健康、福祉的基础上。"二是法制教育。一定要使工程主体了解自己所负有或潜在负有的法律责任，对可能引起工程问题的做法一定要清楚自己将要面对的法律后果。

（2）合作与竞争。工程的特点是规模大、复杂，工程活动是技术要素、经济要素、管理要素、社会要素等多种要素的集成、选择和优化。在工程领域需要多种学科理论、多种专业技术人员、多个行政管理部门的共同参与和合作。一方面科学学科高度分化，产生众多的科学门类。另一方面，在分化基础上的高度综合，主要表现为边缘学科、综合学科以及横断学科的日益增多。工程活动不可能是少数科技工作者的个体劳动，而必须依靠集体的智慧力量和不同学科高度配合协作方可顺利推进。因此，同行之间良好合作关系的建立和坦诚无私的合作精神就成为取得成功不可或缺的条件。工程技术人员的社会关系很复杂，主要有与上级领导和同事合作关系以及与同行竞争的关系。

第一，与领导和同事的合作。为了共同的目标团结奋斗，这是科技合作实实在在的具体内容。在合作中，要做到分工明确、责任明确，各司其职；同时，每个人又心系集体，相互支持。有效的合作建立在双方对所担当角色和合作关系的明确理解之上，在开始确立合作关系时，就需要讨论合作关系中的细节问题并达成协议。从事研究工作之前，合作双方应对以下方面达成共识：项目目标和预期结果，每一合作伙伴所要担当的角色，如何收集、存储和共享数据，谁将负责起草出版物，谁将负责或有权公布该项合作研究的成果，如何解决知识产权和所有权问题，如何变更、何时结束合作关系等。事先弄清这些问题，是避免日后合作中产生纠纷和争执的最好方法。合作中仍会有事先预料不到的情况发生，因此在任何合作项目的整个过程中不断进行有效的沟通是十分重要的。合作者应当与合作同事共享研究的发现，并关注其他人正在做的工作；报告、讨论各种问题的重要变更都要通知对方。合作一定要保持联系，缺乏有效的交流，合作就容易陷入种种问题。

第二，与同行的竞争。工程主体既要求处理好合作的关系，也不能忘记竞争，排斥竞争，既要有竞争意识，又要讲团结合作。合作的关键是正确对待名和利。工程主体是社会的人，总会受到社会经济、政治和文化观念、历史传统、价值取向等的制约和影响。工程技术创新意味着社会荣誉和现实利益，这对工程师都是极大的诱惑。另外，工程技术的竞争日益激烈，奖励机制既对工程技术的创新有推动作用，同时也给工程技术工作者造成巨大的压力。在我国工程技术人员的业绩（如论文的多少，发表刊物的级别等）不仅跟个人的名誉相关，还会直接带来利益。处于现实社会中的工程技术工作者与常人一样会受到利益的诱惑。所以，工程主体在竞争中要正确处理好利益分配等问题，否则势必影响到合作，影响到工作的效率。

（3）获取正当利益。每一个社会中的工程技术人员在他们的职业活动中实际上都有双重追求：一是增进社会的责任，另一个则是获得自己的荣誉尊严与物质利益。从工程活动中求得现实利益，对于工程师来说是很正常的，因为科技工作者像所有其他人一样，具有人的种种欲望和弱点。作为一种职业，工程活动也是工程师谋生的一种手段，任何职业都涉及职业者的个人利益。但是，工程活动的产品即工程成果影响面十分广泛，而且其影响力也十分强大，如果工程师在工程活动中只追求个人利益，忽视和损害社会利益，那么所造成的损害将远远超过其他职业和职业者。所以，对工程师而言，协调个人利益和社会利益十分重要，至少他应把自己职业活动中的社会责任看得最重要。

但是生活中往往会有这样的工程师，他根据获得的报酬去衡量自己应承担的责任，一旦他认为两者之间失去了平衡，便会降低乃至放弃自己所担负的责任。反之，当他从某项工程中获得了丰厚的利益上的承诺，他也许同样会放弃自己的责任，对工程中暴露的问题采取视而不见、听之任之的态度，或者根据回扣的多少决定工程使用的材料和设备。由于工程师承担的责任如此巨大，稍一疏忽，便可能造很严重的后果。又如，在现实生活中，电子游戏作为网络工程的研究成果之一，其技术开发者为了让它更吸引青少年，越来越多的将暴力、色情内容充斥于其中，并以升级奖励等各种方式激起玩家的好奇心、好胜心，有的设计者还设置专门程序让玩者不能中途停下，必须长时间在电脑前“废寝忘食”地玩下去。这样的游戏有很大的市场，也可以带来相当丰厚的利润。可是，其社会危害性也是很明显的：让一些缺乏自制力的青少年沉溺于其中，不仅影响他们的学习，而且也严重危害他们的身心健康，一些青少年因长时间玩游戏而身心疲惫，甚至因此而赔上了性命，有的则冷漠、残暴，并将游戏中的规则搬到现实世界，杀害他人和自杀成了他们解决问题的平常方式。

上述情况表明，对工程技术人员而言，培养其能够协调个人利益与社会意义，获取正当个人利益的意识意义十分重大，能够让工程技术人员明白，工程技术人员与其他劳动者一样，必须从自己的工作中获取报酬而不是通过其他不正当的手段。获取利益的合理性在于对社会的贡献，只有当他致力于为社会、为人民而工作时，他所取得的回报才是合理的。

3. 工程社会伦理

（1）以人为本。所谓“以人为本”，其基本含义简要说就是：它是一种对人在社会历史发展过程中的主体作用与地位的肯定，强调人在社会历史发展中的主体作用与目的地位；它是一种价值取向，强调尊重人、解放人、依靠人和为了人；它是一种思维方式，就是在分析和解决一切问题时，既要坚持历史的尺度，也要坚持人的尺度。

“在传统科技伦理思想中，以人为本是指在科学技术活动中应该遵循以人为对象、以人为中心的思想，以造福人类为最高宗旨，强调对人的生存意义和价值的全面关怀，它是以追求科学本性——真善美的崇高品格——为核心的一种科学精神与人文精神的双重关怀。”① 从本质上讲，科技伦理思想中的以人为本，是个人在科技活动中，对人的地位、权利、能力、价值、尊严所采取的一种态度。传统科技伦理思想中的以人为本包含以下几层含义：①从产生及轻重看，传统文化认为，主体人先于科技活动；②从价值观上看，传统文化认为，主体人是科技活动的目的，科技活动的最终目的是为了主体人，人的一切活动都是为了满足自己的需要，人不应该为了科技活动而被损害或无条件地被牺牲。总之，传统文化认为，人是目的，科技是手段。

“工程的人性化”主要指人性地看待工程、人性地发展和应用工程，使工程服务于人。工程是人的活动，人发展和应用工程的动机是为了人，

① 陈万求：《中国传统科技伦理思想研究》，湖南大学出版社，2008，第85页。

而人的最基本特征——自然属性、价值属性、道德属性等——共同构成了人的本性，其中道德属性、价值属性和意识属性是人性的核心内容。在人性与工程的关系中，人性是主导，无论工程的发展程度有多高，都应始终以从属于人性、服务于人性为本分。因为从本质上说，工程是人性外求、外化的产物，是自己存在方式的一个方面，是自己内在功能的活动表现之一，不仅表现人性本质的某个方面，而且也由此实现人性在这个方面的本质，工程因此也当然地成为人性的对象和工具，服务于人性自身的健康、和谐的存在和提升性演化，工程的价值属性也正是源于工程与人性的这种关系。“以人性引导和规范工程是我们处理工程与人性关系的正确方式和基本原则。”①

以人性主导工程的原则应贯穿工程活动的整个过程，也就是要求对工程活动的各个阶段、环节进行符合人性的审视、判断和选择。首先，在工程立项时，要进行严格审查，从以下几个方面进行判断，权衡利弊，进行取舍：①审视工程活动及其成果是否有利于人的身心健康和协调发展。②审视工程活动及其成果是否有利于绝大多数人乃至整个人类。③审视工程活动及其结果是否符合人的长远利益。在这方面特别要注意避免的是受近期物质利益的支配。其次，在工程成果的应用阶段，应密切注意其实际的影响。虽然立项时的审查确定了工程活动极其结果的合理性，但是，工程活动极其复杂，立项时的设想与实际的效果之间仍有较大的差距，良好的愿望并不一定能够带来美好的现实。在人类工程史上，一些后来被人们认为不好的工程一开始都出于工程师良好的愿望。例如，有黄河第一坝之称、耗资巨大、为此移民60万人的三门峡水利工程，当初立项时的设想是根治黄河水害，且利用水库发电。但事与愿违，大坝建好后渭河成了地上悬河，渭水的泛滥给当地的居民带来非常严重的安全隐患，使国家的财产蒙受了巨大的损失，使当地的生态环境遭到了前所未有的重创。就连当初三门峡工程的技术负责人——张光斗双院士——也直言建三门峡是一个“错误”。

总而言之，“工程的人性化”原则要求工程技术人员在职业活动中

---

① 陈翠芳：《科技异化与科学发展观——现代科技的困境与出路研究》，中国社会科学出版社，2007，第212页。

始终树立“以人为本”的信念，将一切工程为了人作为制定工程决策和组织工程实施的价值前提。一旦出现了工程问题，工程主体应采取及时有效的措施，积极主动的行动，将问题和危害控制在最小的范围内，尽可能减少损失，降低不良后果的破坏力，从而使尊重生命价值、维护群众利益的伦理原则与追求经济利润、促进社会进步的效益目标达到有机统一。

（2）以道驭术。“中国古代从一般意义上对技术与道德关系的讨论，可以概括为‘以道驭术’。”[①] 所谓“以道驭术”指的是技术行为和技术应用要受伦理道德规范的驾驭和制约。如果技术活动只考虑社会需求的经济价值，不对技术行为本身从伦理角度加以限制，技术发展方向就会偏离正常轨道，其应用后果就会破坏人类社会生活的有序化，带来许多意料不到的副作用。没有伦理道德约束的“术”只能是为了功利目的而不择手段。

在市场经济条件下对从事工程技术活动的主体进行“以道驭术”的公德意识教育，从根本上讲就是要求从事工程技术活动的主体自觉遵守工程伦理规范，保证工程技术活动的后果不损害公众的、国家的以及子孙后代的利益。作为一般性的原则，所有从事工程技术活动的人都应该意识到与经济和工程技术相关的“公德”问题之所以如此紧迫，正是由于我们每个人都在与现代工程技术体系这个影响巨大的系统打交道。每个人的行为对他人的影响，都会通过这个巨大的系统而不断放大或造成不可逆的后果。因此，与工程技术相关的公德已变得非常重要，它已成为维系整个人类生存和发展的必要条件。就工程技术对社会的影响而言，只有当每个工程技术人员都意识到工程技术活动对社会的影响与自己息息相关，自己有责任实践和维护与此相关的公德，有义务同违背社会公德和法律的行为进行斗争的时候，才有希望从根本上遏制在科技领域中违背伦理道德的现象泛滥的势头，才有可能形成全社会的“以道驭术”的环境，才能充分发挥伦理道德对工程技术应用的约束机制的作用。

（3）自然与环境意识。蕾切尔·卡逊在她的巨著《寂静的春天》中写道：“当人类向着他所宣告的征服大自然的目标前进时，他已写下了一部令人痛心的破坏大自然的记录，这种破坏不仅仅直接危害了人们居住的大

① 王前等：《中国科技伦理史纲》，人民出版社，2006，第7页。

地，而且也危害了与人类共享的大自然的其他生命。”① 环境是人类赖以生存和发展的物质空间和其中包括的全部物质要素的总和。环境问题和生态问题事关人类的生存大计。工程与环境，作为两个不同的系统，存在相互依存的关系。工程活动作为一个社会系统，只有与环境系统（自然环境和社会环境）不断进行物质、能量和信息的交换，才能实现自身的生存和发展。环境为工程提供所需的一切物质资源，如生态资源、生物资源、矿产资源等，离开了环境，工程就是无米之炊。但是，自工业革命以来，人类陶醉在从对自然环境的依赖和被限制状态摆脱出来，并通过人的实践活动对自然环境进行无休止的开发、攫取、征服和破坏的喜悦之中，也同时陷入了另一场危机——“生态危机”。具体来说，当今世界的生态环境污染状况表现在：①局部环境污染日益严重（水污染、大气污染、草原沙尘暴等），②全球环境状况急剧恶化（温室效应引起全球气候变暖、臭氧层破坏、酸雨等）。

马克思有关人与自然关系的思想为我们正确处理人与自然的关系提供了明确而现实的依据。“我们解决人与自然的矛盾关系的最终目的并不在于能使人主宰和统治自然，而在于人与自然关系的融洽与和谐，以便我们能从人与自然的融洽与和谐的关系中获得社会的可持续发展和人类的整体利益与永久幸福。”② 这种社会和谐观念必然体现在人与自然交往的重要手段——工程活动——之中，促进工程成为融洽人与自然关系的中介和工具，成为合理的改造自然和有效保护自然的武器，引导工程朝着保护自然的“绿色化”方向发展。

自然意识和环境意识是指人们能够正确认识人与自然、环境的辩证关系。其内涵包括：清楚地认识人类活动对自然环境的影响，自然环境存在和演化的规律，人类只有尊重自然规律，才能使环境向着有利于人类的方向发展；清楚地认识到人类与自然界休戚相关，自然环境的良好状态是人类持续发展的前提；认清工程师的职业活动对全人类、对子孙后代的道德责任，这种责任意识是人类在高度文明基础上产生出来的先进意识，表现出对生命、对人类发展的真诚关怀。

---

① 〔美〕蕾切尔·卡逊：《寂静的春天》，吕瑞兰、李长生译，吉林人民出版社，2004，第73页。

② 转引自肖平《工程伦理学》，中国铁道出版社，1999，第30页。

我国经济正处于高速发展的时期，环境污染和生态破坏相当严重，环境状况不断恶化。我国的能源利用率、矿产资源总回收率、工业用水重复利用率跟西方国家相比都有很大差距。近几年国家领导人提出“科学发展观”、“节约型社会”的发展道路。2004 年 6 月，在“两院”院士大会上，胡锦涛总书记强调要大力加强能源领域的科技进步和创新，提高我国资源特别是能源和水资源的使用效率，减少资源浪费，发展可再生资源，为建设节约型社会提供技术保证。时任中国工程院院长徐匡迪也指出：“21 世纪的工程师应从单纯创造物质财富转向可持续发展，成为可持续发展的实践者。”[①]中国工程院院士清华大学教授钱易也指出，工程师是一个城市和国家的建筑者，在工程实践中应该以节约资源与能源为准则，不再破坏岌岌可危的生态环境，开发并应用环境友好技术，将废物变成可再生的资源。所以，当前工程师面临着严峻的挑战和难得的机遇。一方面要求工程技术在满足人们物质文化生活需求的同时，还要满足人们对保护生态环境的需要，走绿色化制造和循环经济的道路，尽可能侧重于发展有利于保护环境和节约资源的工程项目，减少和控制损害环境和浪费资源的工程项目；另一方面，要充分估计工程活动可能带来的环境问题，并积极采取措施以有效预防工程活动可能造成的对环境的负效应。

第六节　塑造未来：工程伦理教育方法的创新

当前，传统的工程伦理教育教学方式存在很大的弊端。目前在已经开设工程伦理课程的少数理工科大学中均采用传统的课程模式——大课堂教学。单纯满堂灌输知识形成的是“教师讲、学生听和记”的机械、死板的教学局面，学生处于被动状态和在枯燥气氛下接受知识，甚至有学生怀疑工程伦理知识是否有用，从而不能激发学生的兴趣和调动学生学习的主观能动性等。这种教育方式的主要特点是：重抽象、空洞的理论灌输，轻行为训练；重教师积极性，轻学生主动性；重抽象的逻辑推理、理论证明，轻理论联系实际；工程伦理教育的途径和方法主要采取正面宣传、理论教

① http：// www. sohu. com.

育，缺乏针对工程实践中具体存在的问题的讲评，没有把这些问题提高到工程伦理角度来考虑，影响了工程伦理教育的深化。这种简单化、公式化的教学方式严重阻碍着工程伦理教育的顺利开展。参照国外成功的教学方法，结合中国高校德育的实际，笔者尝试提出以下三种工程伦理教育方法，希望能为以后理工科高校工程伦理教育方法的创新提供理论支持。

一　从渗透教育到单独开课

从渗透教育到单独开课是指在课程设置上“独立授课、系统教学”，同时在其他相关课程中“横向贯通、深度融合”。

1. 单独设课

单独设课是指建立国家标准，制定教育大纲，开设正规化、常规化的工程伦理课程。这一教学模式的理论基点是：工程伦理学是新兴的交叉学科，传统的专业课和伦理学都不能涵盖它，必须开发出工程伦理的完整课程。主讲教师通常是工程学教授或哲学教授。在该教学模式下，通过加强对工程伦理问题的研究，大力培训工程伦理学方面的专职教师和研究人员，与此同时，加强专业课教员和工程伦理学教员的交流与合作显得尤为重要。该教学模式能使学生较为系统、深入地探讨各种伦理问题，从整体、全局上把握工程伦理的核心思想。在美国，一些学校通过独立工程伦理课程的模式实施工程伦理教育。在这种课程模式下，学校设立专门的工程伦理课程，安排专门的时间，要求全体工程学生将工程伦理作为必修内容。最引人注意的学校是得克萨斯农工大学，该校由工程师和哲学家组成合作小组对所有本科生进行工程伦理教育。课程安排每周向学生进行 2 次 1 小时的讲座，每周有 2 小时的讨论，由具有工程和哲学背景的研究生来主持，每 25 个学生分成 1 组①，使学生深入学习工程伦理的知识和技能。另外，国内的西南交通大学现在也开设了工程伦理课，并且将这门课程列为学生的必修课。该校从课件的制作、工程伦理案例库的建设、以课堂表现和案例试卷相结合的考评方式以及学生对这门课的好感与认同，都折射

---

① Joseph R. Herkert, “Continuing and Emerging Issues in Engineering Ethics Education”, http: // www. nae. edu/nae/bridgecom. nsf/weblinks/MKEZ - 5F7SA4? OpenDocument 2006 - 7 - 16.

出工程伦理教育通过单独设课的方式在该校取得了巨大的成功。美国和西南交通大学的单独设课的工程伦理教育模式为国内其他理工科大学的工程伦理教育提供了有用的参考价值，可以使教师和学生在集中的时间内讨论伦理问题，吸引经验丰富的教师参与教学，并能提高其他工程教师对工程伦理教学的兴趣。

2. 工程伦理与技术课程整合

这种模式是将工程伦理教学扩展到整个工程学生所学的技术课程中。例如，在美国的马里兰大学克拉克工程学院，在一年级学生的必修课“工程设计引介”中纳入伦理模块，在高年级选修课“生产责任和管理规则”课程中向学生展示社会因素对设计过程的影响，该课程的整个教学中都贯穿着对工程伦理问题的分析。这两门课程设计的主题包括设计安全性、职业伦理、对公众的职业责任、伦理与规则等，通过学习使学生了解工程设计所涉及的对他人、对社会的责任[①]。这种方式将工程伦理思想整合到技术课程中，具有实践性，并且不需要增加任何新的课程分量。美国的这种将工程伦理与技术课程整合的教育方式给国内的工程伦理教育提供了可供借鉴的典范。例如，在国内对土木工程专业学生进行工程伦理教育时，可以将土木工程师从事工程建设所必须拥有的安全意识、工程质量意识、自然与环境意识以及在工程设计、施工和人员拆迁过程中应具备的人道主义意识渗透到土木工程学生所学的技术课程中，这样可以使学生从早期学习起就认识伦理问题，能够将伦理问题作为工程专业学习的一部分。

3. 工程伦理与非技术课程整合

这种课程模式是将工程伦理教育成分整合在工程院系的人文、社会科学类的非技术性的课程中。例如，美国的弗吉尼亚大学工程与应用学院开设了一个技术、文化与交流项目。该项目要求所有参与项目的学生修读包括工程伦理内容的四门核心课程，课程设计了“西方技术与文化”和“在社会中的工程”等主题[②]。斯坦福大学、康乃尔大学等也以类似的方式进行工程伦理教育。值得一提的是，目前在国内研究生的人文、社会科学类

① Vincent M. Brannigan, “Teaching Ethics in the Engineering Design Process: A Legal Scholar's View”, *IEEE Antennas and Propagation Magazine*, 2005 (2), pp. 146 - 151.

② Joseph R. Herkert, “Continuing and Emerging Issues in Engineering Ethics Education”, http://www.nae.edu/nae/bridgecom.nsf/weblinks/MKEZ - 5F7SA4? OpenDocument 2006 - 7 - 16.

的非技术性的课程中就有一些涵盖了工程伦理的内容。例如，在研究生的21世纪通用教材《自然辩证法概论》中，就用专门的章节讲述了生态价值观与可持续发展、科学技术与社会、高科技时代的伦理问题等与工程伦理有关的内容。将工程伦理与非技术课程，特别是与科学技术和社会整合，可以帮助学生充分了解工程、技术发展的社会背景，完整理解工程伦理责任的重要性。同时，这种方式可以提高工程学生的兴趣。

在我国高校，由于对开展工程伦理教育还存在一定的认识上的误区，因此这方面的经验还不多，工程伦理教学还处于起步阶段。因此，采用“横向贯通、深度融合”的教学模式更适合我国高等工程教育的国情。随着我国高等工程教育的不断发展以及工程伦理教育的深入人心，“独立授课、系统教学”的教学模式可以得到更为广泛的应用。

二　从灌输教育到案例教育

灌输是传统的教育方法，是施教者把自己确认的或社会公认的价值观采取训导、模仿、正强化和负强化等方式告诉学生对待工程问题的正确的或错误的观念或做法。这种方法是中国工程伦理教育所运用的主要手段，有一定效果但不能达到最好的效果。因为工程活动具有非常强的实践性，以美国为代表的发达国家的工程伦理教育的成功做法是在教学方法上实现以纯粹理论灌输为主的教学方式向以“案例教学”为主的教学方法转变，同时也进行了工程伦理案例库的建设、课堂表现和案例考卷相结合的考评方式改革。

由于理工科学生涉世不深，思想相对比较单纯，可塑性很强，因此，坚持正面教育，发挥舆论导向作用，以高尚的道德情操塑造学生，使他们明辨善恶、美丑，自觉抵制不良思想和风气的影响，可采用报告、演讲、展览、音像教育等形式，用先进人物的模范事迹教育学生，树立榜样。同时，适当运用反面教材，进一步增强学生分辨是非的能力。对违反工程道德规范、丧失工程道德造成事故的案例进行曝光，让学生运用所学的知识进行讨论，让学生分析，谈感想，明确摒弃，引以为戒，做到防微杜渐。

案例教学能激发学生的兴趣，又与工程实践紧密相关，也容易与专业内容相结合，它可广泛用于工程道德教育的实践中。案例通常包括一个决策或一个问题，它通常是从决策者的观点来描述，并引导学生慢慢进入决策者的角色。案例教学法一方面通过提供给学生真实世界的问题将现实带进教室，促进深入的分析和讨论，另一方面通过在课堂上尽可能地再现现实的情形，训练学生作出有效的决策。通过案例教学法，可以使学生同时获得职业知识和解决问题的经验。

关于案例教育的重要性，《工程伦理的概念与案例》一书作了重点论述。该书作者认为，通过案例研究这一有效的方式，能够培养从事建设性伦理分析所必需的能力；可以激发预测解决问题的可能选择以及这些选择的后果的能力；可以学会识别伦理问题的表现方式和培养分析解决问题所必需的技能；可以认识到在伦理分析中存在着某些不确定性，章程并不能够对所有的伦理问题都提供一个现成的答案。案例分为两种类型。从范围上来说，包括从个体工程师日常实践的微观层面到关于技术对社会的影响的宏观层面。微观层面所设计的是工程师与企业顾主和客户之间的关系问题。宏观层面所设计的是技术对社会的影响。宏观案例着重提出了社会政策以及职业社团的政策是否合适的问题。关于社会政策，作者提出了许多这方面的问题，比如对于隐私和软件的保护，什么样的社会政策是合适的；关于环境问题，社会有权希望工程师承担怎样的责任；为了确保公众对有争议的技术问题享有适当的知情权，职业社团应当承担怎样的责任；职业雇员在工作场所应当拥有怎样的权利（尤其当涉及公众健康、安全和福祉时），当工程师超出其正常责任的范围去保护公众时，是否应当有一种善意的法律来保护他们免遭那些他们无法接受的法律责任的困扰。

笔者认为，实施案例教学方法，使学生在教师引导下，从多角度、多层次、多方位对案件进行讨论，通过教师对学生的各种观点进行点评，能加深学生对具体伦理规范的理解，提高学生的道德认识能力，培养学生的怀疑和批判精神，使学生走出校门就能成为一个比较成熟的工程人员。当然，案例教学法对教师和学生提出了“双主体”的要求。“按照案例在教学过程中出现时间的不同，案例教学可以采用导入法、例证法、讨论法、结尾法和练习法。教师应当根据不同的工程伦理案例选择适合的案例方法，并做到积极引导、精致点评。学生则应做好课前准备，积极参与案例讨论，大胆表达自己的观点，并在课后总结和回顾工程伦理案例的教学全过程，以增进理解。”①

在工程伦理教学中大量运用案例教学法的首要条件是建设工程伦理案例库。精选的工程伦理案例必须具备较强的针对性、较好的启发性、较高的真实性和较强的新颖性，最终建成的案例库必须满足层次清晰、结构合理、数量充足、手段多样、更新及时、富有启发引导功能等基本要求。为在教学过程中更好地使用工程伦理案例，应按照真实的生活情境对案例进行分解，以便学生能够根据项目实施过程的先后次序相应地进行道德判断和价值选择，从而获得处理专业活动中时常出现的伦理问题的经验。

另外，我们也有必要改革常规的考评方式，采用课堂表现和案例考卷相结合的考评方式。要改变目前考试仍然是考核学生学习效果的一种检测手段的情况。但是，工程伦理教育涉及的知识体系实用性较强，采用常规的考评方式难以评价真实的教学效果。因此，采用课堂表现和案例考卷相结合的考评方式是工程伦理教学改革的必经之路。案例考卷是指以案例为基础设置问题进行考试，主要题型包括案例选择（题干或选项至少有一个为案例）、案例分析、文书写作（以案例作为情境）等，主要考查学生掌握运用道德决策模式和伦理规范的能力。考评方式的变化能够大大增强学生学习工程伦理知识的兴趣，同时也有利于教师根据学生日常的课堂表现给出中肯的评价。

三　从知识伦理到实践智慧

从知识伦理到实践智慧是指在教学途径上要结合社会实践活动，搭建多种平台，为工程伦理教育提供多种载体，使学生在具体的设计、施工等活动中体会和学习工程伦理，形成实践智慧。

从本书第三章对工程师的责任伦理问题的分析我们可以知道，责任既是一个道德问题，同时又建立在知识论的基础上。责任的这一双重要求就有可能使其与亚里士多德的“实践智慧”概念关联起来。因为在我们看来，亚里士多德的“实践智慧”概念恰好融合了智慧与德行，并可能成为

① 王进：《论工科学生的工程伦理教育》，《长沙铁道学院学报》（社会科学版）2006 年第 2 期。

现代工程活动中的责任的伦理向度。“实践智慧”是亚里士多德伦理学中的一个重要范畴。在亚里士多德看来，所谓“实践智慧”就是在实践领域起作用的智慧。“实践智慧作为一种特殊的理智德性，其意义就在于我们计虑达到每一具体目的的正确手段而且这种计虑要以对生活的总体良善的周全考虑为坐标。实践智慧是理智智慧之一，其特长就在于理性地思考与实践行为相关的种种因素，以寻求达到目的的最佳途径。”①

在我们看来，亚里士多德有关实践智慧的论述，恰好与本书所要探求的现代工程中的责任伦理有着内在的密切联系。工程的实践特性及其伦理旨向表明，对于每一现代工程而言，其本身就是实践的。现代工程必须是智慧和伦理的集合体。也就是说，这一工程既要体现工程师们的智慧，同时，要求它的设计者们抱着对社会和人类负责的态度来认真地对待开工和建造每一项工程。强调工程的“实践智慧”的向度，不是为了简单地回归传统，而是为当今的工程伦理特别是工程伦理教育寻求更深刻的理论与实践根据。因为在笔者看来，作为一名理工科的大学生，学生仅有对工程伦理理论知识的掌握是非常不够的，还必须通过社会实践这一环节，将自身所掌握的工程伦理理论知识内化为自己的品德，使以后在自己的工程生涯中能够外化为个人的行为，成为一名既有设计的智慧，又有造福于人类的责任心的好工程师。

按照常规的思维习惯，工程伦理教育工作的主载体、主渠道、主空间无疑是课堂教学。但是，工程伦理教育不能是单纯的理论灌输，因为学生的思想归根结底来源于社会实践，专业社群的社会现实情境，并不容易让相对单纯的大学生所了解，在校学生的生活体验有限，对于专业上的伦理行为，虽有赖于从日常生活所接触的师长行为去观摩，但其效果很有限。正因为如此，许多高校采用了“产学研合作”的教学模式。

所谓“产学研合作”，就是组织引导学生深入工厂、农村、科研单位、科技馆所以及家庭、大自然中，参观、访问、调查、考察乃至亲手操作，或让他们参加导师的科研工作，让他们在社会实践和课题研究中接受教育，形成对科技的切实理解和深切体验，同时培养其日后从事科技活动时

---

① 〔古希腊〕亚里士多德：《尼各马可伦理学》，廖申白译注，商务印书馆，2003，第220页。

的伦理意识。比如，在我国工程伦理教育进行得较早的西南交通大学，在实行“产学合作，工学交替”的过程中，许多学生在实践中有类似的体验。一个学生在实习过程中，亲眼看到某监理工程师发现施工队工人砌体的质量不符合要求，就坚持把墙推倒重砌，深有感触，认为这种严谨的作风是把好质量关的关键，是实事求是作风的体现。产学合作，可以使学生在实践中学习领悟工程伦理的内涵。所以，在国内开展工程伦理教育，首先应该创造条件让在校理工科学生走出校门，完成社会调查、社会考察及毕业实习等，在与现场技术人员一道工作中研习工程伦理问题，使他们在这一过程中亲自感受和认识到工程活动对人类生活、对社会持续发展的重要影响，领悟到工程活动中蕴涵着的伦理价值。其次，要让学生积极参与教师的科研工作，指导学生通过学术沙龙、知识讲座等方式探讨学科前沿问题，了解工程伦理的热点、焦点，等等。再次，要加强“产学研”联合，使学生在工程设计、实施、评估、验收以及学术研究过程中，体会和学习工程道德原则和规范，形成不仅以质量标准而且还要以伦理道德的标准来衡量整个工程的责任感。

由于道德判断能力难以量化，对于学生道德判断能力的评价不宜完全采取课程考试的方式，可以使用定性方法，如使用调查表等，依据调查结果作出评价。当然，评价一个学生的道德判断能力的最有效方法应该是看该学生在面对现实问题时如何作出道德决策。平时可以让学生做一些作业，分析工程师可能面对的专业道德问题。这些作业使学生有机会将不同的道德规范应用于具体的工程道德决策中，在学生自主作出这一道德决策时反映他对工程专业道德规范理解、掌握及应用的能力。在课程结束时可以安排一些实践环节，让学生提交一篇有关实践中碰到的道德争议的小论文，反映学生在面临具体问题时的道德决策能力。通过考试、调查、作业、实践这几个方面的评估，可以较准确地判断一个学生的工程专业道德水平。

综上所述，要实现以“责任”为核心的工程伦理目标，必须多管齐下，开展全方位、多形式、多渠道的工程伦理教育，逐步培养工程职业情感，树立工程职业道德观念，提高工程职业道德水平，使工程活动真正建立在大众的安全、健康和福祉的基础之上。

四　培养有道德、有智慧的工程师

中国总理温家宝2008年9月23日在纽约出席美国友好团体午宴并发表演讲时说："一个企业家的身上应该流着道德的血液。只有把看得见的企业技术、产品和管理以及背后引导他们并受他们影响的理念、道德和责任，两者加在一起，才能构成经济和企业的DNA。"笔者认为，这句话用在我们当今的工程师的身上也是非常贴切的，因为工程的实践特性及其伦理旨向表明，对于每一个现代工程而言，其本身就是实践的。"现代工程必须是智慧和伦理的集合体。"也就是说，工程既要体现工程师们的智慧，同时，要求它的设计者们抱着对社会和人类负责的态度来认真地对待开工和建造每一项工程。现代工程既应当是体现设计者的智慧和才能的工程，同时也应该是体现其责任伦理、真正造福于人类的工程。正是在此意义上，我们说，工程师的身上也应该流着道德的血液，工程师必须是智慧和道德的化身。

将道德标准纳入工程专业教育中，其目标是要让工程专业的毕业生理解作为专业工程师需要的不仅是技术专长，而且要熟悉工程师的社会和职业角色。航空工程的先驱者、美国加州理工学院冯·卡门教授有一句名言："科学家研究已有的世界，工程师创造未来的世界。"面对21世纪科学技术突飞猛进的发展，工程师们担负着把科学技术应用于生产、服务于社会的重大责任。工程道德问题直接影响到工程师将为我们创造怎样一个未来的世界。将工程道德标准纳入工程专业教育，让每一个未来的工程师都具有高度的社会责任感，深刻理解工程活动对人类发展的意义，明白自己的职责是保护公众的安全、健康、财产及福利，我们才能期待一个更美好的未来。

当前，我国工程活动领域当前存在的种种伦理问题，我们不能指望通过工程伦理学教育能很快解决，但这项工作一定要做，而且一定会有成效。本书立足于当今工程的"实践智慧"，特别是有关工程的责任伦理，希望能为工程伦理教育的开展提供强有力的理论基础。由于笔者水平有限，书中对工程伦理教育的几个问题的阐述并没有囊括工程伦理教育的整个研究范围。对某些工程伦理教育问题的探析也难以避免地成为了浅尝辄止的分析和阐述，笔者希望今后能有机会对书中浅尝辄止地谈到的某些问题进行一些更深入的研究和分析（如适合我国国情的工程伦理教育模式、工程伦理教育途径等）。当然，这项工作也需要工程的决策者、管理者、设计者以及广大领导干部共同关注人类的共同利益与长远发展，并在实践的基础上，总结出更新更多的研究成果，为国内工程伦理教育的开展积累更多的宝贵素材。总之，工程伦理教育工作需要更多的人长期地持之以恒地关怀和努力！

· 结语 ·

现代工程：真善美的统一

基于工程师职责的本质和伦理思维特征，我们认为工程师伦理思维是求“真”、求“善”与求“美”三者价值指归的统一体，共同实现工程活动合规律性、合价值性以及合精神与情感性的伦理目标。

求“真”是工程实践的基础。工程的伦理思维首先是求得工程活动的“真”。伦理思维的求“真”在于使工程师正确认识人与自然的关系及互动方式，不断将“自在之物”合理地转化为“为我之物”，增强人的内在本质力量和驾驭对象的能力，使人获得更大的主动性与自由度，逐渐从“必然王国”向“自由王国”迈进。伦理思维的求“真”主要体现在工程活动的合认识规律、合技术理性以及合知识创造三个方面。工程活动虽不是科学技术的简单应用，但遵循着科学认识规律和技术发展规律。工程师需遵循“实践—认识—再实践—再认识”的过程，拓宽自身的认知视阈，提高自身的认识水平，揭开自然表象，合理改变自然界的原始面貌。同时，工程与技术有着不可分割的关系。工程师要做到技术理性，一方面要辩证地看待工程技术的正负效应，做好工程技术的伦理控制。另一方面，任何一项工程技术都不能与社会发展进程相割裂，须与一定的政治体制、历史背景和社会人文相关联。另外，一个求“真”的工程不仅体现在对现有工具手段的合理使用上，还需要工程师进行工程知识的更新与创造性的思考，不断发现工程问题，弥补工程知识匮乏的现状。

求“善”是工程实践的向导。“善”是人类行为的导向和依据，不同的事情有不同的目标和意图，但都应依“善”行事，遵“善”而为。若要工程尽可能地实现各种价值的善，工程师须有求“善”的伦理思维，以引导工程师的伦理行为过程。从工程的全寿命周期角度看，工程是一个价值设定、价值形成与价值实现的增值过程，不同的价值阶段有着不同的求“善”伦理思维。目的善引导工程价值的设定过程，过程善与结果善则引导工程价值的形成与实现过程。随着工程建设项目的逐步推进，求“善”伦理思维持续引导着工程过程，工程价值则得到平稳的提升。因此，工程师的求“善”伦理思维体现在工程活动的目的善、过程善及结果善上。

求“美”是工程实践的最高追求。工程求“善”标准的达成虽能实现工程之于人类的重要价值，但从更高一级的意识形态角度出发，“工程美”则是工程活动孜孜以求的目标。马克思说：“动物只是按照它所属的那个种的尺度和需要来建造，而人懂得按照任何一个种的尺度来进行生产，并且懂得处处都把内在的尺度运用于对象；因此，人也按照美的规律来构造。”① 可见，工程作为人类的一项建构活动，不只是真理与价值的统一，还是人类内在尺度外化、对象化和生成美的过程，工程师的职责就在于按照他的意图整理出一种建筑秩序，一种道，一种人造空间的美②，其具备求“美”的伦理思维是一种必然。这种求“美”的伦理思维不是单纯获得建筑外观美，感受科技的微笑，而是超越了主体与客体利害关系的判断，重在“物”与“我”的精神和谐，“物”引发“我”的热忱和崇高，“物”寄托了“我”的情感和思想，追求工程功能与形式的统一美、工程与人文文化的兼容美以及工程与人类环境的可持续美。

博德尔在《新工程师》一书中说：“工程职业好像到了一个转折点。它正在从一个向雇主和顾客提供专业技术建议的职业演变为一种以既对社会负责又对环境负责的方式为整个社群服务的职业。”③ 工程师的社会地位和职业特征均随工程活动特性的改变发生了很大变化，工程师具备伦理思维已是一种内生要求，而不是外在强制。伦理思维的求“真”是工程师进行工程实践的基础，体现了工程活动遵循自然之法的一面；伦理思维的求“善”是工程师进行工程实践的价值引导，体现了工程活动

---

① 《马克思恩格斯选集》第1卷，人民出版社，1995，第47页。

② 张秀华：《工程价值及其评价》，《哲学动态》2006年第12期。

③ Beder S.，*The New Engineer*，South Yarra：Macmillan Education Australia PTY Ltd.，1998.

合目的性的一面；伦理思维的求“美”则是工程师进行工程实践的终极目标，体现了工程活动追求人的“应然”一面。求“真”、求“善”、求“美”三者同时存在于工程师的伦理思维活动之中，引导工程师实现工程活动的伦理性目标，确保工程活动真正为人类造福，促进社会的和谐与繁荣。

・参考文献・

一 中文

《马克思恩格斯选集》第1~4卷，人民出版社，1995。

〔德〕恩格斯：《自然辩证法》，中央编译局译，人民出版社，1971。

中国科学院自然科学研究所编《马克思恩格斯列宁斯大林论科学技术》，人民出版社，1979。

江泽民：《论科学技术》，中央文献出版社，2001。

中共中央文献研究室编《江泽民论有中国特色社会主义（专题摘编)》，中央文献出版社，2002。

肖平：《工程伦理学》，中国铁道出版社，1999。

杜澄、李伯聪：《工程研究：跨学科视野中的工程》第2卷，北京理工大学出版社，2004。

李伯聪：《工程哲学引论——我造物故我在》，大象出版社，2002。

余谋昌：《高科技挑战道德》，天津科学技术出版社，2001。

唐丽：《美国工程伦理研究》，东北大学出版社，2007。

钱易、唐孝炎：《环境保护与可持续发展》，高等教育出版社，2000。

高亮华：《人文主义视野中的技术》，中国社会科学出版社，1996。

刘文海：《技术的政治价值》，人民出版社，1996。

刘则渊、王续琨主编《工程・技术・哲学——中国技术哲学研究年鉴(2002)》，大连理工大学出版社，2002。

刘大椿等：《在真与善之间——科技时代的伦理问题与道德抉择》，中国社会科学出版社，2000。

陈凡：《技术社会化引论》，中国人民大学出版社，1995。

罗国杰：《伦理学》，人民出版社，1995。

张华夏：《现代科学与伦理世界》，湖南教育出版社，1999。

陈筠泉、殷登祥：《新科技革命与社会发展》，科学出版社，2000。

杨怀中：《科技伦理学》，武汉工业大学出版社，1998。

陈昌曙：《技术哲学引论》，科学出版社，1999。

刘湘溶：《生态文明——人类可持续发展的必由之路》，湖南师范大学出版社，2003。

陈万求：《中国传统科技伦理思想研究》，湖南大学出版社，2008。

陈瑛：《中国伦理思想史》，湖南教育出版社，2004。

王前：《中国科技伦理史纲》，人民出版社，2005。

甘绍平：《应用伦理学前沿问题研究》，江西人民出版社，2002。

李培超：《自然的伦理尊严》，江西人民出版社，2001。

刘福森：《西方文明的危机与发展伦理学》，江西教育出版社，2005。

赵鑫珊：《建筑是首哲理诗》，百花文艺出版社，1998。

侯幼彬：《中国建筑美学》，黑龙江科学技术出版社，1997。

许为民等：《自然辩证法——在工程中的理论与应用》，清华大学出版社，2009。

张秀华：《历史与实践——工程生存论引论》，北京出版社，2011。

李汉林：《科学社会学》，中国社会科学出版社，1987。

王振复：《中国建筑的文化历程》，上海人民出版社，2000。

秦红岭：《建筑的伦理意蕴》，中国建筑工业出版社，2006。

梁思成：《中国建筑史》，百花文艺出版社，2005。

杨敏芝、王振复：《人居文化——中国建筑个体形象》，复旦大学出版社，2001。

王鲁民：《中国古典建筑文化探源》，同济大学出版社，1997。

潘谷西：《中国建筑史》，中国建筑工业出版社，2004。

王国维：《观堂集林》第10卷，上海古籍出版社，1983。

李泽厚：《美的历程》，天津社会科学院出版社，2001。

汪之力：《中国传统民居》，山东科学技术出版社，1994。

邹珊刚：《技术与技术哲学》，知识出版社，1987。

高清海：《“人”的哲学悟觉》，黑龙江教育出版社，2004。

袁贵仁：《价值学引论》，北京师范大学出版社，1991。

何怀宏：《良心与正义的探求》，黑龙江人民出版社，2004。

张世英：《哲学导论》，北京大学出版社，2002。

殷瑞钰、汪应洛、李伯聪：《工程哲学》，高等教育出版社，2007。

梁漱溟：《东西方文化及其哲学》，商务印书馆，1999。

〔法〕史怀泽（施韦泽）：《敬畏生命》，陈泽环译，上海社会科学院出版社，1996。

〔美〕霍尔姆斯·罗尔斯顿：《环境伦理学》，杨通进译，中国社会科学出版社，2000。

《简明大不列颠百科全书》第3卷，中华书局，1999。

许良英等编译《爱因斯坦文集》第5卷，商务印书馆，1979。

〔德〕费尔巴哈：《费尔巴哈哲学著作选集》（上卷），荣震华等译，三联书店，1959。

〔美〕德鲁克：《工业人的未来》，黄志强译，上海人民出版社，2002。

〔英〕贝尔纳：《科学的社会功能》，陈体芳译，商务印书馆，1982 。

〔美〕唐纳德·G. 纽南：《工程经济分析》，张德旺译，水利电力出版社，1987。

〔以色列〕约瑟夫·本－戴维：《科学家在社会中的角色》，四川人民出版社，1988。

〔美〕杰里·加斯顿：《科学的社会运行》，顾昕等译，光明日报出版社,1988。

〔美〕托马斯·S. 库恩：《必要的张力》，纪树立等译，福建人民出版社，1981。

〔美〕岗恩：《工程、伦理与环境》，吴晓东等译，清华大学出版社，2003。

〔德〕哈贝马斯：《交往行为理论》，曹卫东译，上海人民出版社,2004。

〔德〕马丁·布伯：《我与你》，陈维纲译，三联书店，1986。

〔美〕马尔库塞：《单向度的人》，张峰译，重庆出版社，1988。

〔德〕拉普：《技术哲学导论》，刘武等译，吉林人民出版社，1988。

〔美〕唐·伊德：《让事物“说话”》，韩连庆译，北京大学出版社，2008。

〔美〕威廉·詹姆士：《实用主义》，陈羽纶、孙瑞禾译，商务印书馆，

1997。

〔英〕波普：《猜想与反驳》，傅季重等译，上海译文出版社，1986。

〔美〕查尔斯·E. 哈里斯：《工程伦理：概念和案例》，丛杭青等译，北京理工大学出版社，2006。

〔美〕卡斯腾·哈里斯·申嘉：《建筑的伦理功能》，陈朝晖译，华夏出版社，2001。

〔美〕卡尔·米切姆：《通过技术思考——工程与哲学之间的道路》，陈凡等译，辽宁人民出版社，2008。

〔德〕马克斯·韦伯：《学术与政治》，冯克利译，三联书店，1998。

世界环境与发展委员会：《我们共同的未来》，王之佳等译，吉林人民出版社，1997。

曹南燕：《对中国高校工程伦理教育的思考》，《高等工程教育研究》2004 年第 5 期。

曹南燕：《科学家和工程师的伦理责任》，《哲学研究》2000 年第 1 期。

陈凡：《工程设计的伦理意蕴》，《伦理学研究》2005 年第 6 期。

陈凡、张铃：《当代西方工程哲学述评》，《科学技术与辩证法》2006 年第 2 期。

陈万求：《论工程师的环境伦理责任》，《科学技术与辩证法》2006 年第 5 期。

陈万求：《试论工程良心》，《科学技术与辩证法》2005 年第 6 期。

陈万求：《工程技术对社会伦理秩序的影响》，《科学技术与辩证法》2002 年第 6 期。

陈万求：《工程师社会责任的生态伦理学思考》，《长沙理工大学学报》（社会科学版）2006 年第 1 期。

陈万求：《论技术规范的构建》，《自然辩证法研究》2005 年第 1 期。

陈万求：《论工程师的社会责任》，《扬州大学学报》（人文社会科学版）2005 年第 3 期。

陈万求：《爱因斯坦科技伦理思想的三个基本命题》，《伦理学研究》2007 年第 4 期。

陈万求：《人类栖居：传统建筑伦理》，《自然辩证法研究》2009 年第 3 期。

陈万求：《中国传统科技伦理的价值审视》，《伦理学研究》2011年第1期。

程新宇：《工程决策中的伦理问题及其对策》，《道德与文明》2007年第5期。

程光旭、刘飞清：《现代工程与工程伦理观》，《西安交通大学学报》2004年第3期。

董小燕：《美国工程伦理学兴起的背景及其发展现状》，《高等工程教育研究》1996年第3期。

杜宝贵：《论技术责任的主体》，《科学学研究》2002年第2期。

段新明：《工程哲学视野下的工程伦理教育》，《高等工程教育研究》2007年第1期。

付晓灵、张子刚：《工程招标中的伦理及经济分析》，《工程建设与设计》2003年第10期。

高建明：《科技进步与伦理道德》，《科技进步对策》2002年第3期。

甘绍平：《基因工程伦理的核心问题》，《哲学动态》2001年第8期。

李世新：《开展工程伦理学研究，增强工程师责任意识》，《中国工程科学》2000年第2期。

李世新：《工程伦理学及其若干主要问题的研究》，中国社会科学院研究生院博士学位论文，2003。

李世新：《对几种工程伦理观的评析》，《哲学动态》2004年第5期。

李世新：《谈谈工程伦理学》，《哲学研究》2003年第2期。

李世新：《工程伦理意识淡漠的原因分析》，《北京理工大学学报》（社会科学版）2006年第6期。

李伯聪：《关于工程伦理学的对象和范围的几个问题——三谈关于工程伦理学的若干问题》，《伦理学研究》2006年第6期。

李伯聪：《工程共同体中的工人》，《自然辩证法通讯》2005年第2期。

李祖超：《中美工程伦理教育比较与启示》，《高等工程教育研究》2008年第1期。

李人宪、刘丽娜：《加强工程伦理教育势在必行》，《江西行政学院学报》2007 年第 4 期。

李娜：《工程伦理学在当今工程建设中的作用》，《沿海企业与科技》2006 年第 4 期。

李正、林凤：《从工程的本质看工程教育的发展趋势》，《高等工程教育研究》2007 年第 2 期。

梁军：《刍论工程运行伦理》，《自然辩证法研究》2007 年第 10 期。

刘春惠：《高等工程教育的两个主要问题：人才培养目标的定位与课程体系的构建》，《北京邮电大学学报》（社会科学版）1999 年第 3 期。

刘科：《从工程学视角看伦理学——工程伦理学研究的新视角》，《武汉理工大学学报》（社会科学版）2007 年第 4 期。

刘绍春：《工程伦理教育与理工科大学生道德素质的培养》，《北京理工大学学报》（社会科学版）2004 年第 2 期。

龙翔：《工程哲学研究的两条进路》，《科学技术与辩证法》2007 年第 6 期。

马成松：《对工程教育中工程伦理问题的思考》，《高等建筑教育》2003 年第 3 期。

马涛、何仁龙：《高等工程教育：迎接学科交叉融合的挑战——从工业界诉求看我国高等工程教育改革方向与策略》，《中国高教研究》2007 年第 3 期。

潘磊、王伟勤：《展望中国工程伦理的未来》，《哲学动态》2007 年第 8 期。

时铭显：《面向 21 世纪的美国工程教育改革》，《中国大学教学》2002 年第 10 期。

唐丽、陈凡：《美国工程伦理学：一种社会学分析》，《东北大学学报》（社会科学版）2008 年第 1 期。

唐丽、陈凡：《工程伦理决策策略分析》，《中国科技论坛》2006 年第 6 期。

唐忠旺、何桂华：《工程伦理教育和科学家、工程师的伦理责任》，《邵阳学院学报》（社会科学版）2006 年第 4 期。

涂善乐：《“全面工程教育”引论》，《高等工程教育研究》2007 年第

2 期。

许启贤：《工程呼唤文明——读肖平主编的〈工程伦理学〉》，《道德与文明》2001 年第 3 期。

徐长福：《工程问题的哲学意义》，《自然辩证法研究》2003 年第 5 期。

徐匡迪：《工程师——从物质财富的创造者到可持续发展的实践者》，《北京师范大学学报》（社会科学版）2005 年第 1 期。

徐少锦：《建筑工程伦理初探》，《科学技术与辩证法》2002 年第 2 期。

余道游：《工程哲学的兴起及当前发展》，《哲学动态》2005 年第 9 期。

余谋昌：《关于工程伦理的几个问题》，《武汉科技大学学报》（社会科学版）2002 年第 12 期。

杨耕：《走近工程哲学》，2011 年 2 月 23 日《中华读书报》。

王秀梅、孙萍茹：《高等工程教育及工程技术人才培养研究》，《华北电力大学学报》（社会科学版）2006 年第 3 期。

王进：《论工科学生的工程伦理教育》，《长沙铁道学院学报》（社会科学版）2006 年第 2 期。

王进：《伦理思维视阈下现代工程的“真”“善”“美”解读》，《道德与文明》2010 年第 2 期。

王冬梅、王柏峰：《美国工程伦理教育探析》，《高等工程教育研究》2007 年第 2 期。

王伟勤、任姣婕：《中国工程伦理事业的新起点——2007 年工程伦理学学术会议综述》，《伦理学研究》2007 年第 7 期。

张恒力、胡新和：《福祉与责任——美国工程伦理学述评》，《哲学动态》2007 年第 3 期。

张松：《国内工程伦理研究综述》，《湖南工程学院学报》2005 年第 4 期。

张骏：《科学家和工程师对科学技术的伦理责任》，《湖南工程学院学报》2003 年第 2 期。

张秀华：《信仰与工程》，《江海学刊》2006 年第 2 期。

张秀华：《工程价值及其评价》，《哲学动态》2006 年第 12 期。

张秀华:《从生存论的观点看和谐发展的工程观》,2007 年 11 月 20 日《光明日报》(理论版)。

张秀华:《工程伦理的生存论基础》,《哲学动态》2008 年第 7 期。

张秀华:《从工程的观点看——工程认识论初探》,《自然辩证法研究》2005 年第 11 期。

张铃:《西方工程哲学思想的逻辑演进》,《自然辩证法研究》2009 年第 4 期。

朱京:《论工程的社会性及其意义》,《清华大学学报》(哲学社会科学版)2004 年第 6 期。

朱葆伟:《工程活动的伦理责任》,《伦理学研究》2006 年第 6 期。

朱海林:《技术伦理、利益伦理与责任伦理——工程伦理的三个基本维度》,《科学技术哲学研究》2010 年第 6 期。

郑文宝:《从本质与特征看工程伦理研究的新视角》,《西北农林科技大学学报》(社会科学版)2010 年第 5 期。

赵劲松:《从中国文化特征看中国古代建筑的设计意念》,《新建筑》2002 年第 3 期。

二 外文

Rosa Lynn Pinkus, etc., *Engineering Ethics*, New York: Cambridge University Press, 1997.

Dessauer F., "Technology in Its Proper Sphere", in Mitcham C. Machey R., *Philosophy and Technology—Readings in the Philosophical Problems if Technology*, New York: The Free Press, 1983.

Schizinger R., Martin M. W., *Introduction to Engineering Ethics*, Boston: McGraw Hill, 2000.

Paul T. Durbin (ed), *Technology and Responsibility*, Dordrecht: Kluwer Acdemic Publishers, 1987.

Frederich Feree, *Philosophy of Technology*: *Englewood Liffs*, New Jersey: Prentice Hall, 1988.

Stephen H. Unger, *Controlling Technology*: *Ethics and the Responsible En-*

gineer, New York: Holt Rinehart and Winston, 1982.

Carl Mitcham, *Thinking Through—The Path between Engineering and Philosophy*, Chicago: The University of Chicago Press, 1994.

Hans Lenk, Matthias Maring (eds.), *Advances and Problems in the Philosophy of Technology*, Munster: LIT, 2001.

Kenneth K. Humphreys (ed.), *What Every Engineer Should Know about Ethics*, New York: Marcel Dekker Inc., 1999.

Vincent M. Brannigan, "Teaching Ethics in the Engineering Design Process: A Legal Scholar's View", *IEEE Antennas and Propagation Magazine*, 2005, (2).

Byron Newberry, "The Dilemma of Ethics in Engineering Education", *Science and Engineering Ethics*, 2004, (10).

·后 记·

本书是长沙理工大学马克思主义理论重点学科出版资助的丛书之一，属于2010年湖南省哲学社会科学规划领导小组批准立项资助课题“工程技术伦理应用研究”（编号：10YB77）的最终研究成果。

本书的写作分工是：全书大纲由陈万求编写，前言、第一至第六章由陈万求撰写，第七章第一节由陈万求撰写，第七章第二至第六节由李丽英撰写。写作中参考了国内外诸多专家学者的相关研究成果，尤其吸收了李伯聪、余谋昌、李世新、肖平、张秀华、陈凡、唐丽、刘则渊、张铃、任丑、朱海林、程新宇、梁军等同志的相关研究成果，在此致谢！社会科学文献出版社对本书的出版给予了大力支持，曹义恒编辑不辞辛劳，感谢无量！

新世纪伊始，笔者就对科技与工程伦理产生了研究兴趣，发表了相关论文10余篇，同时在讲授工程哲学、工程伦理、生态伦理学等研究生课程的过程中对相关问题进行了一些思考。可以说，本书是近年来笔者对工程技术伦理问题思考的一个初步总结。由于种种原因，对工程伦理的研究还做得不够，拙著中还存在诸多不妥之处，敬请批评指正！

陈万求

2012年3月于长沙湘银嘉园

图书在版编目（CIP）数据

工程技术伦理研究／陈万求著.—北京：社会科学文献出版社，2012.8
（马克思主义与当代中国）
ISBN 978-7-5097-3473-5

Ⅰ.①工…　Ⅱ.①陈…　Ⅲ.①工程技术-伦理学　Ⅳ.①B82-057

中国版本图书馆CIP数据核字（2012）第117019号

·马克思主义与当代中国·
工程技术伦理研究

著　者／陈万求

出 版 人／谢寿光
出 版 者／社会科学文献出版社
地　址／北京市西城区北三环中路甲29号院3号楼华龙大厦
邮政编码／100029

责任部门／社会政法分社（010）59367156　　责任编辑／曹义恒
电子信箱／shekebu@ssap.cn　　责任校对／杜若佳
项目统筹／曹义恒　　责任印制／岳　阳
经　销／社会科学文献出版社市场营销中心（010）59367081　59367089
读者服务／读者服务中心（010）59367028

印　装／北京鹏润伟业印刷有限公司
开　本／787mm×1092mm　1/16　　印　张／16
版　次／2012年8月第1版　　字　数／262千字
印　次／2012年8月第1次印刷
书　号／ISBN 978-7-5097-3473-5
定　价／49.00元